O

iFORCE 原力　满足世界的好奇心

第一推动丛书: 物理系列
The Physics Series

# 共时性：因果的量子本性
## Synchronicity: The Epic Quest to Understand the Quantum Nature of Cause and Effect

[美] 保罗·哈尔彭 著　舍其 译
Paul Halpern

CTB K 湖南科学技术出版社
·长沙·

# 总序

《第一推动丛书》编委会

　　科学，特别是自然科学，最重要的目标之一，就是追寻科学本身的原动力，或曰追寻其第一推动。同时，科学的这种追求精神本身，又成为社会发展和人类进步的一种最基本的推动。

　　科学总是寻求发现和了解客观世界的新现象，研究和掌握新规律，总是在不懈地追求真理。科学是认真的、严谨的、实事求是的，同时，科学又是创造的。科学的最基本态度之一就是疑问，科学的最基本精神之一就是批判。

　　的确，科学活动，特别是自然科学活动，比起其他的人类活动来，其最基本特征就是不断进步。哪怕在其他方面倒退的时候，科学也总是进步着，即使是缓慢而艰难的进步。这表明，自然科学活动中包含着人类的最进步因素。

　　正是在这个意义上，科学堪称人类进步的"第一推动"。

　　科学教育，特别是自然科学的教育，是提高人们素质的重要因素，是现代教育的一个核心。科学教育不仅使人获得生活和工作所需的知识和技能，更重要的是使人获得科学思想、科学精神、科学态度以及科学方法的熏陶和培养，使人获得非生物本能的智慧，获得非与生俱来的灵魂。可以这样说，没有科学的"教育"，只是培养信仰，而不是教育。没有受过科学教育的人，只能称为受过训练，而非受过教育。

　　正是在这个意义上，科学堪称使人进化为现代人的"第一推动"。

近百年来，无数仁人志士意识到，强国富民再造中国离不开科学技术，他们为摆脱愚昧与无知做了艰苦卓绝的奋斗。中国的科学先贤们代代相传，不遗余力地为中国的进步献身于科学启蒙运动，以图完成国人的强国梦。然而可以说，这个目标远未达到。今日的中国需要新的科学启蒙，需要现代科学教育。只有全社会的人具备较高的科学素质，以科学的精神和思想、科学的态度和方法作为探讨和解决各类问题的共同基础和出发点，社会才能更好地向前发展和进步。因此，中国的进步离不开科学，是毋庸置疑的。

正是在这个意义上，似乎可以说，科学已被公认是中国进步所必不可少的推动。

然而，这并不意味着，科学的精神也同样地被公认和接受。虽然，科学已渗透到社会的各个领域和层面，科学的价值和地位也更高了，但是，毋庸讳言，在一定的范围内或某些特定时候，人们只是承认"科学是有用的"，只停留在对科学所带来的结果的接受和承认，而不是对科学的原动力 —— 科学的精神的接受和承认。此种现象的存在也是不能忽视的。

科学的精神之一，是它自身就是自身的"第一推动"。也就是说，科学活动在原则上不隶属于服务于神学，不隶属于服务于儒学，科学活动在原则上也不隶属于服务于任何哲学。科学是超越宗教差别的，超越民族差别的，超越党派差别的，超越文化和地域差别的，科学是普适的、独立的，它自身就是自身的主宰。

湖南科学技术出版社精选了一批关于科学思想和科学精神的世界名著，请有关学者译成中文出版，其目的就是传播科学精神和科学思想，特别是自然科学的精神和思想，从而起到倡导科学精神，推动科技发展，对全民进行新的科学启蒙和科学教育的作用，为中国的进步做一点推动。丛书定名为"第一推动"，当然并非说其中每一册都是第一推动，但是可以肯定，蕴含在每一册中的科学的内容、观点、思想和精神，都会使你或多或少地更接近第一推动，或多或少地发现自身如何成为自身的主宰。

再版序
一个坠落苹果的两面：
极端智慧与极致想象

龚曙光
2017年9月8日凌晨于抱朴庐

连我们自己也很惊讶，《第一推动丛书》已经出版了25年。

或许，因为全神贯注于每一本书的编辑和出版细节，反倒忽视了这套丛书的出版历程，忽视了自己头上的黑发渐染霜雪，忽视了团队编辑的老退新替，忽视了好些早年的读者，已经成长为多个领域的栋梁。

对于一套丛书的出版而言，25年的确是一段不短的历程；对于科学研究的进程而言，四分之一个世纪更是一部跨越式的历史。古人"洞中方七日，世上已千秋"的时间感，用来形容人类科学探求的日新月异，倒也恰当和准确。回头看看我们逐年出版的这些科普著作，许多当年的假设已经被证实，也有一些结论被证伪；许多当年的理论已经被孵化，也有一些发明被淘汰……

无论这些著作阐释的学科和学说，属于以上所说的哪种状况，都本质地呈现了科学探索的旨趣与真相：科学永远是一个求真的过程，所谓的真理，都只是这一过程中的阶段性成果。论证被想象讪笑，结论被假设挑衅，人类以其最优越的物种秉赋——智慧，让锐利无比的理性之刃，和绚烂无比的想象之花相克相生，相辅相成。在形形色色的生活中，似乎没有哪一个领域如同科学探索一样，既是一次次伟大的理性历险，又是一次次极致的感性审美。科学家们穷其毕生所奉献的，不仅仅是我们无法发现的科学结论，还是我们无法展开的绚丽想象。在我们难以感知的极小与极大世界中，没有他们记历这些伟大历险和极致审美的科普著作，我们不但永远无法洞悉我们赖以生存世界的各种奥秘，无法领略我们难以抵达世界的各种美丽，更无法认知人类在找到真理和遭遇美景时的心路历程。在这个意义上，科普是人类极端智慧和极致审美的结晶，是物种独有的精神文本，是人类任何其他创造——神学、哲学、文学和艺术无法替代的文明载体。

在神学家给出"我是谁"的结论后，整个人类，不仅仅是科学家，也包括庸常生活中的我们，都企图突破宗教教义的铁窗，自由探求世界的本质。于是，时间、物质和本源，成为了人类共同的终极探寻之地，成为了人类突破慵懒、挣脱琐碎、拒绝因袭的历险之旅。这一旅程中，引领着我们艰难而快乐前行的，是那一代又一代最伟大的科学家。他们是极端的智者和极致的幻想家，是真理的先知和审美的天使。

我曾有幸采访《时间简史》的作者史蒂芬·霍金，他痛苦地斜躺在轮椅上，用特制的语音器和我交谈。聆听着由他按击出的极其单调的金属般的音符，我确信，那个只留下萎缩的躯干和游丝一般生命气息的智者就是先知，就是上帝遣派给人类的孤独使者。倘若不是亲眼所见，你根本无法相信，那些深奥到极致而又浅白到极致，简练到极致而又美丽到极致的天书，竟是他蜷缩在轮椅上，用唯一能够动弹的手指，一个语音一个语音按击出来的。如果不是为了引导人类，你想象不出他人生此行还能有其他的目的。

　　无怪《时间简史》如此畅销！自出版始，每年都在中文图书的畅销榜上。其实何止《时间简史》，霍金的其他著作，《第一推动丛书》所遴选的其他作者的著作，25年来都在热销。据此我们相信，这些著作不仅属于某一代人，甚至不仅属于20世纪。只要人类仍在为时间、物质乃至本源的命题所困扰，只要人类仍在为求真与审美的本能所驱动，丛书中的著作，便是永不过时的启蒙读本、永不熄灭的引领之光。虽然著作中的某些假说会被否定，某些理论会被超越，但科学家们探求真理的精神，思考宇宙的智慧，感悟时空的审美，必将与日月同辉，成为人类进化中永不腐朽的历史界碑。

　　因而在25年这一时间节点上，我们合集再版这套丛书，便不只是为了纪念出版行为本身，更多的则是为了彰显这些著作的不朽，为了向新的时代和新的读者告白：21世纪不仅需要科学的功利，还需要科学的审美。

　　当然，我们深知，并非所有的发现都为人类带来福祉，并非所有的创造都为世界带来安宁。在科学仍在为政治集团和经济集团所利用，甚至垄断的时代，初衷与结果悖反、无辜与有罪并存的科学公案屡见不鲜。对于科学可能带来的负能量，只能由了解科技的公民用群体的意愿抑制和抵消：选择推进人类进化的科学方向，选择造福人类生存的科学发现，是每个现代公民对自己，也是对物种应当肩负的一份责任、应该表达的一种诉求！在这一理解上，我们不但将科普阅读视为一种个人爱好，而且视为一种公共使命！

牛顿站在苹果树下，在苹果坠落的那一刹那，他的顿悟一定不只包含了对于地心引力的推断，也包含了对于苹果与地球、地球与行星、行星与未知宇宙奇妙关系的想象。我相信，那不仅仅是一次枯燥之极的理性推演，也是一次瑰丽之极的感性审美……

如果说，求真与审美，是这套丛书难以评估的价值，那么，极端的智慧与极致的想象，则是这套丛书无法穷尽的魅力！

# 引言
## 描绘大自然中的关联

> 我没办法真的相信［量子力学］，因为这种理论
> 无法跟下面的想法保持一致：物理学理应代表空间和
> 时间中的现实，不会有瘆人的超距作用。
>
> ——阿尔伯特·爱因斯坦（Albert Einstein）致马
> 克斯·玻恩（Max Born），1947年3月3日

我们寻求了解宇宙中的事物如何相互关联的旅程，是从光开始的。光奔跑在大自然的快车道上，能够以惊人的速度穿过广袤的空间。

比如说，穿过月球和地球之间的遥远距离只需要不到一秒半的时间。可资比较的是，1969年阿波罗11号载人登月任务中的宇航员，返回地球花了大约三天时间。也就是说，跟那次开天辟地的太空旅行比起来，光的速度要快上大约20万倍。所以也不用奇怪，我们通过用望远镜和其他仪器收集光线对宇宙得到的了解，比通过太空旅行得到的要多得多。

但是结果表明，阿波罗11号对科学来说极为重要。在那次任

务中，登月人员中的两位，尼尔·阿姆斯特朗（Neil Armstrong）和巴兹·奥尔德林（Buzz Aldrin），根据指令留下了一组镜子。这些反射器是月球激光测距实验的关键部件。今天我们对光速的了解已经极为精确，因此科学家可以用激光脉冲瞄准月球上 1 的这些（以及其他）镜子，以惊人的精度测出地月距离。这种测试的基础是，我们绝对肯定，真空中的光速极大，但并非无穷大，而是有限且恒定的。

几千年来，我们的祖先对于光速是否有限没多少信心。古希腊人对光穿过太空究竟需不需要时间争论不休。哲学家恩培多克勒（Empedocles）断言，阳光穿过太阳和地球之间的空间绝对要花些时间，因此认为光速是有限的。亚里士多德（Aristotle）承认恩培多克勒的论证有几分道理，但反驳说果真如此的话，我们就应该会看到这个过程的中间阶段。因此，阳光肯定是从太阳瞬间抵达地球的。按照亚里士多德的说法，光速实际上应该是无限的。

直到19世纪中后期，科学家才确凿不疑地证明光速有限。法国研究人员阿曼德·斐索（Armand Hippolyte Fizeau）和莱昂·傅科（Jean-Bernard-Léon Foucault）发明了两种不同的测量方法，而后来美国物理学家阿尔伯特·迈克耳孙（Albert Michelson）的技术又在精度上超越了他们。与此同时，苏格兰物理学家詹姆斯·克拉克·麦克斯韦（James Clerk Maxwell）从理论上证明，光是一种电磁波（因为电磁作用力的相互作用而产生的扰动），在真空中具有恒定、有限的速度。

　　光速的影响极为深远。阿尔伯特·爱因斯坦在1905年提出的狭义相对论中强调指出，光速限定了普通空间中因果关联作用的最大速度。也就是说，结果不可能在其原因以光速抵达结果所在地所需要的更短时间内出现。比如说，不管用什么办法，你都不可能在比激光抵达月球所需更短的时间里远程让月球上的石头当啷作响。一般来说，涉及物质或能量的任何交互作用，速度都不能超过光在真空中的传播速度。此外，任何有质量的物体，也就是几乎所有的基本粒子，运动速度都必须低于光速。将有质量的亚光速粒子加速到光速需要无穷大的能量，所以显然不可能做到。

　　物质和信息的传输速度有限虽已经大量实验充分证明，却并不是凭直觉就能理解的。为什么自然界的交互作用要有这么2 个绝对限制？在比赛中，记录就是用来打破的。在宇宙飞行中，我们渴望能飞得越来越快。银行通过提高授信额度来回报忠实客户——让他们有财务自由的感觉，虽说这感觉到底是真是幻还两说。没有人喜欢受到限制，任何边界我们都想突破。然而就像一个宁静的小镇希望匆匆路过的游客放慢脚步一样，狭义相对论强行规定了一个放之全宇宙而皆准的速度上限。

　　而且，为什么是这个数值呢？是不是有个早期的动态过程让光速限制更加牢不可破，还是说这个限制从来都是坚不可摧的？有没有可能我们这个宇宙还有些别的版本（或者说跟我们这个宇宙平行存在的其他宇宙），其中的光速跟我们这里大异其趣？现实世界中会不会有那么一些孤立区域，其中的光速是无限的？狭义相对论认定光在真空中的速度固定且有限，但并没有完整解释为何如此。

2011年，久负盛名的《自然》杂志发表了一篇重磅文章《粒子突破光速限制》[1]，描述了一项新的研究结论，在科学界引发了地震。物理学家几乎不敢相信这个消息。狭义相对论的基本规则（其中就有光速限制这一条）支持者众，因此，很多人都对这个结论表示怀疑。

所讨论的这种粒子是极轻的中微子。最早是首屈一指的量子物理学家沃尔夫冈·泡利（Wolfgang Pauli）假设有这种粒子存在，并认为中微子几乎没有（但并非完全没有）质量，而且是电中性的。因此，这种粒子很少跟别的粒子相互作用——基本上只通过所谓的"弱相互作用"来跟别的粒子互动，而这个过程跟某些类型的放射性衰变有关。

中微子极为常见。太阳里的核反应就一直在产生中微子。每时每刻，都有海量中微子快速穿过太空，向地球汹涌而来。但是，由于极少与别的粒子相互作用，这些中微子绝大部分都只是跟我们擦肩而过。因此，精确测定中微子速度非常困难。比如说，我们无法像对光子（光的粒子）那样，让中微子从月球上的反射器上反弹回来，并测量返回地球所需要的时间。

---

1. Geoff Brumfiel," Particles Break Light-speed Limit ", Nature, September 22, 2011, https://www.nature.com/news/ 2011/ 110922 /full/news.2011.554.html. —— 原注（以下若非特别说明，均为本书原注。）

　　OPERA（带感光乳剂示踪装置的振动项目）团队中的物理学家使用的方法是，记录在大型强子对撞机（LHC）中产生并在大萨索山实验室探测到的中微子的飞行时间，这组实验设施位于高速公路隧道内，以免受到其他粒子的干扰。实验小组报告说，中微子完成这段旅程所花的时间，比光速预计要花的时间少大概60纳秒（1纳秒等于十亿分之一秒）。虽然他们说是在排除了实验错误的各种可能性之后才发表这一结果，但其他科学家同仁都无法重复出他们的超光速数值。最后，这个所谓的重大发现被证明只是计时系统的一个小故障。到头来，所谓超光速中微子只不过是空欢喜一场。

　　尽管有OPERA实验，我们也不能假定，任何科学理论都会永远成立。尽管爱因斯坦的狭义相对论今天看起来神圣不可侵犯，但说不定有一天，科学家会找到一种绕过光速障碍的办法。实际上，狭义相对论问世之后十年，在爱因斯坦提出的广义相对论中，就有一个很重要的空子可以钻：如果物质和能量令所在空间弯曲得太厉害，这个空间就可能会自己跟自己连接起来，而在两个本来距离遥远的地点之间，就有可能出现超光速连接。在1936年的一篇论文中，爱因斯坦和他的助手内森·罗森（Nathan Rosen）正式提出了这个想法。后来，物理学家约翰·惠勒（John Wheeler）给空间中的这种捷径起了个名字，叫作"虫洞"。虽然虫洞的概念仍然纯属猜测——没有人知道虫洞究竟能不能用来扭转因果关系，还是说物理学定律会以某种方式阻止这种情况发生——作为广义相对论理论上的解决方案，其存在还是带来了大自然究竟是如何关联起来的这一重要问题。

　　宇宙的结构是如何形成的？我们对这个问题的直观看法未必总是能跟宇宙的实际情形相符。在历史上，以普遍看法为基础、信奉者众的概念，从太阳系的地心说模型到静态空间的想法，曾经一次次崩塌。就在我们以为自己牢牢掌握了现实真理的时候，总会有些完全出乎意料的事情，比如20世纪20年代发现的宇宙在膨胀，来把我们的信心击个粉碎。

　　量子力学神妙莫测的规则似乎违背了物理学的预期。量子力学展现了基本粒子可以不通过中间介质交流信息，就能在遥远距离让彼此的特征协调一致。20世纪二三十年代人们提出了"纠缠"的概念，从那以后，让这个概念跟我们的感官证据相符，就成了一场旷日持久的艰苦斗争。 ⁴

　　纠缠不是信息交换，而是有量子特征的关联。在某些情况下，纠缠发生作用的速度比纯粹的因果信息交流（需要一连串以光速或更低速度进行的中间步骤）所允许的速度更快。量子纠缠允许自然界存在两条"管道"：其一为信息通道，以光速或更低速度起作用；其二为量子关联，也许会在观测时立即显现。

　　实际上，这两者之间并不存在矛盾。物理学已经学会了兼容并包。量子理论学家查斯拉夫·布鲁克纳（Časlav Brukner）就曾评论道："我不认为量子纠缠与广义相对论有任何矛盾。毕竟我们有弯曲时空的量子场论，这个理论运用起来完全没有问题。"[1]

　　尽管如此，多年来还是有很多科学家一直在思考，一个既超越了相对论也超越了量子物理学的基础理论，是否有可能对事物在大自然中 —— 从微观尺度到整个宇宙 —— 如何相互联系起来提供一个统一的解释。统一场论不是把量子物理学的关联缝缀在普通的相对论绣面上，而是从简单的数学经纬线开始，编织出浑然天成的织物。最后得到的会是完全量子化的引力理论，及所有其他相互作用和关联。

　　沿着这个思路，有条推理路线是假设定域性（任何物体的特性都由与之紧邻的情况决定）和因果关系是涌现现象，在量子世界的最深处并不存在，只有从量子世界内部逻辑的联合应用中才会自然而然地产生。假设有一位点彩派画家看似随意地在各个点上轻轻涂抹，但是随着图案和主题将整个画布联成一体，她的观众会错愕万分地看到一幅错综复杂的杰作慢慢呈现出来。同样也可以想象，非定域性、非因果关联的基本现实也可以发展成局部实体之间存在因果关联的网络，其中就蕴含了广义相对论的框架。

　　不过也有可能会有人说，量子世界的奇特性质只不过是因为我们缺乏认识而带来的错觉。这种情况下我们可能会认为经典物理学的那些定律仍然颠扑不破，并试图用设置在背景中的

---

1.查斯拉夫·布鲁克纳写给作者的信，2019 年 3 月 11 日。

看不见的链接来解释纠缠 —— 就好像一个坚如磐石的钢铁骨架秘密支撑着一座薄如蝉翼的摩天大楼一般。事实已经证明，制[5] 定这样一个"隐变量"策略同时又不违反无数量子纠缠实验结果，是一件非常难办的事情，但还是有些孜孜以求的研究人员仍在继续尝试。

这种大统一的努力可以追溯到爱因斯坦，他认为量子力学并不完备，并为此感到沮丧。他公开反对量子纠缠，认为这是"瘆人的超距作用"，并指出宇宙中的一切过程都有因果关联。如果某个物体的特性取决于另一个物体，那么我们就应该能够证明，两者之间存在像多米诺骨牌一样的因果链。在这个问题上他借用了日常经验。如果有座火山在离你的滨海别墅数百千米的一座小岛上爆发，过了一段时间之后你的厨房开始摇晃，你就可以合情合理地推断，地震波从前者传给了后者。如果结果表明附近那个嗡嗡作响的建筑工地才是真正的罪魁祸首，那也仍然是因果关系的一个范例。也就是说，任何给定结果，都一定有导致该结果的一系列原因链条。

此外，按照爱因斯坦的说法，任何对象的物理属性原则上都应该是完全可知的（假设仪器完美无缺），而且完全取决于该对象附近的条件 —— 这套标准叫作"定域性原理"。就像风向标一样，任何东西只要测量得当，就都应该能显示出这个东西在什么位置，运动得有多快，及在其周围是什么导致其运动。然而大量实验结果都表明量子纠缠千真万确，定域性原理并不能完整描述量子相互作用，而这位卓越的物理学家关于这个问题的直觉并不正确。他的常识性观点，认为自然界中的事件必定相互关联，被证明是有问题的。不过，他认为这是个非常严肃的哲学难题，不应该就这么束之高阁，这倒是对的。

我们对于事物如何相互关联的直觉，常常都会很有用处。但有时候这些直觉也会错得一塌糊涂 —— 不仅在物理学中，在我们日常的生活经验中也是如此。如果我们的认知对了，那简直就是个奇迹。认知力是一件超凡的工具。关注未来 —— 通过收集数据并用于形成心智模型 —— 是我们人类的专利。但就跟视觉会产生错觉一样，我们的感官也会欺骗我们。18世纪的苏格兰哲学家大卫·休谟（David Hume）就曾经指出，我们相信因果关系是因为我们有这样的印象，但这些印象也可能会误导我们。因此，要描绘出物理学中这些错综复杂的关联，还要考虑到相对论和量子力学这些不那么直观的规则，我们需要确保我们知道如何区分真相和假象，也就是把真正的规律跟毫无意义的巧合区分开 —— 这项任务可并不总是那么简单。

古往今来，很多伟大的思想家都将有理有据、可资检验的科学关联与伪科学的分析混为一谈。毕达哥拉斯（Pythagoras）学派提出了关于数学的重要见解（如著名的关于直角三角形的边的一个极为重要的定理），也提出了似是而非的数字命理学（对某些数字奉如神明）。德国数学家约翰内斯·开普勒（Johannes Kepler）以自己对几何学"大道至简"的直觉为基础建立了行星运动的早期模型，随后转向实验数据，才认识到自己一开始的直觉是错的。他还给人占星算命来赚外快。但是，一旦用更系统的方法来分析行星数据，他的理论就马上走上了正轨。英国伟大的生物学家阿尔弗雷德·华莱士（Alfred Russel Wallace）独立于达尔文发现了通过自然选择进化的的科学进化论概念，但是也对伪科学甘之如饴，相信灵媒的力量，也认为通灵真有其事。像这样既发现了有效关联也陷入过错误关联的人不胜枚举。就算是科学家，也并非总是能把真相与假象区分开。

　　我们来看看共时性这个概念的例子，这是1930年瑞士心理学家卡尔·荣格（Carl Jung）发明的词，表示"非因果性原则"。虽然他把这个概念归功于跟爱因斯坦共进晚餐时关于相对论的讨论，及对梦境、巧合和文化原型的个人分析，但是在他跟泡利讨论过量子物理学的新颖特征（将其与经典力学的决定论区分开的那些特征）之后，这个概念才开始炙手可热。回过头来看，荣格认为科学需要一种新的非因果性原则，这个见解堪称绝妙，也颇有先见之明。但是，他接受跟"有意义的巧合"有关的轶事证据的门槛很低，根本不会加以统计分析来剔除那些站不住脚的关联，这是他工作中的重大失误。对于事物之间什么时候有关联，荣格非常相信自己的直觉。但是，考虑到大脑时不时会向壁虚构一些错误的链接出来，单纯凭直觉行事可算不上真正的科学。

7

　　然而，如果有人像爱因斯坦、鲍里斯·波多尔斯基（Boris Podolsky）和罗森在1935年的一篇著名论文（我们经常称之为"爱波罗EPR"论文）中指出的那样，完全否定远程的非因果关联，那么两个天遥地远却能互相纠缠的粒子，又是怎么预知观测者打算测量的是什么属性的呢？比如说，如果测量了其中一个粒子的动量，就能马上知道另一个粒子的动量，那么第二个粒子是怎么马上做好准备的？这个粒子是不是施了什么"读心术"？爱因斯坦觉得不是，而是主张更完备的解释：物理量的取值在被测量之前也是客观存在的——即使实际设备的局限让我们无法测出来。

无独有偶，差不多正是爱因斯坦将量子纠缠的正统描述说成是某种"读心术"，在客观的科学中并没有一席之地的时候，美国资深植物学家约瑟夫·班克斯·莱因（Joseph Banks Rhine）激烈辩称，有必要对所谓特异功能人士所宣称的读心术加以科学探索。比如说，"有通灵天赋"的人猜中藏起来的卡片上的图像的概率能不能比瞎蒙高一些？为此，莱因创建了心灵学。

莱因的观点引起了一些量子物理学家的兴趣，其中就有泡利和他的朋友帕斯夸尔·约尔丹（Pascual Jordan）。虽然泡利对自己对心灵学的兴趣总是讳莫如深，但他对看不见的关联的兴趣却逐渐浓厚起来。在物理学的很多领域中，比如在评论爱因斯坦为统一自然规律而试着提出的模型的时候，泡利都会死命坚持其怀疑态度。但是在心灵学领域却出人意料，泡利非常愿意信以为真，至少有一段时间是这样。在被介绍给瑞士心理学家荣格做精神分析之后，泡利和荣格开始探索共时性的概念，希望能建立起非因果性原则决定的现实。

　　荣格和泡利正确指出，科学需要超出决定论和因果关联的期望。尽管如此，他们在试图找到大自然中非因果关联的例子时还是变得过于急切。他们试图将量子纠缠与日常生活中的机缘巧合类比起来，比如梦境中的预兆、文化中的共性（荣格称之 [8] 为"原型"，并归因于"集体无意识"）等等。遗憾的是，在建立这样的联系时，他们将真正的科学谜团 —— 为什么决定论的因果关联与涉及偶然因素的非因果关联在自然界中并存与未经证实的伪科学猜想混淆了起来。人们，就算是训练有素的科学家，都并非总能判断出哪些关联是真有其事，哪些站不住脚。实际上，经试验证实的远距离交互作用跟仅仅感觉到两起事件有隐藏联系毫无共同之处。经无数团队的辛勤工作证实过的可重复的实验结果，是真正的试金石，仅凭第六感是不够的。

　　量子物理学尽管有怪异的一面，但远远说不上漫无边际、模糊不清。刚好相反，虽然其杂合框架中包含了偶然、相关性和连续性的奇怪混合，在此背景下却能得出极为精确的预测。这里面也包括实际应用，比如医院里天天都在用的核磁共振成像（MRI），及正在日本测试的超导磁悬浮列车，悬浮在轨道上，能达到惊人的速度。

　　维也纳有个研究小组，在富有创新精神的物理学家安东·蔡林格（Anton Zeilinger）的领导下，多年来一直在量子瞬移和量子加密领域进行着激动人心的研究。利用量子纠缠，他们已经能够跨过创纪录的距离，将跟光子的量子态有关的信息从一个地方瞬间传送到另一个地方。该团队最近在探索的方向之一是，将光子的状态信息发送给中国的量子科学实验卫星"墨子号"，以期了解有没有可能将纠缠系统用于加密，创建出几乎无法破译的密码。他们的工作证明，非因果性关联，比如量子纠缠，不但极为重要，而且非常实用。

尽管理论学家在为量子物理学中的计算规则究竟是什么含义大伤脑筋，实验学家却在为屡试不爽的测量结果拊掌称快。要透彻了解整个大自然，我们必须学会将相对论的钢梁与量子世界柔韧但绝对有力的钢丝网调和起来。有的时候，同一个系统可能既有因果关联，也有共时性的属性。

就比如说太阳。太阳的光和热通过依赖于量子规则的核反应产生，而光和热释放到太空中的速度来自因果关联：光速。虽然哲学家对于太阳能量从何而来的问题苦思冥想了好几千年，但直到20世纪，科学家才找到了一个让人满意的答案。而这个答案，是好多种过程的大杂烩。

# 目录

# 第1章
# 触及天堂：古代对天国的看法

> 日神坐在诸神环绕之中，无所不见的眼睛看着青年法厄同。法厄同看着眼前新奇的景色心中害怕。日神便说："你来做什么？法厄同，你到我宫中来求的是什么？"
>
> —— 奥维德（Ovid）《变形记》（人民文学出版社杨周翰译本）

很久以来我们人类一直都很想弄清宇宙的运作模式。从地球上看，从月亮到太阳再到繁星闪烁的天穹，我们依据这样一层套着一层的星体运动设定了历法，而历法也已成为我们生活中必不可少的一部分。从古到今，我们一直在努力寻找这些天体运动之间的关系 —— 一开始是靠大胆猜测，后来则通过科学。

要想好好认识这样的相互作用，就需要测量这些天体的速度。涉及延迟的关联跟瞬间关联有本质区别。在过往的岁月中，随着我们对宇宙的浩瀚无边越来越了解，弄清都有哪些相互作用在以各自不同的速度起作用也变得越来越重要。毕竟，速度跟大小长短有关。假设比例保持不变，无论多么短暂的滞后都会在越来越长的时间间隔中变得影响越来越大。

要想通过建模来了解一个城市如何运作，工程师需要了解这座城市的交通和通信网络。一座交通基本靠走的城市跟一座[11]有多条高速纵横其间的城市，必定会有完全不同的特征——尤其是在说到产品从一地到另一地的投递速度能有多快的时候。禁用或限制使用手机的社区跟人人都随时随地揣着一部手机的地方比起来，运行速度肯定也不一样。

如果想破译宇宙中作用力和其他相互作用构成的网络的机制，也同样需要精确了解这些相互作用之间的作用速度。现在我们知道，真空中的光速是普通空间中物体之间因果作用速度的重要上限。所谓因果，我们的意思是遵循一定顺序的一系列事件，其中所有结果（比如某物被拉动）都有其原因（用力拉的施力者）作为前导。

古希腊人非常了解光究竟有多重要。那个时代的很多哲学家纯粹应用演绎推理，就赋予了光诸如爱和善意等等抽象品质，及温暖、明亮等等物理性质。在弄清光如何传递的过程中，他们为了光速究竟是否有限争论不休。但是，没有现代设备和方法，他们无法解决这个问题。

实际上，因为光实在是太快了，就算是到了差不多两千年之后的文艺复兴时期，像伽利略·伽利雷（Galileo Galilei）这样的科学家在确定光速时成绩也没好到哪儿去。伽利略提出了一个办法：让两位观测者彼此相距数千米，相继打开手提灯，观测灯光出现的时间间隔是否跟距离有关。这个想法诚然不错，但在实践中不够精确，无法区分瞬时信号和稍有延迟（多少多少分之一秒）的信号。好在我们还有阿尔伯特·迈克耳孙等19世纪的创新者，并继之以科学和技术的进一步发展，现在我们对光速的了解已经非常精确。

　　光速不只是对天文学来说很重要。事实证明，对于作用力如何起作用的现代理论，光速也是极为关键的组成部分。要理解大自然中的作用力，就需要知道这些作用力如何在空间中传递。并不是所有作用力都需要接触。实际上，四种基本作用力中就有两种，即电磁力和万有引力，可以在相当远的距离上起作用。这两种作用力是以某种方式瞬间从一点飞跃到另一点的，还是需要一些时间才能传递过去？事实证明，电磁相互作用涉及光子的交换。而万有引力虽然是通过不同的机制实现，作用速度倒是刚好跟电磁力的相同。因此，对光速的认识也是研究自然界相互作用的基础。

　　最后要说的是，确定光速有限，也带来了一些跟信息交流和因果关系的本质有关的非常深刻的问题。一般来讲，速度限制似乎不大像大自然该干的事儿。随便哪个在空无一人的高速公路上赶路的司机都可以证明，如果交警罢工了，哪儿哪儿都看不见他们，那么超速的渴望肯定会压倒小心驶得万年船的心情。

如果因果律受到光速限制，反正看起来确实是这么回事，那么要是能以某种方式绕过这个限速的话，会出现什么情况？反向的因果关系会成为可能吗？量子物理学似乎允许包括相干态，及看起来似乎能以比以光速发生的事件因果链更快的速度起作用的超距关联。量子纠缠及其他超距效应，如何才能跟光速限制调和起来？

总之，在人们发现了光速有限之后，就出现了很多科学研究方向，并一直持续到今天。这些弥足珍贵的果实并非单纯靠形而上学的思考就能得到，而是需要通过发展出精益求精的科学技术才能加以培育和收获。

## 敬奉太阳

照耀在我们远古祖先身上的炽热光芒，跟今天照耀着我们的光芒，都来自同一个光源。但是今天的我们已经知道，挂满星体的苍穹其实距离我们极为遥远，那时候的人们则以为阳光几乎是瞬息即至，跟今天的认识形成了鲜明对比。以古希腊人为例，他们就创造了关于太阳和天堂的细节翔实的神话，将天上的事情与人间的活动密切联系起来。

在希腊，有些地方的人们将太阳当作赫利俄斯神来敬奉，也就是提坦忒伊亚（光辉女神）和许珀里翁（天国光辉之神）的[13]孩子。在赫西俄德（Hesiod）的《神谱》中，赫利俄斯还有两个姐妹，分别是月亮女神塞勒涅和黎明女神厄俄斯。就跟兄弟姐妹们会共享一个玩耍的地方一样，这三位神祇也轮流统治着天空。

在《荷马诗颂》中我们可以读到更多崇拜赫利俄斯的内容。这是由佚名诗人写成的33首赞美诗的合集，跟《荷马史诗》风格类似，可能是从公元前7世纪开始创作的。其中有一首颂扬的就是太阳神，说他是一位尊贵的驾车人，戴着金光闪闪的头盔，驾驶着一辆驷马车（由四匹马拉着的战车）飞过天空：

> [赫利俄斯]站在自己的战车上，照耀着人类和不朽的神祇。在金色的头盔中，他凝眸远眺，目光如炬。灿烂光华自他身上倾泻而出，明亮的头发从鬓角垂下，优雅地贴住了他那远远就能看见的脸庞。华丽帛服流光溢彩，猎猎生风；牡马前驱，载他前行。在抵达天空的最高处之后，他勒住马匹，让金轭战车停下，在那里休憩。随后在万众瞩目中，他又驾起战车，从天空驶向大海。

将太阳拟人化，极大限制了古人研究太阳性质的能力。如果设想赫利俄斯能够行使意志，有根据自己的意愿和兴致跟凡俗交流的能力，就没有人能将赫利俄斯所代表的天体当成真实、稳定的能量来源来研究。说到底，人类并不能完全理解神的力量。因此，以科学方法认识太阳，包括研究其光线穿过太空的过程，始于希腊人将太阳推下神坛。

要到公元前5世纪，在西西里岛海岸上的文化中心阿克拉加斯（即现在的阿格里真托），认识太阳及其光辉的过程才取得明显进展。在那里，尽管赫利俄斯驾驶驷马车的形象仍然广为人知——比如说出现在金币上——历史学家还是推测，对太阳的崇拜已经不再流行。在阿克拉加斯，有一些著名的神殿供奉着宙斯、赫拉克勒斯等众神，但并没有专门供奉赫利俄斯的神殿。

14

在希腊的有些地方，赫利俄斯的角色包含在阿波罗中，这是位受到广泛敬奉、复杂得多的神。阿波罗是和谐、文化和预言的源泉，远远不只是一位光明使者。奇怪的是，阿克拉加斯跟其他史加中心的希腊城市（比如德尔斐）不同，显然也没有专门供奉阿波罗的神殿[1]。

恩培多克勒就是这座城市里土生土长的一位学者。对他来说，太阳带来的是哲学思考，而不是敬畏。他想了解现实世界的要素。熊熊燃烧、生生不息的太阳，看起来是这个谜团的重要部分。

**神殿之谷的黎明**

阿克拉加斯的黎明，每天都会给这里带来发白的立柱、滚

---

1. 根据新西兰考古学家罗伯特·汉纳（Robert Hannah）及同事的推测，最有可能的情形是，献给天后朱诺的一座神庙也可以当成阿波罗崇拜的中心，因为这座神庙的朝向跟海豚座的方向一致，而海豚座跟德尔斐相对应。参见 Robert Hannah, Guilia Magli, and Andrea Orlando, "Astronomy, Topography and Landscape at Akragas' Valley of the Temples", Journal of Cultural Heritage, vol. 25, May–June 2017, pp. 1–9.

烫的路面和刺眼的光芒。尽管离奥林匹斯山很远，这里仍然是古希腊领土，太阳的圆盘也每天都会驾临此地，宣示自己的存在。金碧辉煌的神殿和巨大的多立克柱一起反映了一个古老的真理。虽然神殿和立柱据称是要体现出神祇的能量和智慧，但没有人能想到，这些建筑实际上是在散射光子。这些光子从一个温度高到超乎想象的核高压锅里产生，然后穿过上亿千米的悠悠太空，才抵达神殿这样的地球上的建筑。现实往往比神话更离奇。

　　"神殿之谷"位于阿克拉加斯中心，实际上坐落在一座高原上，同时也位于山脉和丘陵之间。这样的选址，是为了保护这里免遭入侵。古希腊大部分城市中，所有神殿的朝向都专门跟仪式上很重要的时日（比如春分）太阳升起的方位对齐，这样就能让神殿的立面在宗教仪式中沐浴在最明亮的光辉中。但是，阿克拉加斯的情形要复杂很多。这里的街道是很规整的网格布局，跟高原的地形一致，而这座城市也是实用性的体现。人们并没有让所有神殿都按照宗教仪式日程取其朝向，而是至少有一部分，似乎是出于实用性考虑设计得与城市的网格对齐，而非与太阳划过的弧线对齐[1]。这种对齐方式进一步表明太阳受到的敬奉有所下降，对太阳特性的世俗角度的分析也因此有了更大空间，其中就包括恩培多克勒影响深远的推想。

15

1. Robert Hannah, Guilia Magli, and Andrea Orlando, " Astronomy, Topography and Landscape at Akragas ' Valley of the Temples ". Journal of Cultural Heritage, vol. 25, May–June 2017, pp. 1–9.

恩培多克勒于公元前492年前后出生于阿克拉加斯，那时这座城市建成还不到一个世纪。他家境极为优渥，跟那个年代的很多希腊贵族青年一样，过着衣来伸手饭来张口的生活。他盛装华服，穿着紫色长袍和青铜凉鞋，头上还戴着月桂花环。这样的雍容华贵让他颇有王者风范，也有着自命不凡的神圣味道。他不想被看成凡夫俗子，便假装自己是神秘主义者、信仰疗法术士。但有一点非常出人意料：他并不鄙视那些不幸的人，甚至反其道而行之。在政治上，他强烈支持平等和民主（当时的社会是一个歧视妇女的等级社会）。在这个社会中，他致力于通过法规确保自由民的平等。一个人怎么能一边宣称相信平等，一边又表现得自己高人一等呢？用沃尔特·惠特曼（Walt Whitman）的话来说就是，他的自相矛盾反映出他的"兼容并包"。

年轻的恩培多克勒求知若渴，对诗歌和哲学来者不拒，对他那个时代最好的作品狼吞虎咽，其中就有巴门尼德（Parmenides）的哲学诗篇《论自然》（对他的思想和风格影响深远），阿那克萨戈拉（Anaxagoras）对大自然的推测，及毕达哥拉斯学派的思想。他读到的这一切，激励着他写下自己对自然界的沉思。

## 宇宙要素

就跟对前苏格拉底时代的很多希腊哲学家一样，我们对恩培多克勒的观点的了解，也主要来自他的著作片段以及引用了他的著作的二手资料。他也有一部作品叫作《论自然》，直接针对的就是他的老师巴门尼德的一元论（只有物质的）世界观，并在某些方面加以驳斥。这部作品也跟哲学家毕达哥拉斯的追随者，也就是毕达哥拉斯学派的数字命理学观点大异其趣。巴门尼德认为宇宙从根本上讲是静态的——仅由一种永恒的物质组成，而这种物质可以变化成各种形式，但从时间上来看始终还16 是同一样东西。因此，变化完全是一种假象。但恩培多克勒跟他相反，认为宇宙是动态的，由多种相互作用的元素组成。

毕达哥拉斯学派主张，数字和几何学是宇宙最基本的构件。从1到10的整数，及规则形状（比如圆形和球体），是神圣自然秩序的关键组分，有特别重要的意义。他们认为1，也就是"壹"，代表着整体性，而2，体现了分裂。一般来讲，奇数在他们看来跟男性气概有关，会带来和谐（毕达哥拉斯学派全是男的，因而有此偏见）；而偶数跟女性气质有关，会带来对立面的冲突。10虽然是偶数，但同时也是前四个自然数之和，因此代表着包容和总体。

毕达哥拉斯学派最神圣的符号当中有一个叫作"圣十"（Tetractys），是将前十个自然数表示为一个等边三角形，十个点排成四行，第一行一个点，第二行两个点，第三行三个点，第四行四个点。前四个数象征着大自然的不同组成部分，数字10代表着宇宙的完整性，而"圣十"这个符号就能神奇地将这两者联系在一起。

在毕达哥拉斯学派提出和谐音阶的思想时，前四个数的比例开始登上舞台。他们认为，音调的比例越是简单，听起来就越是美妙。他们的宇宙模型 —— 天体轨道的同心球面围绕着一个"中央火"（并非太阳，而是一个看不见的力量之源，叫作"守卫"，也就是宙斯的瞭望塔）转动 —— 就以这种让人愉悦的音符组合为基础，并称之为"和谐球体"。

毕达哥拉斯学派说到的有八个天体：太阳、月亮、水星、金星、火星、木星、土星和繁星天穹。地球环绕中央火的轨道，是第九个球体。为了得到神圣的十这个数字，他们还加进来了第十个天体，叫作"反地球"，在中央火的另外一侧运动，因此永远都无法看见。

数学确实是大自然的语言。但是，毕达哥拉斯学派假定"万物皆数"，认为一切事物都由简单的整数和图形组成，这样还是 17 把自己限制在了对宇宙要素的抽象、不切实际的描述中。他们用数学来否决而非描述宇宙，带来了严重的局限。比如说，毕达哥拉斯学派憎恶无理数（比如圆周率π和2的平方根），因为这样的反常数字并不符合他们的架构。科学需要欣然接受所有数字，但只是作为工具，而不是要素。

恩培多克勒没有理睬毕达哥拉斯学派的数字命理学和音乐学，转而主张更加言之凿凿的宇宙元素。他的宇宙演化学包含四种主要物质：土、风、火和水，他称之为"根"，就像植物的根一样。两种对立的基本作用力，"爱"和"争"，作用于这些元素，就给大自然带来了动力。

按照恩培多克勒的说法，爱永远都是吸引力。爱将相似的物质聚拢起来，最终还会将其与不相似的物质并在一起。但是，如果允许爱单独作用，就会带来绝对统一：土、风、火和水的了无生趣、一成不变的混合物。虽然完美的和谐听起来有如田园牧歌，但这种状态不允许改变，因此也就不会允许生命出现。

好在还有"争"让元素彼此分离，以此平衡爱的作用。在时光流转中，"争"会让各种物质分离得越来越远，直到变得像分层蛋糕上的条纹一样分明。到最后，如果"争"胜出，就会让一切都分崩离析。在这种极端情况下，生命同样不可能出现。然而每当"争"达到上限的时候"爱"都会粉墨登场，相反相成的循环就会重新开始。在这两种完全不同的力量引导下，四种元素以各种各样的组合形式混合在一起，让世界上的物质一遍遍往复轮回。

在解释自己的系统时，恩培多克勒用了艺术家的调色板来打比方。就像艺术家会将原色混合起来形成次要色调，比如说用来装饰一个彩绘花瓶一样，大自然中爱的力量将各种元素合并在一起，从而创造出自己的杰作。按照古老的点彩派画家的观点，他将各种元素想象成并排放置的非常小的物质点，相互之间极为协调，从而显得像是什么新事物，但实际上只是不同元素形成的花样。

恩培多克勒的想象中包括了无尽循环的可能性，而且在每18　次循环的过程中都有很多变化的选项，因此他构建的宇宙学非常灵活。他用容易受到各种各样的相互作用影响的成分来解释大自然，以此推进了对大自然的研究。虽然他列出来的元素和作用力跟今天科学家所认为的基本成分相去甚远，但是他这个分门别类的构想在他那个时代不啻于改天换地，影响极为深远。仔细看的话，我们会觉得恩培多克勒对今天的认识已经有模糊的预感：构成物质的基本成分是夸克和轻子，相互之间受到万有引力、电磁力、强核力和弱核力这四种基本相互作用的激发。

恩培多克勒不只是对解释无生命物质的行为表现感兴趣，他也对感官做了一些研究，探索了生物学的一些基本知识，还涉猎了这些科学的交叉领域。他以火（光）会吸引更多火的想法为基础，提出了一种视觉理论。他认为，视觉是因为一个人眼睛里的火跟其他物体上面的火之间的亲和力而产生的。

恩培多克勒的视觉理论人称"光的发射理论"，他假定眼睛会发出光束，在跟其他物体接触后就能照亮从而看见这些物体。他的理论跟毕达哥拉斯学派及其他希腊哲学家提出的"光的接收理论"大异其趣。后面这种理论认为，人的眼睛会接收所观察的一切事物发出的光线。因为那个年代的实验观察并不够，两个阵营都无法证明自己关于视觉的看法是对的。尽管如此，发射理论和接收理论的支持者之间形而上学的争论还是持续了很多年。

另一位出生于公元前460年的前苏格拉底时代希腊哲学家德谟克利特（Democritus）提出了另外一种接收理论。他认为，世界上所有物体都在制造无数个自身的复制品，称为"影像"（eidola），他们可以在空间中传输，并被身体（包括眼睛和大脑）接收。"影像"被眼睛接收后，就会形成视觉图像。而如果被大脑直接接收，就会带来能唤起回忆的梦境，让人得到关于现实事件的预感。因此在他看来，眼之所见和心之所预言都只不过是我们察觉到的"影像"的不同表现形式。

德谟克利特是原子论的奠基人之一，他认为所有东西都是由形状和大小各异的非常细小的成分构成的，很容易复制并发射出来。因此，来自世界各个部分的"影像"都环绕在我们身边，等着我们发现。至于说为什么这些"影像"刚好按照事件发生的顺序抵达我们身边，而不是让过去、现在和未来杂乱无章地堆在一起，德谟克利特并没有解释。

古时候的哲学家往往通过逻辑推理和简洁原则来构建自己的论证。除了显而易见的事实（比如说水能克火）之外，经验结果非常缺乏。因此，恩培多克勒和跟他同时代的人都是出于直觉而非实验。而我们也已经看到，直觉往往会让我们误入歧途。

有些记载表明[1]，恩培多克勒在公元前433年也就是他60岁左右的时候去世，也许可以算是火在追求火的一个例子：一个炽烈的人迎来了酷热的死亡。英国近代诗人、评论家马修·阿诺德（Matthew Arnold）在其诗作《埃特纳火山上的恩培多克

---

1. 例如希腊传记作家Diogenes Laertius（约公元3世纪）在 *Lives of Eminent Philosophers* 中就有这样的记载。

勒》中将他的死亡戏剧化，写成了这样一个传说：在恩培多克勒
生命的最后一幕，他爬上了欧洲最高的火山，也就是位于西西
里岛的埃特纳火山。爬上火山口的边缘之后，他纵身跃入火海，
仿佛是在表明他天神一样的勇气和对死后人生的渴望——也许
是想证明自己的灵魂可以不朽。恩培多克勒是不是以为，能将
他的生命精髓和地狱之火融为一体的决定性作用，最终会在重
新出现的存在周期中涅槃重生？对这位伟大哲学家的死亡方式
及原因，人们只能存疑。

阿诺德想象恩培多克勒发出了最后的呐喊：

> 这颗心再也不会闪闪发光！你也
> 不再是活着的人，恩培多克勒！
> 除了被一团火焰吞噬的思想——
> 一个赤裸裸的、永远躁动不休的灵魂！
>
> 一切都会回到
> 形成自己的元素。
> 我们的身体归于土，
> 血归于水，
> 热归于火，
> 呼吸归于气。
> 它们生在天地间，也会被好好安葬！[1]

20

---

1. Matthew Arnold, "Empedocles on Etna", The Strayed Reveller: Empedocles on Etna, and Other Poems (London: Walter Scott, 1896).

无论恩培多克勒的肉身命运如何，他的学术遗产确实让他得到了不朽。后世很多哲学家都会引用他的著作和思想，而他的这些跟毕达哥拉斯学派和其他原子学家的著作一起，对科学的形成产生了持久的影响。历经两千多年，我们才能确定大自然最根本的组分是什么，及这些组分之间如何通过基本作用力相互作用，而恩培多克勒所在的关键时期，就是这段历程的开端。

古代世界最有影响的"万有理论"是在柏拉图的作品中展现出来的。柏拉图是一位著名学者、教师，生活在公元前429年到前347年之间，还创办了雅典学院。他热衷于将早期哲学观念融为一炉，将其成功熔炼为关于世界的原始构想，并在《蒂迈欧篇》等作品中描述出来。

柏拉图遵循毕达哥拉斯学派的道路，接受追求完美、理想主义的宇宙观。他提出，我们观测到的宇宙有明显缺陷，因此完全只是和谐的永恒领域的回响。他指出，与其尝试通过直接分析来认识凡俗世界，还不如超乎其缺陷，试着探寻这个世界原始的蓝图，也就是他所谓的"形式"的领域。

"形式"是世界上所有真实、短暂的物品的理想、永恒的原型。假设有一台尽善尽美的老爷钟在那里永无止境地滴答作响，不受任何摩擦力和阻力，那么钟摆就会一直优雅地来回摆动下去，永不停歇。假设你还有一块从地摊上买来的便宜手表，几乎每天都需要对表，那么相比之下，那座雄伟的老爷钟肯定更能代表时间。但是还有更好的绝对完美的钟表，是所有钟表的原型，无论走多久，一秒都不会走错。这就是"时间"的形式，最好的钟表可以据此制作，而最差劲的手表相形之下简直就无足挂齿了。同样地，古朴的老爷钟外表匀称、优雅，可以跟"美丽"的形式匹配起来，而小孩子对钟的机械部分钦佩莫名，也可以跟"智慧"的理念相对应。这个孩子自己，也将是"人"的质朴本质的反映 —— 她的完美"灵魂"的回响。

21

　总之，世界上所有的物体或特征，看得见摸得着的那些对象，都是从虚无缥缈中涌现出来的。个人的灵魂就来自神圣的完美，就像一棵身形高大、不事雕饰的樱桃树将绚丽的花朵散落在树下的土地上。那些花朵零落成泥碾作尘，但任何能将她们跟底下的泥土区分开来的残余的美丽，都在证明她们高贵的起源。

　这种涌现缺乏现代意义上的如时钟般精确的因果关联，并没有显而易见、无法去除的因果链将形式的领域跟日常生活联接起来。实际上，这种关联就是杂乱无章的流动，在碰到粗糙的现实世界时会吸收各种杂质，就像山里一条纤尘不染的小溪蜿蜒着流过无人知晓的罅隙，绕过与世隔绝的小小村落，在拾取溪岸上的松林掉落下来的松针之后颜色渐深，最后注入浑浊的市政蓄水池。柏拉图的构想允许出现更深奥难懂的联接模式，比如非因果关联，以数字命理学、对称性和其他数学原则为基础的关联，及形形色色超自然的作用方式。因此在柏拉图身后的好多个世纪里，柏拉图的思想会得到大量神秘主义诠释和装神弄鬼的阐发，也就不足为奇了。

柏拉图用了一个著名的思想实验"洞穴寓言"来证明，现实生活也许只是形式领域的幻影。他假设有一群囚徒住在一个洞穴中离洞口不远的位置，面对着洞穴的内壁，在内壁上它们可以看到从外面经过的人和物落在内壁上的影子 —— 士兵和武器、商人和货物，等等。如果这些囚徒从未自由过（或是不知怎么的忘记了外面的世界是什么样子），他们就会误以为这些影子就是现实世界。与此类似，我们的世俗经验也只是虚幻的皮影戏，只是跟无所不在的真相有些许相似之处。

跟毕达哥拉斯一样，柏拉图对完美的几何图形情有独钟。他同样提出，行星、太阳、月亮和恒星的轨道都必须是圆形，至少在理想领域中应该如此。我们能感觉到的星体行为的任何偏差，都必然是因为对完美现实的反映有不当之处，就像在污渍斑斑的镜子中照出的人脸一样。他的模型跟毕达哥拉斯模型的主要区别是他的构想以地球为中心：所有星体都是环绕地球而不是中央火运动。

在《蒂迈欧篇》中，柏拉图提出了一种奇特的毕达哥拉斯式的观点，将恩培多克勒的元素和正多面体（以正多边形比如正三角形和正方形为面的三维图形）关联起来。柏拉图推测，这些元素的行为表现各有不同，是因为各自的几何构成都很独特。数学家注意到，二维的正多边形和三维的正多面体之间有重要区别，前者有无数个，而后者只有五个：正四面体（四个面的金字塔）、立方体、正八面体、正十二面体和正二十面体。也就是说，这五种是仅有的所有面都一模一样且都等边的多面体。毕达哥拉斯学派很可能发现了这一点，希腊数学家泰阿泰德（Theaetetus）和欧几里德也都曾描述过。但是，因为是柏拉图提醒人们特别注意这几种正多面体，所以通常就称之为"柏拉图立体"。

## 大自然隐藏的光芒

柏拉图去世后，他的雅典学院仍然矗立了好几个世纪，甚至一直到罗马帝国渐成气候的时候都还在，而他的哲学思想更是远远超出了那个时代。从那个时代以来，在很多杰出思想家的著作中，都能看到柏拉图主义的身影。柏拉图专注于形式而非物理世界，跟毕达哥拉斯学派对数字命理学的信仰珠联璧合，表明大自然有一套隐藏的准则，有超验的完满。因此，柏拉图主义以其各式各样的化身向智者提出挑战，让他们为发现这套准则殚精竭虑。

罗马时代的学者、传记作家普鲁塔克（Plutarch）于公元45—47年左右出生于希腊中部。他系统研究了柏拉图的著作，想要将这位古代哲学家的思想汇编为对宇宙的完整描述。他游历甚广，也将他对地中海文化的很多亲身体验都融入了自己的研究。在普鲁塔克看来，有个中心问题是，物质世界如何跟形式领域联系起来，将理想、精神世界的精髓倾注到原本混乱、无生命的物质中。他的集大成工作将毕达哥拉斯学派的很多元素，

比如数字关联都编排进了柏拉图一系的哲学中，还加进去了古
埃及的象征主义，比如提到伊西丝和欧西里斯神圣的兄妹兼夫
妇之爱的创世神话。多产且颇具影响力的普鲁塔克将让未来的
很多世代对古希腊关于现实本质的辩论有所了解，尤其是他的
《希腊罗马名人传》将成为有史以来最有影响的传记集。

　　普鲁塔克的很多思考都既有我们所谓的科学猜想，也有神
秘主义的成分。比如说，他关于月球的文章《论月面》就提出了
大量关于月球表面看起来是什么样子的想法，有的说是一个平
坦、没有任何特征的球体，有的说是像地球一样的有山脉、有山
谷等等地形特征的世界（伽利略将证明，后面这个看法是对的）。
他介绍了恩培多克勒的观点，即月球是"被火球包裹的像冰雹
一样凝结起来的气"，还详细介绍了阿里斯塔克斯对其相对大小
和月地距离的计算。他认真思考了月光是不是反射的阳光，及
为什么月食比日食更加频繁等等问题。最后他异想天开，想象
月球是亡灵暂时休息的地方，之后会转世回到地球上或进入某
种形式的天国。总之，普鲁塔克讲月球的文章体现了古代观点
和现代观点的结合，既有脚踏实地的观测，也有超自然的想象。

　　历史学家往往把普鲁塔克以及他那个时代深受柏拉图影响
的其他哲学家叫作"中期柏拉图主义者"，从而使他们有别于更
古老的柏拉图主义者，比如雅典学院中紧随柏拉图身后的那些
思想家，及进入公元纪年后最初几个世纪里受柏拉图哲学思想
启发的各式各样的神秘主义流派，包括诺斯替主义、赫尔墨斯
主义、摩尼教（明教）以及新柏拉图主义，还有中世纪的神秘主

义运动，比如苏菲派和卡巴拉派。

　　简单来讲，诺斯替主义包括了基督教和非基督教的一些派系，指的是从公元纪年最早的几个世纪开始的意在深入学习造物主的深奥知识的尝试，超出了传统宗教背景和实践的范畴。他们遵循柏拉图的形式概念，宣称有一个普遍真理的纯净境界，超越了虚幻的凡尘俗世。双重现实当中的每一重都由单独的造物主创造：一个大一些的上帝是完美领域的统治者，还有一个小一些的神是物质世界的创造者，其造物就包括有很多缺陷的 24 人类。按照诺斯替派的信念，古希伯来人错误地敬奉了更世俗的那位造物主，但他们本应越过这位神，将目光投向更完美的精神上帝。在基督教的诺斯替派中，耶稣是关于更高境界的智慧的展现者；其他诺斯替派则倾向于认可不同的真理信使。

　　诺斯替主义的著作中最著名的系列要数《拿戈玛第经集》，是很可能写于公元4世纪的莎草纸书，封存在陶罐中，于1945年12月经埃及的一群农民在贾巴尔-塔里夫悬崖底下挖掘肥沃的壤土时挖掘出土。这部经文展现了跟标准的教会教规截然不同的一套准则。这部经集的第一部分后来被叫作《荣格抄本》，因为在被比利时古董商买下并偷运出埃及后，于1952年被瑞士心理学家卡尔·荣格的研究所购得，随后翻译出版，最后又回到埃及，现在收藏于开罗的科普特博物馆。

　　赫尔墨斯主义与诺斯替主义关系密切，以赫尔墨斯·特里斯墨吉斯忒斯（三重而伟大的赫尔墨斯）的角色为核心。他是一位传说中的魔法知识的先知，据说融合了古希腊神祇赫尔墨斯和埃及神祇托特的很多品质，而这个派别代表了一种神秘的、非基督教的信仰体系。摩尼教的核心思想是虔诚的伊朗圣人摩尼提出的二元论（物质和精神）教义，这位圣人出生于一个犹太化基督教的诺斯替派家庭，但后来创立了自己的宗教。

新柏拉图主义是跟普罗提诺（Plotinus）、波菲利（Porphyry）等活跃于雅典学院已经式微时的哲学家的著作有关的一种哲学流派，对于诺斯替派的观点，即物质世界是腐朽的，精神领域才是纯粹的，他们弃如敝屣，转而支持物质和精神两者之间更复杂的关系。新柏拉图主义描述了一个层级制的过程，其中有个统一的实体，叫作"壹"，可以产生一系列影响，将精神注入到物质世界中。在详细描述如何从一生成万物时，他们用来解释复杂性的术语和机制都来自毕达哥拉斯学派的思想，即世界是由数字构成的。按照新柏拉图主义者的说法，超验涉及让一个人找到穿过错综复杂的混乱世界的道路，与最初的"壹"重新关联起来。这一信条可以追溯到古希腊神话，而并非源自犹太教或基督教的核心原则。尤其是波菲利，对基督教提出了尖锐的批评。他发现，与《圣经》有关的著作跟古希腊哲学中极为理性的论述并不一致，因此值得怀疑。

卡巴拉派和苏菲派代表了无数代先验思想家分别对犹太教和伊斯兰教提出的非传统、神秘主义的阐释。他们跟柏拉图和毕达哥拉斯的关系体现在对神圣经文解码，以期找到字里行间的隐藏意义。

例如，卡巴拉派经常将上帝的圣名，也就是带有四个希伯来文字母的"四字神名"，与毕达哥拉斯学派的神圣符号，也就是有四行点排成一个正三角形的"圣十"符号相提并论。跟数字四有关系的其他关联还包括四个季节、四种古典元素等。在那些倾向于神秘主义的人看来，这些数字的对应有先验意义。

仔细想想光在这些神秘主义的信仰体系中的角色也会很有意思。在这里，光并非只是一种有待测量的物理现象，而是代表了神圣的爱和圣洁，是超越肉身限制的一种方式。诺斯替主义将光和真正精神领域的神圣知识联系在一起。摩尼教也将黑暗与物质世界关联起来，并认为光代表着神圣真理的领域。摩尼自己就被人叫作"光的信使"。卡巴拉派信徒也是一样，把光跟神圣力量联系在一起。卡巴拉派的重要著作中，比如《光明篇》（Zohar，在希伯来语中意为"光"或者"辉煌"），所描述的上帝会发出超乎想象的耀眼光芒。

18世纪的犹太神秘主义者以色列·本·以利撒（Israel ben Eliezer），也叫巴尔·谢姆·托夫（Baal Shem Tov），就曾论及《光明篇》及其与犹太教传统圣经《妥拉》（Torah）之间的关系：

> 有了上帝在创世的六天中创造的光，亚当可以从世界的一端看到另一端。为后世的义人，上帝将光隐藏起来。他把光藏在哪里了呢？在《妥拉》里。因此

　　我打开《光明篇》，就看到了整个世界。[1]

　　在这些神秘主义的观点中，神圣的光自由流动，瞬间通达，从不涉及任何特定的速度。作为全能的神，上帝可以毫无阻碍地发出自己的光芒。不过他也许会选择收着点自己的能力，这好像有点自相矛盾。有些卡巴拉派的著作设想有一些指定的容器，神圣的光可以通过这些容器来运送。这些天堂的管道意在管制神性的散发，这样神性的力量就不会让凡俗之人感到不堪重负。因此，光就像流体一样，完全可以具有有限的流动速度。但是，这些容器不够坚牢，装不住光，会像试管一样摔得粉碎。这样的破裂会给这个世界带来混乱。按照某些睿哲的说法，虔诚的行为，包括用善行疗愈世界，也许有助于重现上帝的原初构想。

　　一般来讲，在这些追随柏拉图式传统的思想流派中，有个共同主题是解释神圣力量无穷无尽与世俗交互作用速度有限之间巨大的矛盾。有的群体，比如摩尼教和诺斯替派，试图让这两个领域井水不犯河水；另一些群体，比如新柏拉图主义者和卡巴拉派，试图通过中介在两者间架起桥梁。这些管道代表了永恒领域和凡俗国度之间隐藏的关联，只有最正直的义人，有着虔敬的、以永恒的节奏跳动的心，渴求神圣智慧的永在探寻的灵魂，才能得窥门径。

---

1. Daniel Chanan Matt, ed., Zohar: Annotated & Explained (Nashville, TN: Sky Light Paths, 2002), p. 44.

## 闲庭信步的阳光

当然，柏拉图的遗产远远没有局限在神秘主义的活动中。西欧和中欧好多个世纪的学者都主要是通过他最出名的学生，声名显赫（同时也更务实）的哲学家亚里士多德的作品来了解他的。这位同学生活在公元前384年到前322年之间，本人就是一位很多产的喜欢阐释思想的人，注重逻辑推理和基本观察，而他的阐释产生的影响也极为持久。他对大自然运作机制的系统研究，虽然来自柏拉图的真实领域与理想领域如何关联的更抽象的概念，却为引起物体运动的原因提供了清晰得多的见解。

在转向现实主义时，亚里士多德与柏拉图分道扬镳。在他关于宇宙的构想中，他采用了恩培多克勒的元素说的一个修正版本。跟恩培多克勒一样，他也认为地球上的一切都由土、气、火和水这四种元素构成。但是，亚里士多德还往里面加了个第五元素："精华"，也就是构成太阳、月亮、行星和恒星等天体的以太那种东西。他推测，天体之所以由"精华"构成，是因为这是最轻的物质。土这种元素是最重的，而水、气和火这几种元素一个比一个轻（但还是没有精华轻）。构成物体的材料越重，这个物体就越接近地面，也越有可能下沉而非上升。相比之下，由精华构成的天体就完全没有理由冲向地球，因此可以保持圆形的轨道。所以，按照亚里士多德的说法，太阳和其他天体都会围绕着静止的地球旋转。在写于公元前350年前后的著作《论天》中，他总结了自己的这些观点。

亚里士多德的动力学概念虽然在他那个时代不啻于石破天惊，但跟大概两千年后才提出的牛顿运动定律比起来还是要原始得多。亚里士多德将运动分为两类：自然的和受驱使的。自然运动包括静止状态、上升（就火和气这样的较轻的物质而言）和下落（就土和水这些较重的物质而言）。元素越轻，上升的速度就越快；元素越重，下落的速度也会越快。由不同元素组合而成的物体可能会以不同的速度或升或降，取决于其组成。因为没有惯性的概念，亚里士多德只能假定，所有其他形式的运动都需要直接的推动力。迫使物体偏离自然行为必须要有持续的推力或拉力。

在《物理学》和《形而上学》这两部著作中，亚里士多德谈到了因果关系的问题。他强调要为所有结果都找出原因，这有助于形成未来的科学。但是，亚里士多德定义的因果关系允许即时作用，甚至允许因果之间在时间上反向，这跟因果关系一词的现代含义（通常意味着指向未来的关联）大异其趣，因此需要区分。特别是，因果关系的现代定义受到等于光速的信息交流上限的限制。

亚里士多德谈到了四种不同类型的原因，每一种都有不同机制。他把原因分成物质因（物体由什么物质组成）、形式因（物体如何形成）、动力因（物体的创造者是如何制造这个物体的）和目的因（物体的最终目标）四种。第四种 —— 涉及未来的目标而非过去的条件 —— 似乎跟我们一般所谓的因果关系风马牛不相及。不过也可以注意到，近年来有那么一票物理学家

28

提出了"逆因果律"的概念，就是一种指向过去的情形，认为结果先于原因。

亚里士多德经常谦称自己受益于诸多前贤，比如恩培多克勒。虽然对恩培多克勒的作品亚里士多德一般都很敬重，但在有些领域，他提出了尖锐的批评。他抛弃了恩培多克勒关于视觉的光发射理论，指出这个理论无法解释在试图看清物体时白天和夜晚之间的不同之处。他问道，如果眼睛自己就能发出火光，那为什么在伸手不见五指的黑暗中我们无法辨认出影像来？由此亚里士多德得出结论，眼睛显然是用来探测而非产生光的器官。

另一个存在分歧的地方是恩培多克勒关于太阳的运作机制的理论。尽管对太阳究竟有多远一无所知，也完全不知道太阳是个巨大的能量来源，恩培多克勒还是成功认识到了太阳光是如何传播到地球上来的。他提出，阳光必须经历一定的时间，穿过太空才能抵达我们这里。亚里士多德对此持有异议，辩称若果真如此，我们就应该能看到阳光的运动。对这个分歧，历史会证明亚里士多德错了，而恩培多克勒是对的。亚里士多德在《感觉与感觉客体》中写道：

> 恩培多克勒……说，来自太阳的光线在抵达眼睛，或者说抵达地球之前，都会先穿过中间的太空。这么说似乎很像那么回事。对于任何 [ 在空间中 ] 运动的物体来说，肯定都是从一地向另一地运动；

> 因此跟这个物体从一地运动到另一地相应，必定也有一段时间间隔。但任何一段给定的时间都可以分成很多份；因此我们应该可以假设有这样一个时刻，太阳的光我们还没有看见，而是仍然在中间的太空中行进。[1]

亚里士多德对视觉的机制仅有很粗浅的概念，因此对于光线可以在太空中传播却看不到传输的过程感到大惑不解。他当然也能想到，如果光是从一个地方开始到另一个地方结束，那这道光肯定会穿过其间的所有位置。既然如此，为什么我们看不到光的完整路径，就像燃烧着的燃料之河一样？

亚里士多德的评论很让人吃惊。既然地球上的光（来自火堆、闪电等等光源）似乎未曾在自己穿过的空间中留下痕迹，那么阳光为什么不能同样如此？也许他主要是在考虑雾霭阻挡了光线从而显示出地球上的光路的情形。此外，传输中的阳光可以在壮丽的日出和日落时观察到，那时大气层就像棱镜一样，将阳光中的颜色都分开了。

但是，在深邃的太空中，没有这样的雾霭可以揭示阳光穿过的路径。最为接近的效果就是太阳风（太阳发射的高能粒子流）的辐射压了，但是古人当然不可能去假设有这样的

1. Aristotle, " Sense and Sensibilia " in Jonathan Barnes, ed., Complete Works of Aristotle, Volume 1: The Revised Oxford Translation, Benjamin Jowett 译 (Princeton, NJ: Princeton University Press, 1984), p. 708.

现象存在。

　　从亚里士多德对恩培多克勒的评论中我们可以得出的一个教训是，就算是最出色的哲学家，也会有千虑一失的时候。亚里士多德正确指出了恩培多克勒的光发射理论中的缺陷，但奇怪的是，恩培多克勒似乎另起炉灶讲起了光的传播，而且结果证明他是对的，这种情况可是少之又少。他推测从太阳发出的光线速度是有限的，这回他说对了。不过这个速度究竟是多少，他完全不知道。

　　亚里士多德定义的因果关系多种多样，他将其分为四个不同的类别，而这些因果律允许太阳瞬间向人眼倾泻出耀眼光芒，不需要有穿过太空的时间 —— 而现在我们知道，这段时间大约是 8 分钟。根据亚里士多德定义的第四种因果关系，如果光的最终目标是被看见，那么太阳发光就只不过是为了满足这个目的而出现的"原因"。因此按照这个逻辑，阳光的传输时间可以不必考虑。好在后来的思想家会紧随恩培多克勒的步伐，考虑光速可能有限，并探索如何着手测量。

## 运动中的世界

　　从把太阳看成驾着战车的神祇这样的原始观念，前进到把太阳看成是发光的球体，这是人类的一大步。但是，恩培多克勒和亚里士多德提出的关于太阳的构想几乎没有任何细节。关于太阳的大小、成分和能量机制，这两位哲学家一无所知。（如前所述，一直要到20世纪中叶的核时代，人类才会知道太阳的能量机制。）

30

事实证明，亚里士多德的地心说宇宙模型（太阳、恒星和观测到的行星 —— 当时除地球之外已经知道五个 —— 以完美的圆形轨道环绕地球运动）非常有影响。柏拉图认为圆是最理想的形状，因此从审美上说这个模型非常让人满意。但是，夜晚的天空有几个关键的特征，这个模型无法解释。尤其让人头疼的，是无法解释行星运动中经常发生的逆行现象，即运动暂时反向，特别让人奇怪。

古人早就注意到了行星退行，但刚开始将其归因于行星的自行其是。"行星"一词源于希腊语中的planetes，意思就是"漫游者"。水星、金星、火星、木星和土星有时候会在例行公事走过天空的漫步中停下来休息一下，不再往前而是往后踱上几步，只不过是因为它们有此爱好。但是亚里士多德坚称，运动必须要有物理学的原因才行。他更喜欢自然的而非拟人的解释，因为这样可以一直成立，而不是事后诸葛亮的凑数说法。按照这个标准，他关于太阳系的地心说模型就有点捉襟见肘了。

亚里士多德的模型无法解释的另一种情形是，为什么行星有时候会显得更亮有时候又显得更暗，似乎是说有时候离我们更近有时候又更远。如果行星轨道是固定的圆形，那么它们走过天空的运动为什么不是均匀的呢？

公元前3世纪的希腊哲学家，佩尔吉的阿波罗尼奥斯（Apollonius of Perga），人称"伟大的几何学家"，为了修正亚里士多德的模型，提出了偏心圆轨道以及本轮的概念。"偏心"的意思是虽然在圆形轨道上旋转，但并非刚好以地球为中心，而是有一个偏离的量，我们称之为"偏心轮"。阿波罗尼奥斯就用了这小小偏差来解释为什么行星轨道看起来会变化，从而不同行星在不同时间会形成更显著的差异。本轮是圆圈上的圆圈，就像摩天轮的座舱，在巨大的轮毂旋转的同时，座舱也在旋转。每颗行星的本轮都以均轮或者说"圆心轨迹"上的一点为中心。在摩天轮的例子中，这样的旋转会在大轮子向前旋转时让座舱有时候显得就像在往后运动一样。行星的情形也与此类似，小小本轮和巨大均轮的结合可以让这些行星以特定间隔在大空中看起来像是在向后运动。

31

在接下来的那个世纪，罗德岛的喜帕恰斯（Hipparchus of Rhodes）进行了详尽的天文观测，编制了全面的恒星和星座目录。在研究行星运动时，他也是从亚里士多德的地心说模型开始，继而求助于偏心轮和本轮来修正正圆轨道与他观测到的情形之间的差异。在解释太阳如果是以恒定速度运动的话，为什么不同季节 —— 也就是两分两至之间的时间长度会不一样的时候，他别出心裁，对太阳的轨道也采用了偏心轮。喜帕恰斯推测，因为太阳圆形轨道的中心稍微偏离了地球，所以在一年当中的不同时候，太阳的运行速度看起来就会稍微快一点或者慢一点。他的模型已经足够精确，可以对太阳和其他天体做出可靠的天文预测。

生活在公元2世纪的希腊天文学家，亚历山大的克劳迪乌斯·托勒密（Claudius Ptolemy of Alexandria）利用喜帕恰斯的观测、巴比伦人的天文记录和他自己的天文观测，建立了当时最详尽的天文体系——预测能力甚至比喜帕恰斯的还要强大。这个体系仍然是以亚里士多德的地心说模型为基础，用本轮和偏心轮加以修正，还加了另外一个改动，叫作"均衡点"，好让这个体系的预测更准确。"均衡点"是跟地球相对，刚好位于偏心轮圆心另一侧的点。偏心轮圆心是所有均轮的中心点，而均衡点是一个独特的位置，所有本轮相对这一点都以恒定的角速度旋转。这样就得到了一个十分复杂但可以预测的方法，能够解释太阳和行星为什么在一年当中的不同时间会显得是在以不同速度运动乃至后退，同时又不用舍弃神圣不可侵犯的圆形轨道的思想。

托勒密精细调整了自己的天文构想，得到的预报足够精确，能够跟观天数据匹配，然后把自己的发现写在了一本极有影响的著作中，这就是《天文学大成》，在多少个世纪里都被认为是天文学的不刊之论。这个体系与太阳系的观测数据极为吻合，因此机械式天象仪都一直用他的方法（用齿轮上的齿轮来模拟本轮）来进行知识性的天文展示。

托勒密的模型尽管复杂到无以复加，还是在这么多个世纪以来成了天文学的教规，其圣经就是《天文学大成》。实际上，随着基督教传遍整个欧洲，托勒密的模型（以及其他地心说模型）受到了神职人员的青睐，部分原因就是地球作为宇宙中心的角色似乎与《旧约》中间接提到的太阳突然静止不动（约书亚记10:13，哈巴谷书3:11）或是向后运动（列王纪下20:11）一致。出于同样原因，伊斯兰世界早期也对地心说系统，比如托勒密的模型趋之若鹜。整个中世纪，欧洲、中东和北非的天文学都一直将地球的中心位置奉为圭臬。

　　但也并不是说日心说体系遭到了积极压制。中世纪神职人员粗暴镇压日心说体系的支持者，这个说法只是个传说。实际上，倡导日心说的作品很少，也都很晦涩，尤其是相对于大行其道的亚里士多德的著作和《天文学大成》来说。古代有一位萨摩斯的阿里斯塔克斯（Aristarchus of Samos），大致生活在公元前310年到前230年之间，就因为提出了一个以太阳为"中央火"，包括地球在内的所有行星都以同心圆绕着中央火旋转的宇宙体系而知名。然而他的模型很原始，没有什么预测能力（因为缺乏天文观测数据，而且实际上行星轨道并非正圆，而是椭圆），因此跟地心说声名显赫的支持者相比，他的影响不值一提。因为托勒密的预测与（当时的）大量天文观测数据极为相符，因此一直到文艺复兴时期都仍然占据着统治地位。

　　尽管如此，托勒密体系的缺陷还是注定了竞争对手最后一定会出现。不只是说太复杂，及将地球放在宇宙中心当然也不够准确之外，这个体系还有个重大缺点就是很难解释为什么这些天体在开始的时候走上了它们现在所走的路径。毕达哥拉斯学派曾提出，宇宙以某种方式调整成了"天地和谐"的天籁之音。恩培多克勒坚持认为，这是由"爱"和"争"的角力推动的。而在亚里士多德看来，是因为填充着天体、轻若无物的"精华"，或者叫以太，推动着这些天体高居天空之上。但是，虽然跟数据符合得很好，托勒密却没怎么解释究竟是什么作用力在驱动本轮和均轮。

33　　《天文学概论》(*Epitome of the Almagest*) 是托勒密著作中极有影响的一部概要，由德国数学家雷吉奥蒙塔努斯 (Regiomontanus，也叫约翰内斯·缪勒 [ Johannes Müller von Königsberg ] ) 撰写，出版于1496年，指出了托勒密模型的复杂之处，并提出了简化意见，包括用球面代替圆形轨道。这部著作启发了波兰著名天文学家尼古拉斯·哥白尼 (Nicolaus Copernicus)，使他得以在于1543年出版的影响深远的著作《天体运行论》中提出了日心说观点。哥白尼的体系比阿里斯塔克斯的更加复杂 ( 很可能是独立提出的 )，而且大胆指出地球也在绕着自己的轴旋转，于是才产生太阳在白天穿过天空，群星在夜晚走过我们头顶的假象。行星 ( 当时已知的五颗以及地球 ) 绕着太阳转，而月球单单只围着地球转。哥白尼的革命性论著出版后，托勒密的影响力仍然长盛不衰，但怀疑者的声音开始变得越来越大。

从左到右依次为亚里士多德、托勒密和哥白尼。伽利略《关于托勒密和哥白尼两大世界体系的对话》原版卷首插图。图片来自美国物理联合会，埃米利奥·赛格雷视觉材料档案馆。

　　托勒密的模型还有个缺陷就是，没有包含任何一个轨道的准确尺寸。为了让自己的宇宙模型更上一层楼，他尝试估算太阳、行星和恒星的距离，但都以失败告终。缺乏这些测量结果，使他的体系显得没那么有说服力。且不说跟其他恒星的巨大距离，就说不知道太阳系的基本尺寸，天文学就已经无法取得进展了。

古时候，唯一已知的精度还算可以（误差不到20%）的天体距离就是地球到月球的距离。我们对地月距离如此了解，原因之一还在于机缘巧合。从地球的位置来看，月球在天空中的圆盘跟太阳的大小几乎一模一样。因为大小相仿才能产生日全食，就是月球完全挡住太阳的时候，在地球上的不同地方都经常能够见到。

喜帕恰斯利用了自己的几何天分以及对一种叫作"视差"的光学现象的认识，于一次可能发生在公元前190年3月14日的日全食期间测算了地月距离。视差是从两个不同的观察点来看同一个物体时，似乎会看到物体移动了的现象。因为移动的距离取决于观测对象的远近（对一组给定的观测点来说，观测对象越近，位移就越大），所以视差成了估算附近天体距离的得力标尺。

做个简单的实验，只需要两只眼睛和任意一根手指，就能展示出视差是怎么起作用的。首先把手指举在你鼻子前面大约15厘米的地方。闭上一只眼睛，用另一只睁着的眼睛去看手指。记住这根手指相对于固定背景的位置，比如说在室内的话就找一幅挂在墙上的画，在室外的话就找一棵树。然后闭上第二只眼睛，睁开第一只眼睛。注意一下手指相对于固定背景的位置有什么变化。这样盯着手指交替开闭两眼，你会看到这根手指似乎在明显地来回移动。接下来我们做同样的实验，只不过这回把手指放在鼻子前面大约30厘米的地方。现在你会发现，在你交替开闭两眼的时候，手指的移动看上去要小多了。最后将手指随便举多远都行再来一次。通过几何学以及前两次测量得到的移动量，我们就能推算出第三次距离有多远。你也可以拿把卷尺检查一下用视差做的估算对不对。

　　对遥远的物体，视差方法要求两个观察点之间的距离也要相当大才行。在日食期间，喜帕恰斯挑选了两个相距约1600千米的地点。第一个地点是连接爱琴海和马尔马拉海的赫勒斯滂海峡，现在叫作达达尼尔海峡，在土耳其境内。那里看到的日食是日全食，太阳整个都被遮住了。第二个地点是埃及的亚历山大，当时也是古希腊领土，那里看到的是日偏食。喜帕恰斯估计，日偏食在亚历山大达到食甚的时候，月球遮住了大概五分之四个太阳。既然太阳的完整圆盘在天空中对应着大概半度的角度，那么剩下的五分之一就应该可以换算为大约十分之一度。这个角度变化就是月球的视差，他可以用来计算月球相对于地球半径的径向距离。他的结论是，月球距离地球中心大概71个地球半径。正确答案是差不多60个地球半径。虽然答案不对，但至少相差无几。

　　为什么喜帕恰斯和那个时代的其他天文学家不能如法炮制，把太阳和其他恒星的距离也都估算出来？就太阳来说，白天的时候没有固定的参考点可以用来测量太阳因为视差产生的移动。而对恒星来说，只有附近的星体，比如，比邻星可以用视差法得到比较好的结果，而且还得要求两个观测点位于地球围绕太阳运动的轨道的两端。除非有人有足够耐心能等上好几个月，否则这样的恒星视差是很难看出来的。（后来那些想要驳倒哥白尼关于地球自转的信念的人，就用了缺乏显著的恒星视差来作为证据支撑自己的错误论点。）

古人不仅不知道光速，就连光速是否有限也都没法取得统一意见。恩培多克勒指出光速有限，而亚里士多德主张光瞬间即达，他们的观点之间的差异，用当时可用的方法不可能轻而易举地解决。

事实将证明，光速是否有限这个问题的答案，对于解决另一个相关难题来说也不可或缺，那就是：各种作用力和其他相互作用是否能远距离作用，如果可以的话，这些作用是不是需要一些时间才能发生？要了解太阳是如何驾驭行星在各自轨道上运动的，科学必须接受一种无所不在的万有引力，而正是这种作用力，以某种方式将相距遥远的天体关联了起来。

希腊古典时代过去大概两千年后出现了三位杰出的科学家：第谷·布拉赫（Tycho Brahe）、约翰内斯·开普勒和伽利略·伽利雷。他们的贡献将为艾萨克·牛顿（Isaac Newton）的行星运动数学理论（其中就有万有引力的概念）打下基础。第谷的天文观测数据（他也因此知名）在经过开普勒诠释之后，将阐明行星简洁的椭圆轨道法则。大致在同一时间，伽利略将制作第一台天文望远镜并用于研究天体，证明那些天体都是跟地球差不多的世界，其中一些也有自己的卫星。再过几十年，牛顿也将发明微积分并用于研究前人的发现，用三大运动定律和万有引力定律让这一切都得到完美解释。

　　然而对于天体之间的这些相互作用，包括从太阳发出的光线在行星表面反射，及让行星轨道保持稳定的万有引力，这些思想家全都无法推算出相应速度。伽利略等人也产生过如何测量光速的大胆想法，但缺乏进行相关测量的技术方法，不免让人气馁。丹麦天文学家奥勒·罗默（Ole Rømer）将凭借伽利略发现的木星卫星之一的观测数据得出第一个粗略的估算，但仍然并不怎么准确。尽管如此，对物体如何通过光照、万有引力等方式相互作用的现代理解，及最终准确测出光速，都还是要靠16和17世纪这些科学家的工作为其铺平道路。

　　但是，发送信号的光速上限是否在任何可以想到的情况下都不变，仍然是未知的。现代物理学研究了很多极端情形，比如高能粒子和极端重力。这些情形下会出现绕开光速上限的方法吗？的确，让古希腊人恼火不已的困境，今天仍然挥之不去。　37

# 第 2 章
# 光被木星抱了一下腰

> 大自然……冷酷无情且不可改变；她从不违反强加在她身上的律法，也毫不关心她深奥的缘由和运作方式是否能被人类理解。
>
> ——伽利略·伽利雷《致大公夫人克里斯蒂娜》

> 在我看来，科学只是人类诸多能力之一。宗教和神秘主义跟科学毫无瓜葛，也不应该被视为伪科学。这几个领域各自独立，井水不犯河水。[1]
>
> ——弗里曼·戴森（Freeman Dyson），就"伪科学"一词向作者所作评论

为了解大自然如何缝缀成片，科学需要解决的问题是，大自然中最快的相互作用，比如光在太空中的传播，究竟是几乎瞬息即至还是速度虽然极快但是有限。古代哲学家并不能单靠推理就解决这个问题，也无法依赖自己感官的判断。要想解决这个问题，需要复杂的方法，也需要精密的仪器。

---

1. 弗里曼·戴森写给作者的信，2019 年 2 月 22 日。

没有谁能对光速有直观的概念。在闪耀的阳光或闪烁的镁光让我们眼花缭乱时，我们往往还没来得及意识到发生了什么就已经有了反应。我们从未感觉到，光穿过真空或空气需要花些时间，在比我们大脑处理由眼睛收集到的视觉信息还短得多 <sup>39</sup>的时间内，光就能跑上数千千米。因此，去判断光速到底是无穷大还是只不过特别大，从来都不是轻而易举的。

然而如果没有光速的确切数值，科学就无法进步。要想确定浩瀚的宇宙究竟有多大，就需要对光线如何从那些天体传播到我们这里有深入了解。古人没有这样的认识，就只能猜测宇宙的大小。无法探知恒星的真实距离，他们也不会有现成的办法来了解这些天体的大小，不知道它们往往跟我们的太阳相当甚至更大。如果恒星离我们很近，那么这些恒星完全可以是镶嵌在天鹅绒天空中闪闪发光的水晶。但实际上除了太阳之外，就连最近的恒星也非常遥远，就算以光速也需要好几年才能够抵达。

## 财富与智慧

在欧洲文艺复兴时期，实际可行的试验方法取得了长足进展。在意大利半岛（恩培多克勒曾在遥远的南方冥思苦想光的性质），有个美第奇家族极为富有，资助、支持了很多颇有创见的事业，因此在这个家族如日中天的时代，对科学追求的支持也在蓬勃发展。的确，那时真正的科学研究跟炼金术、占星术之类的伪科学还缠杂不清，未成气候的"科学界"（借用今天的说法）还没有足够的信心把真实、可重复的实验数据从可疑的一次性结果、无法检验的预测和站不住脚的关联中区分出来。因此，炼金术和化学，占星术和天文学，都还没有分家。尽管如此，有了迅猛发展的强大的新技术和新设备，现代意义上真正的科学研究还是开始显形了。

文艺复兴时期，美第奇家族治下，以佛罗伦萨这座城市为中心的托斯卡纳文化，很多方面都可以追溯到古希腊。由波提切利、多纳泰罗、米开朗基罗、莱昂纳多·达·芬奇（他出生于托斯卡纳，但成年后大部分时间都在异乡度过）等不世出的画家、雕塑家创作的美丽的艺术作品，在他们的赞助下日渐蓬勃。40 中世纪那些在教会委托下创作的平淡无奇、了无生气的绘画作品通常局限于宗教题材，而今让位给了更有活力、更忠实描绘自然和人体结构的作品。这是现实主义的萌芽，也是跟人们对科学观察重新产生兴趣同时发展起来的，在达·芬奇的满是栩栩如生的人体素描的笔记中尤其可以看到这一点。

艺术事业和自然科学研究中重现的创造力，是由跟古希腊世界更深层次的关联激发的，也就是说，是因为人们重新开始对古希腊多姿多彩的哲学传统感兴趣。中世纪的教会教义将亚里士多德的著作及其他希腊作品与基督教教规结合起来并以之为中心，但文艺复兴时期的讨论与此不同，这促使人们重新审视非正统的诠释。不同观点包括曲解毕达哥拉斯、柏拉图等希腊哲学家更神秘主义的一些思想，并依据主要的一神论宗教的教义加以解释。

随着文艺复兴继续进行，保守的教会当局开始以更害怕的目光看待这些异端信仰的复兴。古腾堡于15世纪40年代发明了印刷机，使包括非传统观点在内的大量思想得以迅速传播开来。到16世纪，由马丁·路德（Martin Luther）、乌利希·慈运理（Huldrych Zwingli）、约翰·加尔文（John Calvin）等人领导的新教改革也迫使教会越来越采取防御姿态。宗教裁判所等机构也一直在试图通过各种威胁手段，比如流放、逐出教会、关押，极少数时候甚至还会判处死刑（比如1600年对焦尔达诺·布鲁诺[Giordano Bruno]的所作所为），来限制异端作品和异见。然而，重新引入的希腊自然哲学的潮流，也就是最终滋养了大量科学发现的思想洪流，终归无法阻挡。

美第奇家族拥有惊人的财富和权力，同时又酷爱神神秘秘的智慧，因此对受到柏拉图启发的哲学家形成的所有流派——从诺斯替派和赫尔墨斯派，到新柏拉图主义和卡巴拉派——所展现的现实认识和神秘学知识，全都照单全收。他们的资助和兴趣让人们开始关注古代经典和晦涩难懂的推理论证，若非如此，这些内容可不会有那么多人知道。声称通过超验研究来描述自然的作品会得到他们的支持，与此同时，美第奇家族对真正的（在实验室中进行的）实验和（最终是通过望远镜进行的）[41]天文观测也非常看重。家族成员热衷于了解神圣的、艺术的和天文的光，他们对各种形式的知识都充满热情，最终推动了一个非凡的科学发现的时代。

跟古代的雅典一样，文艺复兴时期的佛罗伦萨也受益于市民知情并参与政治讨论的深厚传统。作为重商主义社会，这个城市坚决打破了权力集中在贵族手中的僵化的封建体系，繁荣的贸易（尤其是羊毛交易）和财务机会为足够精明的人创造了大量财富，让他们得以执掌权柄。刚刚富起来的这些人，有了影响公民社会的机会，他们也有动力这样去做。

乔凡尼·迪比奇·德·美第奇（Giovanni di Bicci de'Medici，1360—1429年）就具备这样的进取精神。1397年，他从叔叔和堂兄弟手里得到了一家金融机构在罗马的分理处，于是将其迁往佛罗伦萨，成立了美第奇银行。在他的领导下，美第奇银行成长为意大利最举足轻重的银行之一，客户中有大量达官显贵，就连教皇的账户都交给他们家打理（尤其是于1417年在教皇马丁五世领导下迁回罗马之后）。有了这些新获得的财富，乔凡尼开启了美第奇家族支持艺术的传统，甚至采取当时还不算常见的做法，将湿壁画画到自家墙上。他还积极参与公共生活，支持公民民主，同时也在银行家协会担任民选官员。尽管富得流油，但由于为人谦逊又出手大方，他还是成了非常受欢迎的人，也让美第奇家族成了佛罗伦萨文化界令人景仰的捐赠者。

科西莫·德·美第奇（Cosimo de'Medici，后来人称"老科西莫"）和他的弟弟洛伦佐继承了家族财富后，对艺术的赞助更上一层楼，将雕塑、建筑和绘画都囊括了进来。在进一步扩大美第奇家族事业的同时，他跟佛罗伦萨人的生活，关系变得比他父亲还要紧密。他就像一只鹰，以锐利的目光紧盯着插手公民事务的机会，而且一旦得着机会，就会展现出自己的睿智和力量。只要是他志在必得的项目，竞争对手都会被吓跑。他的影响力实在太大，以至于另一富户，他的对手奥比奇家族尽管于1433年将他从佛罗伦萨流放，希望能压制他的权力，但结果失败了，仅仅一年之后他就受邀返回佛罗伦萨，继续扮演实际上[42]的佛罗伦萨统治者的角色。跟父亲一样，他自称相信人人平等，然而在幕后，他将自己的巨额财富转化成了政治权力。

几个世纪前的"东西教会大分裂"让基督教一分为二，最终东部教会成为东正教，以君士坦丁堡为中心，而西部教会成为罗马天主教，以罗马为中心。宗教领袖多次尝试将两派重新联合起来，调和两者之间截然不同的神学阐释。在此期间，西部教会自身又分裂了，后来在教皇马丁五世的领导下才重新统一，为"大重聚"带来了更大激励。

其中一项努力就是费拉拉−佛罗伦萨大公会议，由于当时鼠疫横行，于1439年1月从费拉拉移到佛罗伦萨。在会议期间，基督教世界的目光都落在这场会议上，而科西莫在将这场神圣的东西方秘密会议搬到自己所在城市的过程中起了重大作用。谈判似乎进展顺利，双方都接受了联合东西方教会的初步协议，对教皇的角色、圣灵的本性以及圣餐用什么面包等棘手问题也奠定了基调。然而，协议很快就瓦解了，分裂依然存在。

带领东部代表团前来参会的是约翰八世（John VIII Palaiologos），拜占庭帝国漫长皇帝世系的最后几位皇帝之一。他此行产生的最大影响是带来了拜占庭哲学家格弥斯托士·卜列东（Georgius

Gemistus Plethon），这位学者虽然生来是基督徒，却对新柏拉图主义有浓厚兴趣。卜列东十分精通柏拉图、普罗提诺等人的希腊原文著作，他主张并说服人们将这些作品翻译成拉丁文，纳入西方图书馆中。

卜列东带来了自己的作品《论柏拉图与亚里士多德之区别》，让与会者大开眼界，特别是那些从小到大都只接触过亚里士多德思想的人。在拉丁语系国家受过良好教育、懂得欣赏希腊哲学的多少代学人，可能都主要只是将柏拉图视为亚里士多德的老师，而并不知道柏拉图本人也是一位独立的思想家。也就是说，在他们看来这两位哲学家可以互换位置。柏拉图去世后，雅典学院的后续历史很大程度上鲜为人知。卜列东改变了这个局面，让佛罗伦萨市民得以重新认识真正的柏拉图。特别是科西莫，他对重建雅典学院、重新点燃学院火炬的想法着迷不已。他的理由中既有理想主义成分，也有机会主义作祟。如果全世界都视佛罗伦萨为新雅典，他作为创新领袖的形象就会大放异彩。他向马尔西利奥·费奇诺（Marsilio Ficino）提到了这个想法，这位才华横溢的青年就是受他资助才得以完成学业的。

费奇诺性格腼腆，身材矮小，喜静不喜动，身体也有些虚弱。他很多时候都在独处——要么沉浸在书本里，要么就坐在那里思考自己生命的意义。在用占星术解读自己的出生星盘时，他将吞噬自己的忧郁归咎于出生时受到了土星的影响。最终他在阅读中找到了快乐和动力——例如从柏拉图的作品中了解到了神圣的爱。他跟柏拉图的初次相遇，很可能是在古罗马演说家西塞罗（Cicero）的作品中[1]。从占星术角度，费奇诺将自己战胜绝望的能力归功于在他离开母亲子宫的关键时刻，金星出现在天秤宫，木星出现在巨蟹宫。因此，他会不时步出子宫般的书斋，愉快地与他人交谈。

1453年，君士坦丁堡陷落到奥斯曼土耳其人手中，拜占庭帝国的统治结束了。有位博学的希腊哲学家约翰内斯·阿吉罗普洛斯（Johannes Argyropoulos）因为出席过大公会议已经为佛罗伦萨熟知，他觉得有机会让那里的人民得到启蒙，于是在1456年决定移民去佛罗伦萨。他成了希腊语和哲学老师，帮助佛罗伦萨人了解了当时还不为人知的知识领域。

君士坦丁堡陷落的乌云上也有一道金边，就是为西方学者提供了至关重要的良机。他们得以从阿吉罗普洛斯这样的知名学者那里了解古希腊，同时收集背井离乡的修士从废弃的图书馆中带来的书籍。对费奇诺来说，这给他带来了追求事业的机会，而这个事业在他看来早就清清楚楚地写在了自己的星图中。他紧紧追随着阿吉罗普洛斯，开始尽可能多地听取这位大师的教诲。在对古希腊语滚瓜烂熟、对希腊哲学的细微之处也都了如指掌后，他在意大利声名鹊起，成了最顶尖的专家。

44

科西莫终于有机会在佛罗伦萨建起一座柏拉图式的新学院时，就马上任命了费奇诺担任院长。费奇诺极力搜求大量古希

---

1. Valery Rees, "Cicerian Echos in Marsilio Ficino" in Cicero Refused to Die: Ciceronian Influence Through the Centuries (Boston: Brill, 2013), p. 146.

腊、新柏拉图主义和亚历山大的书籍，其中也包括柏拉图本人的著作，并翻译成拉丁文。由于君士坦丁堡的陷落，很多这样的作品都很容易得到。作为虔诚的宗教人士，他相信从这些著作中得到的神秘知识将丰富基督教的思想，而不会威胁到基督教的权威。他觉得，占星术、炼金术、神秘学和正统宗教，都是寻求神圣真理的手段。他也变得热衷于用护身符祛除恶灵，保持身康体健。通往神圣智慧的道路越多，朝圣者跋涉到上帝面前所经过的地形地貌就越宏伟壮丽。

费奇诺很高兴科西莫也有同样的热情，而且科西莫本人也对炼金术甘之如饴。科西莫做的实验跟药物和金属有关。他设计了一种能够退烧的灵丹妙药，包治百病，还调制了用水银和硝酸银配成的一个药方，可能是打算用于治疗感染。他还发现了一种不影响金币外观就能让金币变得更重的方法，但历史上并没有留下他是否曾用这个花招来抬高自己的记载[1]。

美第奇家族的自然哲学与炼金术和神秘学非同凡响的结合，在有权有势的米兰贵妇卡特琳娜·斯福尔扎（Caterina Sforza）跟科西莫的侄子乔凡尼·迪·皮耶尔弗朗切斯科·德·美第奇（Giovanni di Pierfrancesco de'Medici，亦称"平民的乔凡尼"）结为夫妇后变得更加如日中天。这是她的第三任丈夫，1497年9月，他们秘密奉子成婚。他们唯一的儿子卢多维科生于1498年4月，不过很快改名为乔凡尼·达莱·班德·内雷（Giovanni

---

1. Sheila Barker,"Cosimo de Medici's Chemical Medicine". The Medici Archive Project, March 2, 2016, http://www.medici.org/cosimo-de-medicis-chemical-medicine-2/.

dalle Bande Nere）。她丈夫在这一年晚些时候撒手人寰，留下
她孤军奋战，保护自己和（多次婚姻遗留下来的）孩子们免受生
于西班牙的教皇亚历山大六世之子 —— 贵族切萨雷·波吉亚
（Cesare Borgia）对这个地区的猛烈进攻，他们父子俩都跟侵略
成性的法国国王路易十二是盟友。卡特琳娜能够活下来实属幸
运，后来她的子孙后代形成了美第奇家族的新分支，并统治了
佛罗伦萨和托斯卡纳好几个世纪。

卡特琳娜精明果敢，受过良好教育，还对炼金术和草药学
情有独钟。她继承了科西莫的一大堆药方，其中她最喜欢的那 45
些也得到了很好的利用。出于对自然发现的热情，她调制了很
多药剂，比如保湿药、美容药、染发剂、孕产药、壮阳药等等有
各式各样效用的药物。这个位高权重的女人在需要保护自己的
利益和家庭时可以变得冷酷无情，因此历史学家称她为"文艺
复兴悍妇"甚至"母老虎"。马基雅维利（Niccolo Machiavelli）
在其著作《君主论》中概括了权势人物（比如凯撒）的成功策略，
他曾在1499年7月与卡特琳娜见过面，也看到了她的草药学的
黑暗面。据马基雅维利等人声称，卡特琳娜的草药制剂中也有
毒药，据说她把毒药用在写给教皇的信上，想要毒死教皇。

卡特琳娜的曾孙弗朗切斯科一世（在某种意义上）继承了
卡特琳娜对炼金术的热忱。他花了大量时间在一个特别的私人
实验室里做实验，这个实验室也叫"工作室"，建在美第奇家族
的一座宫殿 —— 旧宫里。在那里，他将各种化学品混合起来，
制作金属制品，切割水晶，研究如何制造瓷器，还设计过烟花。

大家都知道他对材料科学情有独钟，以至于不少艺术家都画过他参观各种手工作坊的情景，其中就有乔瓦尼·玛利亚·巴特里（Giovanni Maria Butteri）的《弗朗切斯科一世参观其玻璃工坊》，及约翰内斯·史特拉丹努斯（Johannes Stradanus）所绘的《炼金术师的实验室》。

## 天文学的复兴

虽说弗朗切斯科并不怎么擅长做实验，但总的来说，他所在的时代就科学而言是个很辉煌的时代。1543年，哥白尼发表了日心说，这是自托勒密以来对宇宙最彻底的反思，而在那之后几十年，对天文观测的兴趣开始遍地开花。哥白尼著作的很多印刷版都配有一则未署名的附记给读者（后来发现是路德会牧师安德烈亚斯 [Andreas Osiander] 写的），解释说这个理论不能当真，而应该只是看作方便的计算工具。尽管如此，革命性的发现还是开始传播开来。

在丹麦，第谷·布拉赫通过收集详尽程度前所未有的天文数据，让托勒密时代以来都基本上处于休眠状态的观测天文学得到了复兴。第谷（我们一般都用他的名而不是姓称呼他）曾在哥本哈根大学和另一些欧洲的大学学习过这个领域，也对从古时候到现在这方面的成就如此乏善可陈感到震惊。正统的天文学家认为托勒密的数据神圣不可侵犯，只在需要填补某些空白的时候才会做些额外的观测。在第谷看来，这远远不够。他这人不仅固执，还心高气傲，他发誓要彻底改变这个领域 —— 也确实做到了。

见过第谷的人都不会忘记他奇特的外貌。他年轻的时候，有个同学质疑他的数学能力，找他决斗。在这场打斗中，这位爱嘲笑别人的同学奋力削下了他的鼻梁。第谷换上了金属义鼻（很可能是黄铜做的[1]）—— 因此他的鼻尖在光照下会闪闪发亮，经常让人心神不安。

1572年，就在第谷于26岁完成学业后不久，他有了第一个重大天文发现：一颗以前从未被观测到的闪耀的新星。这一杰出发现让他广受称誉，特别是在他的祖国，国王弗雷德里克二世把自己专门建在义岛上的天文台送给了他。他在那里兢兢业业工作了多年，自己制作仪器，详细记录了行星相对于布满繁星的天穹背景的位置。在观测间隙，他靠胡吃海喝打发时间，而这些行为最终导致了他的失败。他喝醉了就会大发脾气，对助手和其他岛民也傲慢无礼，很让人抓狂。最后当地人明确表示再也不想看到这些，于是他决定离开。

好在第谷很快就找到了一份新的皇家职位，尽管是在另一片土地上。神圣的罗马帝国的皇帝鲁道夫二世（Rudolf II）邀请他担任宫廷数学家，去布拉格城堡工作和居住。他在那里重新开始制作仪器，并继续收集无所不包的精确的行星观测数据，

---

1. 历史上人们一般认为第谷的义鼻是用金银之类的贵金属做的，但在他的遗体于2010年被挖掘出来后，化学分析表明他的义鼻很可能是用黄铜制成。参见 Megan Gannon，"Tycho Brahe Died from Pee, Not Poison"．Live Science, November 16, 2012, https://www.live-science.com/ 24835 -astronomer-tycho-brahe-death.html.

记满了无数个笔记本。他也开始考虑用更精确的宇宙模型来取代《天文学大成》。第谷认为，托勒密的模型似乎过于复杂，而哥白尼的日心说体系似乎要简单得多，但拒绝相信（按他的说法）"笨重、懒散"的地球真的可以在太空中移动[1]。尽管他的数据极为出色，但没有正确解读这些数据的数学方法，他也只能继续多方尝试用修修补补来完善托勒密的机制，然而终归徒劳。其中有个不成功的混合模型假设，地球是静止的，太阳和月球绕着地球转，而其他行星绕着太阳转。

与此同时，天文学也在意大利卷土重来。弗朗切斯科于1587年去世之后，他的弟弟斐迪南一世（Ferdinando I）接替他成为托斯卡纳大公。两年后斐迪南与洛林王室的克里斯蒂娜（Christina of Lorraine）成婚，这位绝顶聪明的姑娘是美第奇家族法国分支的一员。她是卡特琳娜·德·美第奇的孙女，而卡特琳娜不仅曾为法国王后，也是著名医生、占星家诺查丹玛斯（Nostradamus）的赞助者。

斐迪南和克里斯蒂娜最高明的一招是，保证了他们的长子，生于1590年的科西莫二世，受到了自然哲学方面的良好教育。她安排了极为出色的老师伽利略，一位爱好艺术、很有天分的科学家，教了科西莫三年。伽利略为美第奇家族带来了他多年来对世界如何运行形成的各种见解，比如他发现的钟摆运动的规律性。很快他就会在天文学上取得重大发现，包括于1609年

1. Owen Gingerich, The Eye of Heaven: Ptolemy, Copernicus, Kepler (New York: American Institute of Physics, 1993), p.181.

发明的天文望远镜。对于科学以及科学之促进来说，事实证明
这层关系是个好彩头。

从第谷用自己制造的仪器以裸眼观测收集了大量行星运动
数据之后，到伽利略首创天文望远镜之前的这段时间，出现了
一种奇怪的情形。第谷的丰沛记录有待详细解读。纯属机缘巧
合，有位此前一直在奥地利格拉茨工作的德国青年数学家，名
叫约翰内斯·开普勒，希望能看看第谷的数据，因此怀着强烈
动机，想来帮助第谷。

开普勒的主要动机是他的一个假设。他认为，行星轨道与
五个柏拉图立体 —— 也就是正四面体、立方体、正八面体、正
十二面体和正二十面体这几个正多面体之间有深层关联。他相
信，只有第谷的观测结果足够全面，可以用来检验他的假设。然
而第谷把自己的数据藏在深闺，推动着开普勒想办法去接近。

跟第谷不同，开普勒相信哥白尼的日心说体系以及圆形轨
道，这是他从图宾根大学一位天资聪颖的教授迈克尔·梅斯特
林（Michael Mästlin）那里学到的。然而开普勒认为，这个模型
还缺了些关键细节。这个模型并没有解释为什么不多不少，恰 48
好是（当时已知的）六颗行星，也同样没有说明为什么这些行星
的轨道都恰好跟太阳相距如此距离。就比如说，为什么土星和
木星沿着特定的圆形路径在太空中飞奔，就好像训练好的赛马
在特定赛道上奔跑一样？

著名天文学家、数学家约翰内斯·开普勒（1571—1630）肖像。图片来自
美国物理联合会，埃米利奥·赛格雷视觉材料档案馆。

　　开普勒在日记中记录了一个决定命运的日子 —— 1595年7
月19日。这一天，他的脑子里浮现出一个可能的答案，就像响
起一曲优美咏叹调的旋律。在跟学生讲授行星的相合（排成列），
特别是木星和土星似乎会以规则的时间间隔在天空中排成一列
的时候，他注意到圆形轨道和正多边形（比如等边三角形）之间
有些很有意思的事情。对于正多边形，我们可以内切（在里面
画）也可以外接（在外面画）两个不同的圆 —— 后一个比前一
个大 —— 这时候这两个圆的直径之比是个确定数值。假设有这

么个汽车轮胎，有位于中央的轮毂盖，也有外面的胎面，出于某种原因设计成了有个很大的等边三角形既包住了轮毂盖也以三个角接触到了胎面的样子，这样你应该就能有个大致的概念了。在电光石火之间，他突然想到也许木星和土星的轨道大小之比 49 也可以用这个办法来解释。

　　从那时起，开普勒就一直热衷于寻找几何证据来构建太阳系的准确模型。他的想法集中在五个柏拉图立体上，每个立体都可以内接在一个大的球面中，又可以内切一个小一些的球面。然后这些形状可以层层嵌套起来，每个形状的内切球面都是下一个形状的外接球面，组合起来就成了传统的俄罗斯套娃。也就是说，每个柏拉图立体都位于两个球面之间。原则上，组合出来的这些球面可以解释行星的轨道，最里面的代表水星，最外面的代表土星。

　　开普勒满心激动，为自己的数字命理学大发现陶醉不已：将互相嵌套的五个柏拉图立体一层层包起来所需要的球面数量，刚好等于行星数量。他觉得，这几乎不可能是巧合。带着新柏拉图派智者的热情，他将这种和谐一致归功于神圣天命。在他自己看来，他已经有幸窥见了上帝的规划中深藏不露的真相。

　　开普勒的天文学跟那个时代的典型方式一样，也混入了大量的占星术。为了赚点外快，他制作了星象图，并用他的星图来阐述天文与人事之间的深刻联系。他对《赫尔墨斯文集》和新柏拉图主义哲学家普罗克洛（Proclus）的《太阳颂》所流露的超验构想感到欣喜若狂[1]，毕竟对神秘主义的热爱也可以算是家学渊源：他妈妈是位神秘学家，专门研究用草药治病，后来被指控为巫婆。秘密的影响在他看来和明显的效果同样真实。因此，他会指出几何学与天国之间有隐藏关系，似乎完全出自情理之中。

开普勒满怀激情地追逐着毕达哥拉斯式的幻想。他制作了柏拉图立体的玩具模型并嵌套起来，努力使之与用哥白尼模型重新阐释过的托勒密行星数据精确匹配。但是，记录到的行星运动跟他优雅的假设并不相符。尽管如此，他还是在1596年就这个主题发表了一部作品《宇宙的奥秘》，在其中用图形描绘了他的构想。这刚好也是最早支持哥白尼体系的著作之一，在最早的手稿中，他还试图将其与圣经调和起来。

在尝试解释基督教中的三位一体时，开普勒为自己模型中的三个不同区域分配了不同的角色。天父上帝位于他这个体系的中心，这组球面象征着圣子，而圣灵就是球面之间的空白区域。因此上帝既可以是一者，同时也可以是互不相同的三者。

开普勒送了一本自己的书给第谷，希望能引起这位丹麦天文学家的兴趣。他也希望能一窥第谷那质量极高的数据，想着也许这些数据能支持他的假说。第谷的回应十分审慎，但还是邀请了开普勒前去参观他在布拉格城堡中的天文台。

---

1. Jamie James, The Music of the Spheres: Music, Science, and the Natural Order of the Universe (New York: Copernicus, 1995), p. 157

对于能够拜访这位全世界最伟大的观测天文学家，甚至可能会有与之合作的机会，开普勒激动万分。他在日记中写道：

> 第谷做了最好的观测，因此可以说有着建造新大厦的材料，他也有合作者，他想要的应有尽有。他所缺少的只是一位建筑师，能把所有这些数据都按照这位建筑师的设计利用起来。[1]

驱使开普勒离开格拉茨前往布拉格与第谷合作的，还有另一个紧迫的原因。经教会准许、针对新教改革的反改革运动始于16世纪中期并一直持续到17世纪，在当时正火力全开。在这一运动的支持下，一波针对路德教徒和其他新教徒的宗教迫害浪潮席卷了中欧的大片地区，也包括今天的奥地利。开普勒自认为是路德教徒，尽管他跟路德派的改革运动在神学思想上也有分歧。开普勒认识到，在还没怎么受到反改革教条影响的布拉格，他可以更自由地奉行自己的信念。

然而在抵达布拉格城堡之后，开普勒并没有觉得特别高兴。他和第谷水火不容，互相排斥。开普勒谦逊而严肃，第谷专横而狂躁。开普勒对城堡里的欢闹嗤之以鼻，因为打断了他的思考，也扰乱了他内心的平静，很让他窝火。最重要的是，第谷十分吝于分享自己的数据，因为担心开普勒可能会据为己有并发表与之

1. Max Caspar, Kepler (Stuttgart, Germany: W. Kohlhammer Verlag, 1948), p. 117. 引自 Arthur Koestler, The Sleepwalkers (New York: Macmillan, 1959), p. 304.

竞争的理论，这让开普勒极为失望。即使在开普勒于1601年8月正式成为第谷的首席助手之后，情况也没好到哪里去。

　　然而命运弄人，第谷活不了多久了。那年10月，第谷猝死于膀胱破裂。皇帝鲁道夫二世任命开普勒为第谷的继任者，终于让他得到了梦寐以求的行星数据。（之后数十年，第谷家族的继承人一直有这些信息的所有权，但开普勒得到了细读这些信息的机会。）

　　开普勒很快意识到，最有用的数据要数火星的位置记录，这是第谷和他的助手、丹麦天文学家克里斯汀·朗戈蒙塔努斯（Christian Longomontanus）一起不辞辛劳详细记录下来的。他们对火星特别关注，是因为这颗行星与托勒密、哥白尼和第谷本人用自己的模型，在考虑了不稳定的轨道和隔不多久就要来一次的明显的逆行运动之后做出的预测之间的偏差，似乎比其他行星的偏差都更显著。开普勒开始将解释火星运动的努力看成大自然与人类才智之间的意志较量。1609年出版的《新天文学》题献给了皇帝鲁道夫二世，开普勒在献词中写道：

　　　　[火星]是战胜人类好奇心的强大胜利者，对天
　　文学家的任何花招他都嗤之以鼻，也毁掉了他们的
　　工具，击败了他们；于是在过去所有世纪里，他都一
　　直安全守护着自己统治的秘密，追逐着自己的事业，
　　不受任何限制；因此最著名的拉丁人，大自然的祭司

普林尼（Plinius），专门指控他说：火星是一颗无法观
测的星星。[1]

尽管如此，开普勒还是继续努力，从太阳的角度悉心阐释
收集到的数据。在绘制火星轨道时，开普勒惊讶万分地发现，比
起正圆来，火星轨道跟椭圆（卵形）更为符合。他决定诚心接受
数据中的信息，抛开多少个世纪以来毕达哥拉斯、柏拉图和亚
里士多德的成见，而不是在古代错误理解的重压下将这样的结
论束之高阁。对火星轨道，他建立了详细的椭圆模型，太阳是其
中一个焦点（椭圆的两个焦点之一）。跟之前假设的圆形轨道相
比，他的假说——后来人们叫作开普勒行星运动第一定律——
不仅跟火星符合，跟其他所有行星也都能对得上。

开普勒在得出上述结论的同时，也不得不放弃了毕达哥拉
斯式的幻想——五个柏拉图立体依次嵌入球面中，这是早期应
用科学方法的典型例子。开普勒陷入僵局，表明他对自然秩序
的直觉有其局限。聪明绝顶的他想出来了一个关联，但结果证
明这只是个美丽的海市蜃楼，并不是真正的真理。好在他的思
想相当能变通，可以另起炉灶，去发现真正的自然规律。

《新天文学》介绍了这样两条革命性的原则。除了强调开普
勒的椭圆轨道模型，该书同样详细介绍了开普勒第二定律：在
相同时间内，行星扫过的扇形区域（行星轨道包围的椭圆形区

---

1. Johannes Kepler, Astronomia Nova (1609). 引自 Arthur Koestler, The Sleepwalkers (New York: Macmillan, 1959), p. 125 的译文。

域的一块）面积相等。推动行星在轨道上一扫而过的，是太阳的隐形影响。开普勒的这一结论预示了牛顿后来提出的万有引力概念，但他并没有去推测这个作用力的来源、本质和特性。他的工作从数学角度讲是在描述和预测，而不是进行解释。（开普勒第三定律描述的是行星与地球的距离与其环绕一圈所需时间之间的关系，将在 1619 年出版的著作《世界的和谐》中提出。）

在写作《新天文学》时，开普勒已经认识到他的科学研究方法本质上相当激进。他觉得有责任将整个研究经过都写出来，包括他一开始的错误方向和失足之处，及大胆的结论。他在该书前言中写道："对我来说，重要的不但是把我必须要说的东西传达给读者，而且最重要的是告诉他们让我得到这些发现的，都有哪些原因、手段和撞大运的风险。在克里斯托弗·哥伦布、麦哲伦和那位葡萄牙人[1] 讲到他们在旅途中如何误入歧途的时候，我们不仅认为他们情有可原，还会为错过他们的讲述而感到遗憾，因为如果没有他们的历险，整个这场盛大的狂欢都会不复存在。因此，如果我出于同样的喜爱之情，为读者诸君采取了同样的叙述方法，我也不应该受到责备。"

那个时代其他思想家都在坚持更神秘主义的观点，这跟开普勒的科学方法大异其趣。例如英国医生、哲学家罗伯特·弗拉德（Robert Fludd）就指出，"认真研读圣经，并深入分析赫尔墨斯派和新柏拉图主义一脉的早期基督教著作后，就能得出

1. 指达伽马。——译注

宇宙的理想指南。"通过这些阅读，他也构建了自己的太阳系模型，其中地球和太阳均为各自领域的中心，然后还有第三个中心跟上帝对应，合起来就排成了三人组。他也重复了毕达哥拉斯学派的说法，认为天球之间的距离应该是以音乐中的和声为基础的。弗拉德的著作《两个世界的历史》（*Utriusque Cosmi*）分为两卷于1617年到1621年间出版，书中有大量介绍他的天文构想的版画。开普勒严厉批判了这部作品，因为跟观测到的现实脱节。

《新天文学》中没有第谷收集到、开普勒用来证明自己的理论的那些详细数据。那些笔记的出版权仍然在布拉赫家族手中，要到数十年之后才会公之于众。开普勒送了一本自己的书给伽利略，但没能说服这位独立思考的意大利思想家放弃自己最喜欢的圆形轨道，也许这就是原因所在。

## 讳莫如深的行星

与此同时，在托斯卡纳，斐迪南一世于1609年去世之后，他的儿子科西莫二世继任大公，并任命伽利略为宫廷数学家。因为新任大公年纪还小，前大公夫人克里斯蒂娜在为儿子提供建议、支持伽利略等人的创造性想法方面起到了重要作用。被任命为宫廷数学家让伽利略有了极大自由，可以不受教学或其他责任的阻碍，尽情探索科学。在发明了第一台用于天文学的望远镜之后（荷兰配镜师汉斯·李普希 [Hans Lippershey] 就在前一年也曾建造了一台更实用的望远镜），他把注意力转向了神秘莫测的天空。

伽利略·伽利雷（1564 — 1642，著名科学家，天文望远镜发明人），手持
圆规阅读的情景。图片来自美国物理联合会，埃米利奥·赛格雷视觉材料档案馆。

　　伽利略于1564年出生于比萨，到成为世界顶尖的观测天
文学家时已经四十多岁。他已经为基础物理学做出了很多重要
54　贡献，比如驳倒了亚里士多德物体越重下落速度就越快的观点。
伽利略证明，万有引力带来的加速度实际上跟质量无关。（佛兰
德数学家西蒙·斯蒂文 [Simon Stevin] 也曾独立得出相同结论，
而且比伽利略还早三年，但他的工作鲜为人知。）有个杜撰的说
法，说的是伽利略从比萨斜塔上扔了两个质量不同的物体，看
到两者同时落地。他的突破性结论表明，空间中有什么东西可
以将万有引力作用传递给在特定位置的任何有质量的对象，而

无论这个对象轻重如何。万有引力的这个传递者，后来就叫作
"引力场"。这就是开普勒的拼图中缺失的那一块 —— 究竟是什么推动着行星沿其轨道一扫而过。

比起对物理学的贡献来，伽利略对天文事业的贡献甚至更重大。他增补了开普勒的见解，我们对宇宙的认识也受到了他非同寻常的影响。伽利略观察到月球上有山脉，解决了很久以前就由普鲁塔克等人提出的关于月球地形的问题。他记录了金星的相位，毋庸置疑地证明了金星是在环绕太阳运动，从而也证实了哥白尼的日心说。伽利略发现银河由大量遥远的恒星组成，而非只是雾气一样的云团。他发现了太阳黑子、十星环以及木星最大的四颗"月亮"，为了纪念他的赞助人，他将其命名为"美第奇星"。而后来开普勒造了"卫星"这个词，来描述这种环绕行星运动的天体。

55

1615年，伽利略给克里斯蒂娜写了一封巨细靡遗的信，也算是进度报告，希望能用这些了不起的新天文发现打动自己有权有势的赞助人，从而避开批评。在陈述他的发现时，他极力主张哥白尼模型绝对正确，地球也确实每24小时就自转1周。考虑到恒星都距离地球那么遥远，还认为那些星星都会以极大速度绕着地球旋转的话根本就是荒谬至极。他也注意到圣经中有些段落提到太阳停在空中乃至倒转，但他警告称，经文提供的是重要的道德信息，而非科学的盖棺定论。他指出，大自然也是上帝的杰作，可以用望远镜和其他仪器像读一本书那样去阅读。因此，我们应该真正心悦诚服地接受科学发现并用于重新阐释圣

经经文，而不是反其道而行之。虽然几个世纪以后，这封信中的关键信息——对科学发现应持开放态度——会成为教会的官方立场，但在当时，教会传统的神职人员完全没有为此做好准备。

柏拉图喜欢通过针锋相对的思想家（真实的或虚构的）之间的辩论来展现新思想，这种修辞风格非常有名。伽利略也用这种风格于1632年写成《关于托勒密和哥白尼两大世界体系的对话》，向更广大的读者群展示了自己的发现。两大体系是指亚里士多德和托勒密的地心说模型，及哥白尼的日心说模型（伽利略并没有把第谷的混合理论写进去，因为这个模型的追随者并不算多）。出于政治原因，也是为了不激怒教会当局（比如臭名昭著的罗马宗教裁判所），他努力将这场辩论描述为允执厥中的中允之论，而不是好像在为新天文学鼓与呼。序言中强调，本书纯属虚构。这样伪装一番之后，该书通过了当地教会的审查，获准出版。三位辩士——沙格列陀，代表不偏不倚、思想开放的观点；辛普利邱，象征着传统的亚里士多德和托勒密模型的支持者，头脑简单；以及萨尔维阿蒂，转述了伽利略的科学观点，支持哥白尼——带来了全部观点。伽利略将这部著作题献给科西莫二世之子，在其父于1621年过早去世后成为大公的斐迪南二世。

伽利略完全有理由如此谨慎。罗马宗教裁判所势焰熏天。在反宗教改革的那些年，宗教裁判所的任务是评估图书，那些背离已被认可的教义的都会被封禁。禁书作者通常都会遭受斥责，被列入黑名单，某些情况下还会被判罪甚至遭到处决。在封禁了哥白尼的《天体运行论》之后，日心说被认定为离经叛道，而宗教裁判所也一直在搜寻支持日心说的人。

1600年，意大利神学家乔尔丹诺·布鲁诺因异端思想被宗教裁判所判处死刑，并被烧死在罗马鲜花广场的火刑柱上。他的信念被认为亵渎神明，其中有一个观点认为宇宙中有无数恒星，每一颗都有绕其运行的自己的世界，也都蕴藏着智慧生命。布鲁诺狂热信奉哥白尼的学说，也深受毕达哥拉斯学派的影响，他认为，太阳系的日心说模型意味着地球在宇宙构架中没什么特别。实际上，地球只是诸多行星之一，而每一颗行星都有自己的特性。因此太阳系的情形也并非只出现在太阳系，而是在宇宙中无处不在。认为存在众多行星系统，这与经文背道而驰，因此布鲁诺遭到了谴责。不过也应该看到，布鲁诺也对另一些教会教义提出了异议。因此，他的天文学观点在多大程度上成为他被判死刑的主要原因，在历史上仍然是个聚讼不已的问题。

千算万算，伽利略的开局大招还是给他带来了麻烦。尽管他这本书号称不偏不倚，但教会官员仔细研读过他描写这三位辩士各自观点的方式之后，还是发现他偏向哥白尼的观点，也就等于说对其他立场有嘲弄之嫌。1633年2月，宗教裁判所传唤他去罗马，指控他为异端邪说。走投无路的伽利略别无他途只能认罪，并为他所谓亵渎神明的观点道歉。他的著作进了禁 57 书名单，他的余生也都被判在软禁中度过（在他位于阿切特里的别墅中，离佛罗伦萨很近）。

科学史学家阿尔贝托·马丁内斯（Alberto Martinez）曾经解释过为什么他们两人的境遇大为不同：

> 伽利略试图证明地球在动，但罗马宗教裁判所逮捕了他。早在几十年前，也就是1596年的时候，宗教裁判所就已经严厉批评过乔尔丹诺·布鲁诺书中一模一样的主张。布鲁诺最后被活活烧死，部分原因是他声称存在无数个世界：有无数个太阳，都有行星围着。这可是**异端邪说**，是宗教裁判所说明手册和天主教教规中深恶痛绝的犯罪行为——然而布鲁诺在著作中和面临审讯时都坚决主张这个说法，就像他对地球运动的辩护一样。伽利略就不一样了，宗教裁判所跟他对阵的时候，他否认了这个观点——他撒了谎。所以宗教裁判所给伽利略定的罪是有"异端邪说的强烈嫌疑"，而非顽固宣扬异端邪说。[1]

马丁内斯进一步指出，他们关于因果律的观点很能引发争议，也让两位思想家都在宗教裁判所惹上了麻烦：

> 罗马宗教裁判所的审判官严厉批评了乔尔丹诺·布鲁诺和伽利略，说他俩"把必然性强加给上帝"，只要给出某个原因，就**必然会跟着**发生一件别的什么事情。伽利略指出因为有潮汐，所以地球肯定

---

1. 阿尔贝托·马丁内斯写给作者的信，2019年3月28日。

在动，就好像水在运动的容器中会来回晃荡一样。但是教皇强烈反对，他坚持认为，就算潮汐在动，上帝也有办法让地球不动。

伽利略缄默了好些年，因为害怕会引发可怕的后果。除了被迫与世隔绝，他也同样面对着开始失明的创痛。对于无法表达重要的科学思想，尤其是他年轻时就已经在精心研究的那些，他觉得灰心丧气，因此决定再撰写一部鸿篇巨制，仍以三位虚构辩士为主角。这次的讨论围绕物理学而非天文学展开，例如驳斥了亚里士多德对运动的误解。该书题为《关于两门新科学的对话》，先是试图在意大利出版，但终归徒劳，审查没有通过。最后，他把书稿送到荷兰莱顿，并于1638年在那里出版。 [58]

这部著作有很多创新之处，其中之一就是测量光速的新方法。伽利略没有遵循新柏拉图主义的传统，把光看成某种幽灵般的散发，而是认为是时候进行物理检验了。他认为，光既然在空间中移动，就显然应该像研究别的运动物体一样来研究。

对于光速究竟有限还是无限这个问题，在有个关键段落中沙格列陀问道："但是，我们必须得认为这个光速是个什么类型，又会有多大呢？光到底是瞬间就能到达各处，还是说和其他运动一样需要时间？我们不能用实验来判断吗？"

辛普利邱表达了亚里士多德的观点，他回答说："日常经验表明，光的传播是瞬间完成的。因为如果我们看到一门火炮在很远的地方发射，火光不需要任何时间间隔就能传到我们的眼睛里，但是声音还要好长一段时间才能传到耳朵里。"

沙格列陀又插了进来，把话说得滴水不漏："这个嘛，辛普利邱呀，从我们熟悉的这种经验我能推断出来的只不过是，声音传到我们耳朵里的速度比光要慢很多，但并不能告诉我光的到来究竟是瞬间的，还是说虽然非常快，但还是要花一些时间。这种观察告诉我们的就只不过像是这么一种说法，即'太阳一升到地平线上，阳光就传到了我们眼睛里'；但是谁能跟我保证，这些光线在进入我们视野之前，没有先到达地平线呢？"

萨尔维阿蒂代表着科学推理（表达的是伽利略的个人观点），最后他插了一句嘴，提出了一个想法，说可以做个巧妙的实验，用两个分开一定距离的人，各自提一盏灯笼，在黑暗中互相闪动光信号。通过用手遮住和打开灯笼，他们也许能控制闪光的时间，得出这些闪光要多久才能传播过去。萨尔维阿蒂描述道：

> 让这两个人各带一盏装在灯笼或别的什么容器里的灯，这样通过用手来干涉，其中一人就能让另一人看见或看不见这盏灯的光。然后让两人面对面站着，离开几腕尺的距离，通过练习让他们能熟练开闭自己手里的灯光，只要看到同伴的灯就立即打开自己的灯……在较短距离内练习完毕后，让两位实验人员还是这样装备起来，站在相隔 3~5 千米的地方，让他们在夜晚进行相同的操作，并细心观察灯的打开和

关闭的情形是不是跟距离较短的时候一样；如果一样，我们就可以放心得出结论，说光的传播是瞬息即至的；但是如果5千米的距离需要一些时间，考虑到灯光一去一来实际上走了10千米，那么就应该很容易观察到延迟。如果实验在更远的距离上进行，比如说十几二十千米，就可以采用望远镜……[1]

萨尔维阿蒂承认，他只在不到1.6千米的距离上做过这个灯笼实验。对于这么短的距离，他没法判断光究竟是真的瞬息即至还是需要花些时间。想必这也是伽利略自己的实际结论。但是萨尔维阿蒂也注意到，闪电似乎需要一段很短的时间才能照亮整个天空，在雷雨云间延伸也要花些时间，这表明光的速度确实有限。

通过替身辩士我们可以看出，就连伟大的伽利略也难以解决这个问题：验证自然界中的关联，比如光的传播，到底是瞬间发生的还是总是需要一些时间。虽然脑子里想法够多，但他那个时代的实验设备还无法跟上他的思想。他的双灯笼实验确实别出心裁，然而考虑到光速那么快，相比之下人类反应速度只能算是慢条斯理，因此伽利略几乎不可能按所需精度做这个实验。

1642年，伽利略去世了，但他的工作对于怎么进行科学研

---

1. Galileo Galilei, Dialogues Concerning Two New Sciences. (New York: Macmillan, 1914), p. 43. 由 Henry Crew 和 Alfonso de Salvio 自意大利文和拉丁文译为英文，Antonio Favaro 撰写了序言。

究、怎么才算科学产生了持久的影响。特别是，他的思想为确立
科学观察之于经文阐释的优先权铺平了道路。有宗教信仰的思
想家，无论信奉什么宗教，都开始承认，如果上帝用大自然的
假象来误导人类观测者，就会很有欺骗性。如果宇宙以地球为
中心，那为什么银河会恒星满布，而且只用光学仪器就能观测
到？到启蒙运动时期（17世纪末到18世纪），人们开始信奉对圣
经更自由主义的阐释，这跟对宇宙的诸多重大新发现琴瑟和鸣，
成了有识之士的主流看法。

　　尽管伽利略未能确定光速，但正是他建议的可以把木星卫
星当成"天文时钟"，最终让光速得以测定，这一点值得注意。
因为这些卫星环绕巨大木星的运行非常有规律，他提出天文学
家可以用望远镜编制环绕运动的完整记录。然后这样的时间表
可以拿来跟地球上（通常以本地太阳时为基准设定）的时钟比
对。伽利略指出，天文时间和本地时间的对比，可以让我们快速
找到所在经度——对航海也许大有用处。

　　1676年，在巴黎天文台工作的丹麦天文学家奥勒·罗默就
在为木星卫星中数一数二的一颗，即伽利略于1610年发现的四
颗木星卫星中的木卫一，编订这样一份轨道时间表。罗默努力
想要解开一个谜团。巴黎天文台的创建者兼台长乔瓦尼·多梅
尼科·卡西尼（Giovanni Domenico Cassini）注意到，木卫一食
（也就是木卫一被木星的圆盘挡住）的时间跟木星与地球的距离
之间有奇怪的关联。具体来讲就是，如果木星与地球相距越来
越远，木卫一食的时间间隔就会越来越长；而如果木星和地球

越来越近，时间间隔就会越来越短。罗默假设这种效应是因为光速有限，因为这样在木星远离的时候就会带来延迟，并借此成功预测了木卫一食会在什么时候发生。这样一来，他终于解决了恩培多克勒和亚里士多德的观点之间旷日持久的争论 —— 光穿过空间确实需要时间。

罗默的粗略估计在1690年得到了修正，因为在这一年，荷兰天文学家克里斯蒂安·惠更斯（Christiaan Huygens）发表了影响深远的著作《光论》。在这部著作中，惠更斯同时运用罗默的木卫一食数据和估算出来的地球轨道半径，近似得出了光速的值。尽管他的估算结果只是（几个世纪之后才最终确定的）准确数值的大概四分之三，这个结果仍然堪称石破天惊。惠更斯也提出光是一种波，并用这个概念来解释光的反射和折射（光从一种物质进入另一种性质有所不同的物质时会出现弯折）现象。 61

光不再只是一个抽象概念 —— 比喻成爱意带来的温暖或是真理领域闪闪发光的灯塔。尽管诗人和哲学家会想象着光从天堂倾泻而下，瞬间注满我们的心灵，但这个比喻并不能反映出其完整的面貌。伽利略、罗默和惠更斯都转而把光当成科学研究对象，他们的方法代表着巨大进步。然而，还是要等到理论和实验都取得更重大的进展 —— 牛顿建立经典力学体系，麦克斯韦创立经典电磁学理论，及斐索、傅科、迈克耳孙、莫雷等人设计出专门测光的仪器设备，外加光学领域百花齐放等等 —— 在那之后，我们终于发现光的速度有限等性质决定了宇宙的运作方式。

# 第 3 章
# 启示：牛顿和麦克斯韦的互补观点

> 哦！人类确实聪明，
>
> 会为了散落在他们身边
>
> 逐渐揭开的谜团
>
> 抬起他们半盲的眼睛。
>
> 贫瘠的土地上应当冒出真相，
>
> 向四面八方射出美丽的光芒，
>
> 那么到最后应该就会发现
>
> 真理融入了不可切割的永恒。
>
> ——詹姆斯·克拉克·麦克斯韦
>
> 《深信冬月炉火熄灭不宜读数学，作此篇》

伽利略去世的那一年，也就是 1642 年的圣诞节，古往今来最有成就的一位科学家艾萨克·牛顿在英国林肯郡诞生了。（按照今天我们用的格里高利历，他的生日应该算是 1643 年 1 月 4 日。）牛顿这个人聪明绝顶，但并不是特别友善。在他整个职业生涯中，他跟很多科学上的对手，例如罗伯特·胡克（Robert Hooke）、戈特弗里德·莱布尼茨（Gottfried Leibniz），都因为知识上的问题打过嘴仗。愁眉不展的学生大概会怪他发明了微积

分 —— 莱布尼茨也独立发明过这玩意，而他俩之间的敌对关系也因此而起。牛顿把微积分当成理解宇宙动力机制的工具，就这一点来说，他跟从古希腊人到文艺复兴时期思想家的诸多前贤比起来，都有明显优势。[63]

希腊原子论和相关概念的实质是，复杂世界是由简单得多的基本单元构成的。这些基本单元是原子也好，是元素、数字或者符号也好，总之这些成分加在一起，就是更大的一个整体。无论如何，这些成分都不会形成比原始成分更小的东西。

经典力学是牛顿建立起来的对自然界动力学的描述，（笼统来讲）也提供了一种类似的原子论方法，其基础是实际上表现得像点状粒子或点状粒子集合的物理对象这样的概念。如果两个这样的物体相撞，那么两者要么彼此弹开，要么合在一起，永远不会互相抵消，然后消失。这就是经典粒子世界的稳固之处。

然而去海滩上看一看，也许就能发现自然界另有一种有所不同的记账方法：两样东西相加也许会得到一件更小的东西，甚至有时候还会什么也得不到。由不同扰动产生的两道海浪，可能会恰好以其中一道的波谷抵消另一道的波峰的方式相遇，产生所谓的相消干涉现象。同样的效果在跳绳上也可以看到：在两端固定的跳绳上产生波，使之在两端之间来回反射，最后就会形成由一些不动的点（叫作结）分隔开的几个大波这样的模式。与此类似，结作为相消干涉的产物，代表的是波合在一起导致波动消失而非加强的地方。

　　不过从根本上讲，海里的波浪或波动的绳索代表的是无数小之又小的粒子（分别是水分子和纤维分子）的集合行为。因此在微观层面上，这些现象都可以用牛顿经典力学来加以分析。波动互相抵消虽然在宏观上很容易注意到，但并不等于粒子会消失。实际上，结只不过代表了粒子振动没那么厉害的地方。

64　　那光波呢？惠更斯的著作以波前为演算工具，很好地解释了反射、折射等等诸多可以观察到的光学效应。如果观察到有波从光源发射出来，就像丢块石头在池塘里击起的涟漪一样，那么就可以画一条跟波膨胀的方向垂直的"光线"。这条线代表了光波沿某个方向的集体行为。现在假设这些波抵达了一个由不同材料构成的障碍物——比如说，从空气中传播到水中。那么，分别跟抵达和离开这个障碍物的波前对应的入射和出射光线各自的方向表明，部分光会被反射，也就是从分界面反弹回来，而另一部分会折射，以与在初始介质中有所不同的角度进入新介质。

　　光的波动理论意味着，如果将一道光束分成几部分再投射到一块屏幕上，那么就有可能会在重新合并起来时自己跟自己干涉。在屏幕上有些地方，其中一束光的波峰也许会跟另一束光的波峰对齐，形成更高的峰值（即相长干涉），从而看到一道道亮线。但在另一些地方，波峰可能会碰上波谷（相消干涉），从而在屏幕上产生暗线。结果就是黑白相间的斑马状条纹，1800 年托马斯・扬（Thomas Young）的双缝实验展现的就是这样的结果。

牛顿相信粒子比波更为基本，因此拒绝接受惠更斯的波动说，而是自己提出了一种理论，认为光是由多种颜色的细微成分组成，并称之为"微粒"。他用玻璃棱镜将白光分成了多种颜色构成的光谱，然后又将这些颜色重新合成白色，通过实验展示了风雨过后的水滴有时会如何把光分解为不同的颜色，从而形成彩虹。

尽管惠更斯的波动理论很成功，也还是有证据可以证明牛顿的微粒说。想一想声音和光之间的不同之处：声音明显是通过波动传播的，会绕过转角，会在洞壁上反弹回来形成回声；光就不一样了，会形成清晰的阴影，除了像是玻璃这样的透明或者半透明材料之外，可见光似乎很容易被介质表面阻挡。牛顿并没有活到见证扬的双缝实验的那一天，因此终其一生都不相信光有类似于波的一面。他一直坚信，自然界中的各种现象，包括光在内，都由形状、大小、质量以及其他性质各异的运动物体组成；每一种运动物体也都受严格的经典力学原则主导，由此 65 可以预测其加速度，并进而预测其行为表现。

要等到19世纪苏格兰物理学家詹姆斯·克拉克·麦克斯韦的工作之后，才能用发展完备的波动描述来将牛顿的微粒说补充完整，然后还需要有20世纪量子力学的发展，才能解释粒子描述和波动描述之间的关联。在那之前，微粒说和波动说是你死我活的竞争对手，而牛顿因其声名显赫一直占据上风。

但牛顿研究的科学远远不只是光学这么一个领域。作为真正的博学多才之人，他想要了解天地万物的运作机制。实质上，他想知道是什么让大自然运转起来。

## 超距作用

牛顿想要探索自然定律的部分原因是，他希望能解释开普勒的行星运动定律。他想知道，行星围绕太阳以椭圆轨道运动（太阳是焦点之一），在相同时间内扫过的面积也相同，为什么一定是这个样子？有没有什么简单原理可以解释这种复杂行为？

坊间传言，是从树上掉下来的一个苹果启发牛顿得出了自己的答案。更重要的是，他指出如果物体落向地球的现象跟一种更普遍存在的引力有关，那么行星围绕太阳运动，及卫星（比如月球）围绕行星运动的轨道就都很容易解释了。他指出，这样一种无所不在的引力，应当由所讨论的两个物体质量的乘积直接决定，并与两者相互距离的平方成反比。

尽管牛顿提出这种作用力在非常大的范围内都能发挥效用，比如说土星和太阳之间的巨大距离 —— 恒星之间的巨大距离就更不用说了 —— 但他并没有说明，这样一种引力会以多快的速度发生作用。实际上，万有引力可以在瞬间起作用。牛顿并没有描述任何可以传导引力相互作用的介质（后来被叫作"引力场"），在某种意义上可以说引力是通过某种瞬息即至、远程发

功的魔法起作用的 —— 就好像魔术师挥动一下魔杖，就似乎立

即把自己的助手从舞台的一边转运到了另一边一样。

牛顿自己也认识到了他的"超距作用"概念有其不完备之处。在1693年写给神学家理查德·本特利（Richard Bentley）的一封信中，他写道：

> 真是无法想象，没有生命的、最基本的物质可以在没有别的什么非物质的东西作为媒介的情况下，也不通过相互接触就能对其他物质施加作用、产生影响……万有引力应该是天生的、内在的，对物质来说最为基本的，因此一个物体可以通过真空作用于一定距离之外的另一物体，不需要任何别的东西作为媒介来传递两者之间的相互作用。这在我看来太荒谬了，所以我相信，但凡有点哲学思考能力的人都不会上这个当。[1]

为了重现开普勒定律，除了定义万有引力的性质之外，牛顿还需要确定一套动力学原则来决定物体如何运动。通过三大运动定律，他详细描述了力对物体的作用。牛顿的万有引力定律和三大运动定律一起完美解释了开普勒所有的运动定律——其中的计算并不算难，物理系本科生全都会算。

牛顿第一定律叫作惯性定律，由两部分组成，其一涉及静止物体；其二说的是运动物体。他提出，静止的物体会一直保持

---

1. 艾萨克·牛顿致理查德·本特利，1693年2月25日。见 Andrew Janiak, ed., Isaac Newton Philosophical Writings (New York: Cambridge University Press, 2004), p. 102.

静止，除非受到净力作用。这个结论似乎非常直观，喜欢"葛优瘫"的人都知道，静止状态好像是会一直持续下去。第二部分就没那么显而易见了，说的是运动物体除非受到净力作用，都会保持以相同速度沿直线一直运动下去。也就是说，要让物体保持直线运动，并不需要额外的作用力。在外太空扔出一个棒球，理论上棒球就会沿直线永远运动下去。（但在实际情形中，这个棒球最后会被恒星和行星的万有引力之网捕获。）

牛顿第二定律决定了如果物体受到的作用力不平衡会发生什么：其运动会被迫改变。对物体的净力作用会让这个物体加速，加速度与该物体的质量成反比。物体的质量越大，在同一作用力下的加速度就会越小。用一个简单的数学公式来表示就是：力等于质量乘以加速度。

牛顿第三定律关注的是反作用力，也就是物体之间的任何作用都会有个反射回来的作用力。这条定律强制规定，某物对另一物的作用力与反作用力大小相等，但方向相反。

为什么保持原来的运动状态不需要作用力？为什么作用力会导致加速运动而不是恒定的运动？为什么总是会有反作用力，而且一定出现在施加作用的物体上？牛顿的这几条运动定律说明，我们对自然界中有什么关联的直觉，并非总是能靠得住。然而对于解释重要的自然现象，比如说月球的行为来说，这些定律必不可少。

　　正是惯性定律和万有引力恰到好处的结合，让月球保持在环绕地球的轨道上运动。如果只有惯性没有引力，月球就会一直沿着直线走下去；如果只有引力没有惯性，月球就会一头扎向地球。然而这两种作用结合在一起，驱使着月球在一个规则的封闭轨道上运动，这很让人满意。让行星围绕恒星以稳定轨道运动的也是类似的平衡作用，包括地球绕着太阳转也是这样。

　　牛顿定律所定义的经典力学是关于运动的科学，关系到从人类到行星的广大范围。这个框架简单得让人耳目一新，但是又极为强大。经典力学声称，通过一个简单的方程 —— 将物体受到的合力与其加速度关联起来的方程，也就是净力等于质量乘以加速度 —— 这个物体的运动及其与其他物体之间的相互作用就原则上可以永远追踪下去。只要假设完美的仪器设备可以绝对精确地记录位置、速度和作用力，经典力学就能在很大范围内做出完美预测 —— 比如说，精确到足以将宇宙飞船送上月球。

　　在经典力学中，假设所有参数都精确测定，那么从根本上讲偶然因素就完全不存在了。随机性会出现在具有大量组成部分的大型、复杂系统中，比如说轮盘赌的转盘在转动的时候。然而就算是对这样的赌博用品来说，通过力学知识还是可以得出足够合理的预测，让人有恃无恐地下注。有这么个例子，就是20世纪70年代有一群年轻科学家，自称Eudaemons（意为"善 68 良的精灵"，是个希腊词语，亚里士多德用来表示幸福），设计了微型计算器和发射器，按照经典力学的法则写了程序进去，然后放在鞋子里跑去赌场玩轮盘赌，希望能跟概率好好较量一番[1]。

尽管经典力学很成功，理论中还是存在一些很重要的地方让人想不明白。有个明显的遗漏是对某些作用力，比如说电力、磁力和万有引力在遥远距离上的作用（例如地球和太阳之间的相互吸引）缺乏解释。例如惠更斯就认为，万有引力远程作用的想法"愚不可及"[2]。一直要到 19 世纪，卡尔·高斯（Carl Gauss）、迈克尔·法拉第（Michael Faraday）和詹姆斯·克拉克·麦克斯韦等人的理论才能解释，叫作"场"的这种媒介是怎么把作用力从一点传递到另一点的。

经典力学另外一个含混不清的地方是，需要定义一个固定框架，叫作绝对空间和绝对时间，这样加速运动才能加以比较和测量。绝对空间的意思是一组想象中严格固定的轴——以某种方式在宇宙中交错，就像建筑物上的脚手架一样——可以当成测量距离、速度和加速运动的基准。绝对时间是一座永远都在走的宇宙时钟，设定了所有物理过程的步调和节奏。没有绝对空间和绝对时间，经典力学中加速运动和惯性（非加速）运动之间的区别就无从谈起了。

例如骑在旋转木马上的孩子可能会错误地认为自己并没有

1. Thomas Bass, The Eudaemonic Pie: The Bizarre True Story of How a Band of Physicists and Computer Wizards Took on Las Vegas (New York: Open Road, 2016), p. 49.
2. J. J. O' Connor and E. F. Robertson, " Christiaan Huygens ". University of St Andrews Mathematics Biography Website, http://www-history.mcs.st-and.ac.uk/Biographies/Huygens.html.

旋转（因此根据经典力学，也没有加速），而是认为除她之外的整个世界都在围着她转。（似乎很难想象会有个孩子认为自己就是宇宙中心，但为方便讨论，我们就这么假设好了。）假设她拿着一个玩具，结果不小心脱手了，从木马上掉了下来。她说不定会认为是有个作用力把玩具甩了出去，而不是纯粹因为惯性作用，或者说因为没有受力。要想证明尽管她理解错误，但是她真的是在加速运动，就需要参照一个固定框架——绝对空间。地球也在加速运动，但并非是在以跟木马同样的节奏加速。因此对于常见情形，比如嘉年华上的旋转木马，我们还是可以认为地面是静止的。

69

奥地利物理学家恩斯特·马赫（Ernst Mach）批评绝对空间和绝对时间是人造物，爱因斯坦受此启发，在20世纪的头几十年里殚精竭虑，一心要将其去除。然而经典力学的威力实在是太强大了，因此在实际运用中，科学家仍然会假装这些想象出来的标尺和时钟都确实存在。而对于这一理论的创立者，其个性与其一手创立的理论一样既令人折服又有其缺陷的这位创立者，科学家也仍然满怀感激。

## 拉普拉斯妖和斯宾诺莎的上帝

牛顿是虔诚的基督徒，而并非纯然是个唯物主义者。因此，尽管他的三大运动定律和万有引力定律一起完美描述了所有类型的机械系统，包括行星如同时钟般精确的运行机制，他还是在他的宇宙模型中为神的干预留下了足够的空间。人类有自由意志，而且是按照上帝的形象创造出来的，因此他推断，全能的上帝必定有无限的自由意志，能够在任何时候出于好心改写物理原则，只要这个决定是正确的。圣经中描述的神迹，就是神染指人事的例子。他认为，自然界那些看似非常好的特性，很可能是上帝根据善意做出判断的结果。

他指出，太阳系的某些特征就表明一个有智慧的施事者在起作用。例如他认为，行星和彗星不同，会在同一个平面内、同一个方向上环绕太阳运动，这非常令人惊讶 —— 也很可能是上帝的选择。完全有可能，上帝曾经在让太阳系开始运行之前，就让这些行星在各自轨道上就位，并设定了相关运动规则 —— 等于说是给系统"上了发条"。

在写给理查德·本特利的一封信中，牛顿指出，太阳发光，大行星（比如木星和土星）不发光，这中间的差异很奇怪。牛顿也将这个区别归因于上帝的自由意志："为什么我们的系统中有个天体有资格向其他所有天体提供光和热，除了因为这个系统的创造者认为这样很方便之外，我想不出来别的原因；而为什么只有一个这样的天体，除了因为一个就足以温暖和照亮其他天体之外，我也是想不出别的原因。"[1]

在解释圣经上按历史年代顺序记载的神迹和其他超自然干预时，牛顿认为这是对大自然正常运转的补充修正 —— 就好像

---

1. 艾萨克·牛顿致理查德·本特利，1692 年 12 月 10 日。见 Andrew Janiak, ed., Isaac Newton Philosophical Writings (New York: Cambridge University Press, 2004), p. 95.

工厂里的工头在发现缺陷之后可能会选择让原本自动运转的流水线停止运转。要不然，这个世界不会像现在这样充满慈爱。

　　然而，牛顿时代的另外一些思想家开始思考，经典力学的原理是否可以用来解释宇宙中的一切，只是这些定律本身是如何创造出来的可能需要排除在外。也就是说，一旦上好发条，宇宙就会像时钟一样精确运转。这样从根本上讲，就不存在超自然神迹了。

　　早在这些定律形成的好几十年之前，也就是1641年，法国哲学家勒内・笛卡尔（René Descartes）的巨著《第一哲学沉思集》就已经问世。在书中，他引入了叫作"笛卡尔二元论"的概念，认为心灵和身体是由两种不同物质组成的。这样区分可以让研究物质的科学家更容易整个回避有意识的自由意志这个问题（归因于"心灵这回事"），只考虑一个完全机械化、自己就可以整个独立运作的宇宙。

　　17世纪后期，荷兰哲学家巴鲁赫・斯宾诺莎（Baruch Spinoza）将上帝等同于自然的完美。这一关联意味着上帝在做选择时也绝对会受到限制，没有能力改变已经最好的那些事物。宇宙只要上好发条，就可以像完美的钟表一样运转。

　　到18世纪，自然神论在欧洲和北美流行起来。这种观念认为，神在创造了宇宙及其运行法则之后，就再也没有插手过人类的或宇宙中的事务。自然神论完全否定了超自然现象，转而支持科学推理。秉持自然神论的著名人士中不乏杰出思想家，比如本杰明·富兰克林（Benjamin Franklin）和托马斯·杰斐逊（Thomas Jefferson）。杰斐逊虽然自认为是基督徒，但是极力反对超自然干预的想法，于是按照自己的理解整理了一版圣经（现在叫作《杰斐逊圣经》），完全删去了几乎所有提到神迹的地方，重新编排他认为很重要的历史叙述和道德说教，形成了一部完全没有超自然现象的作品。

牛顿的运动定律似乎解释了所有物质的行为和相互作用，从滚动、弹跳的马车到天国闪闪发光的战车无所不包，也跟以科学为基础的新信仰完美结合在一起。有些著名思想家，比如法国数学家皮埃尔–西蒙·拉普拉斯（Pierre-Simon Laplace）绕开了牛顿的神秘主义作品和宗教著作，只去关注他对物理学的精彩叙述《自然哲学的数学原理》，因此逐渐开始形成一种严格机械论、决定论的宇宙观。

拉普拉斯出生于1747年，因为解决了经典力学中一些最为艰深的问题而成名。例如他考虑过木星和土星在轨道上的一些并不能只用太阳引力的影响就能解释清楚的反常表现。他精彩地证明这两颗巨行星在互相拉扯，就像发生口角的兄弟姐妹一样，因此原本应该简单些的椭圆路径被扰乱了。在19世纪初分五卷出版的经典教科书《经典力学》中，他给出了这个问题以及另外好些难题的答案。

拉普拉斯在他的科学中混入了一定剂量的哲学。他推想，如果有关于自然界中所有物体和作用力的足够多的信息，理论上牛顿运动定律就能一直预测这些物体的行为直到永远。他假设了一种现在叫作"拉普拉斯妖"的情形，指出对于宇宙中所有物体如果已知在任一时间的位置和速度，及所有施加在这些物体上的作用力，那么，任何智慧生物，都能用牛顿的运动方程算出这些物体随后的位置和速度。从这些信息出发，这些智慧生物还可以算出新的作用力集合，用牛顿定律再算一遍，就能确定这些物体的下一组位置和速度。将这个过程一遍一遍地重复无数次，他们就能对宇宙中所有物体的整个未来都了如指掌。拉普拉斯写道：

> 我们可以把宇宙现在的状态看成既是过去状态的结果，也是未来状态的原因。在某一时刻有个智慧体能知道让大自然动起来的所有作用力，及组成大自然的所有物品的所有位置。如果这个智慧体也足够大，可以综合分析这些数据，那么宇宙中大到最大的天体，小到最小的原子，所有物体的运动都可以囊括在一个公式中；那么对这样一个智慧体来说，没有什么是不确定的，未来也会像过去一样清晰，如同亲眼所见。[1]

72

　　拉普拉斯等人认为宇宙像钟表一样精确，这个看法深深影响了此后数十上百年的哲学思想。从这个概念可以推断出，宇宙的整个历史都是一条严格的、首尾相连的因果链，任何器具，包括意志力在内，都不能将其切断。这个看法也认为"自由意

1. Pierre Simon Laplace, A Philosophical Essay on Probabilities (Essai philosophique sur les probabilities), F. W. Truscott 和 F. L. Emory 翻译 (New York: Dover, 1951), p. 4.

志"本身实际上是挥之不去的幻想，是决定论机制中尚属未知的部分催生的幻觉。

拉普拉斯妖还有个亲戚，就是麦克斯韦妖——是以热力学第二定律的科学原理为背景召唤出来的。这个原理也叫熵增原理，由19世纪德国物理学家鲁道夫·克劳修斯（Rudolf Clausius）提出，即任何机械系统都不得以百分之百的效率运转，必须产生废热。"熵"指的是不能用来做功的那部分能量。从根本上讲，熵代表着走向平淡乏味的均一性——跟独特性刚好相反的趋势。

一片精致的雪花落在一杯热水的杯沿上，这番情景是独特的；而一杯温水就没那么独特了。因此，后面这种情形比前一种的熵更高。很容易想到雪花会落进杯子里，让水温略微降低，这是熵自然增加的一个例子。而与之相反的情形——一片完整的雪花突然从一杯温热的液体中冒出来，交出自己的能量，让水温变得更高——就几乎无法想象。或者说，除非有个神奇的微观施事者成功变了这么个戏法。

麦克斯韦当然想象力超群。他突发奇想，提出有这么个小妖精，可以承担将物质中运动速度较慢和较快的分子分开的任务。这个小妖精守在两个腔室之间的出入口，推动速度慢的分子进入其中一个空间，而让速度快的进入另一个空间，并阻止这些分子回到错误的一边。以这种方式，这个小妖精可以保证让73　其中一部分变得越来越冷，而另一部分变得越来越热，让系统总体（除了这个小妖精本身之外）的熵降低，颠覆热力学第二定律。

可逆是牛顿经典力学的重要特征。经典力学中基于决定论的规则，在时间上无论向前还是向后运转都是一样的。但不可逆是热力学的标志。乍一看，麦克斯韦妖似乎表明有办法让物理学仍然具有可逆的性质，也给调和毫厘不爽的动力学和每况愈下的熵增加机制带来了希望。然而深入了解之后就会发现，就算是小妖精也必须通过呼吸、消化等等生理过程排出的废物产生无用的能量，因此，包括小妖精在内的整个系统的熵总体上还是在增加。

## 急流与寻根究底的心

麦克斯韦1831年出生于爱丁堡，但很快就和家人搬到了苏格兰乌尔河畔的乡间格伦莱尔庄园。年轻的时候，他对大自然的运作机制非常着迷。他常常静静躺在草地上，耐心观察大自然的各种景象和倾听各种声音，譬如浮云朝露，蝉噪鸟鸣。他常常问自己的父母，物体如何移动、为何移动。他会一直追问："这是怎么回事？"

麦克斯韦的早熟在他两岁半的时候就已经有所体现。有人顺手给了他一个锡制的盘子当玩具，他马上把这个盘子当成了太阳反射器来用，用盘子的反光面来反射阳光。他非常兴奋，让家里的佣人叫爸妈过来。爸妈冲进房间，想着出了啥事儿，结果麦克斯韦把阳光反射到他们通红的脸上，胜利宣布："是太阳，我用锡盘把它收服了。"[1] 这是他毕生都对光的特性无比迷恋的征

---

1. Sam Callander," Who Was James Clerk Maxwell? "The Maxwell at Glenlair Trust Website, http://www.glenlair.org.uk/.

兆，他也将对光的理论做出极为重大的贡献。

　　麦克斯韦在家里上了几年学，之后父母把他送到了爱丁堡公学。在那里，他大部分时间都在腼腆自处，研究模型和图表。其他男孩子毫不留情地嘲笑他安静、勤奋的性格，给他起了个
74　绰号，叫"傻蛋"。在那之后他去了爱丁堡大学和剑桥大学，学到了一整套数学本领，在探求自然界背后的隐藏关联时，这些本领得到了出色的运用。

苏格兰物理学家詹姆斯·麦克斯韦（1831—1879），证明了光是一种电磁波。图片来自美国物理联合会，埃米利奥·赛格雷视觉材料档案馆。

　　19世纪中叶——也正是麦克斯韦最年富力强的那些年——是在光速测量方面突飞猛进的时代。两位曾在一起合作的法国科学家，阿曼德·斐索和莱昂·傅科，部分算是在伽利略用远远分开的两位观测者携带的灯笼闪光来测量光速的想法启发下，各自独立进行着不同的光速测定方法。

　　斐索制作了一个旋转速度特别快的齿轮，有好几百道齿，可以挡住光线，而齿与齿之间的空隙可以让光线通过。用一束很强的光线通过齿轮，在传播大概8千米之后会碰到一面镜子，而反射回来的光束可以再次通过齿轮。在这个实验中他发现，他可以调整齿轮旋转的时间，让穿过某个孔隙的光在反射回来时可以被下一个齿挡住。结合了旋转速度和往返的总路程（约16千米）之后，他得到的光速估计值跟现代测得的每秒30万千米误差不到5％。（几十年后，马利·克尔努 [ Marie [75] Alfred Cornu] 改进了斐索的方法，得到的读数与实际值差别不到0.2％。）

　　傅科的方法中用的是旋转的镜子而非齿轮。如果把系统按正确方式排列好，一道光束就会从镜面上反射，撞到第二面固定的镜子，再回到光源。但是，如果第一面镜子没有好好对齐，光线在反射后会被第二面镜子偏转，就再也回不到光源这里了。稍等片刻，就可以再次刚好对齐。因此，镜子的旋转速度可以揭示光速。他重复了好几次这个实验，直到得到误差在正确数值0.6％之内的结果。他还在光束要走的路径上放了一根装满水的管子，确凿无疑地证明了光在液体中会放慢速度，惠更斯的波动理论就有这样的预测，但牛顿的微粒说并没有这样的结论。

傅科还确证了伽利略的另一个假说 —— 地球自转，方法是在万神殿的天花板上悬挂一个巨大的钟摆，观察到钟摆的摆动以每天24小时为周期进动（角度变化）。到这时再也没有人能怀疑，昼夜节律来自地球绕其轴线的自转，而非因为太阳走过天空。

与此同时，麦克斯韦自己 —— 通过理论而非实验 —— 理解光的本质的道路也随着他开始系统研究电和磁的性质而展开。他对这两种相互作用最早的兴趣由自学成才的英国科学家迈克尔·法拉第（Michael Faraday）的工作引发，这位科学家在磁铁周围撒上铁屑，展现了磁力的影响。法拉第图中那些铁屑从磁铁的北极成扇形散发出来，然后又汇集到南极，在麦克斯韦看来，这就跟水流离开水源（比如喷泉）流向排水沟一样。麦克斯韦推测，这种隐藏的"流体" —— 叫作场线 —— 从正电荷和磁铁的北极散发出来，然后就只是分别汇集到负电荷身上和磁铁的南极。他觉得，跟牛顿的超距作用理论比起来，电场和磁场提供了更自然的解释作用力的方式。

麦克斯韦在脑子里画了一张很有冲击力的图 —— 空间中充满了电场和磁场，继而又分别对电荷产生了电力和磁力 —— 然后用数学描述了这些场的行为。他发现，这两种相互作用有深层关联。改变电通量（穿过一定面积的场线）会产生磁，而改变磁通量也同样可以产生电（法拉第在实验中曾发现后面这种现象，叫作磁感应）。

　　麦克斯韦整理出一组方程（后来由英国物理学家奥利弗·黑维塞 [Oliver Heaviside] 简化），描述了电荷、电通量和电场，及磁通量和磁场之间的深层关联。通过解这些方程，他发现方程预测了在空间中传播的三维振荡：电磁波。在确定这种波的速度时，他算出来的这个速度很接近斐索和傅科等人确定的已知光速。他的结论石破天惊：光是一种电磁波 —— 一对相互垂直的电波和磁波，穿过空间的速度由介质决定。光的最大速度是其穿过真空的速度，在当时看来似乎是个不可能达到的极值。

　　所有的物质波，比如海浪和声波，都必须在一种物质中振荡。光波为什么应该例外呢？因此，很多研究者相信，光波的振荡必定也是发生在某种物质中，这种物质非常稀薄，也很不规则，因此到现在都还没有被发现过。人们把这种物质叫作"光以太"，简称"以太"。

## 寻找金标准

　　麦克斯韦通过理论计算出来的光速值跟傅科最好的实验估算只差不到 0.5%，但对科学界来说这个结果仍然不够精确，还不能就此高枕无忧。实验学家以对实验结果精益求精为荣，直到跟某个既有理论足够接近 —— 有的时候并不沾边，这样就可以说这个理论也许错了。考虑到光在天文学中那么重要，加上又跟电磁学关系紧密，更精确地测出光速似乎至关重要。

阿尔伯特·迈克耳孙（1852 — 1931），与他用来测量光速的仪器合影。图片来自美国物理联合会，埃米利奥·赛格雷视觉材料档案馆。

　　一位大家都没想到的人选，年轻的研究者阿尔伯特·迈克耳孙接受了这一挑战。迈克耳孙 1852 年出生在普鲁士的一个地方（现在是波兰的一部分），在他还是个小孩子的时候他们家就匆匆离开了欧洲，来到美国的西部大荒野。他在杂乱无章的淘金小镇长大，有内华达州的弗吉尼亚城，还有加利福利亚州的墨菲营 —— 可都不像是能出做实验的天才的地方。（如此非比寻常的成长背景，再加上一些虚构的渲染，让他成了舞枪弄棒的电视剧《博南扎牛仔》1962 年播出的一集《望星空》的主角。）

　　在 14 岁的时候，他们家搬到了旧金山，他终于可以开始接受正规教育了。他发现自己对科学有浓厚兴趣，于是申请了马里兰州安纳波利斯的美国海军学院，然而一开始并没有被录取。这位执着的年轻人跳上了开往首都华盛顿的火车，在车上遇到了美国总统（也是南北战争中的将军）尤利西斯·辛普森·格兰特（Ulysses S. Grant），而总统先生的干预让他终于得偿所愿。他于1873年从海军学院毕业，过了两年又回到学院，成了化学和物理讲师。

1877年，迈克耳孙的督导老师、海军少校威廉·桑普森（William Sampson）建议，可以用傅科的旋转镜设施来向学生做个扣人心弦的演示实验。迈克耳孙表示同意，但是认为需要改进。他开始想办法让这套装置更精确，包括将基准线（镜子之间的距离）从约18米加长到约600米，用压缩空气涡轮让主镜以令人头晕目眩的256转每秒的速度高速旋转，并用音叉来检验鼓点是否规律[1]。这些步骤让这个系统比傅科的最好结果都还要精确20倍（也比克尔努以斐索的方法为基础于1874年得出的结果要好），得到了光速的标准值（好比神枪手从此有了靶心），也让迈克耳孙得到了全世界科学家的承认。在当地，加拿大裔美国天文学家、数学家西蒙·纽科姆（Simon Newcomb）大受震动，于是把迈克耳孙招募到航海年历办公室工作，这个单位在华盛顿特区，是美国海军天文台的一部分。迈克耳孙也应邀参与了欧洲几所大学的研究，从而有机会建造新的光学仪器。在科学发现得到媒体关注少之又少的年代，他成了1882年《纽约时报》一篇文章的主角，这篇文章介绍了他的工作，并称30岁

1. Daniel Kleppner, "Master Michelson 's Measurement". Physics Today, vol. 60, no. 8 (2007), p. 8.

事业才刚刚起步的他是"一位颇有建树的科学家"[1]。

　　也大概就在那个时候，迈克耳孙开始担任第一个学术职务，是在俄亥俄州克利夫兰的凯斯理工学院。在欧洲的时候，他曾发明了一种新的光速测量仪器，是要把光束分开再重新合并，后来人们就称之为"迈克耳孙干涉仪"。回到美国安顿下来之后，他想找个合作者一起完善他的仪器，并进一步做些光学实验。他找到了一位很感兴趣的合作伙伴，就是化学家爱德华·威廉姆斯·莫雷（Edward Williams Morley），是在附近的西储大学工作的一位同事（后来西储大学跟凯斯学院合并，就成了凯斯西储大学）。

　　在迈克耳孙之前的光速观测实验中，他并没有看到假设中的"以太风"（地球在以太中运动所产生的效果，也叫"以太漂移"）带来的影响。但是，经典力学认为，速度可以相加。在急流中顺流而下的船，在站在河岸上的人看来，会比横渡的船乃至逆流而上的船要快。这种可以相加的性质意味着，顺着以太风传播的光应该比垂直于以及逆着以太风传播的光更快。然而谁都没有观测到这样的影响。

　　迈克耳孙和莫雷觉得相关证据阙如是对测量的挑战，于是在 1887 年决定进行一项盖棺定论的测试。他们以迈克耳孙早期的设计为基础造了一台大号的干涉仪，将一道光束一分为二，

---

1. "How Fast Does Light Travel? Experiments About to be Made to Determine the Question". New York Times, August 28, 1882.

然后沿着两条成直角的不同路径将这两道光发射出去。这样一来，相对于地球在太空中的运动方向来说，这两道光就形成了两条各不相同的路线（如果其中一道光与地球运动平行，那么另一道光就应该是垂直的），而且理论上都在穿过以太。干涉过程对路径长度非常细微的差别都很敏感，而这两道光会在这样的干涉过程中重新合二为一。如果以太风降低了光速，就应该会出现明显的斑马状干涉条纹，反映出两道光束之间的速度差异。具体来说就是，这两道光不会刚好完全对齐。然而，迈克耳孙和莫雷得到的结果是一片空白：以太对光速没有任何影响。

有意思的是，麦克斯韦方程关于以太效应是否存在完全是不可知论的。从根本上讲，光完全可以在真空中传播，但中间放上任何物质都会让光速下降。然而除了在脑子里想象波在纯然虚空中振荡实在有些困难之外，并没有什么根本原因让光速慢下来。对那些习惯了物质波（比如声波和海浪）性质的人来说，光波可以在纯粹的虚空中传播，这个想法实在是让人惊诧莫名。因此，就算在迈克耳孙－莫雷实验似乎证明了光以太并不存在之后，人们相信光以太仍然长达数十年之久。

为了给相关证据阙如找到理由，1892年，荷兰物理学家亨德里克·洛伦兹（Hendrik Lorentz）和爱尔兰物理学家乔治·弗兰西斯·菲茨杰拉德（George Francis FitzGerald）分别指出，以太风的压力会导致沿其方向运动的物体略微缩短。因此，以太效应会使迈克耳孙－莫雷仪器失真，让相互垂直的两道光的路线长度变得相等，使之在重合时不会显示出速度差异。这个假

说叫作"洛伦兹-菲茨杰拉德收缩"，看起来像是不可思议的巧
80 合，然而那些相信以太的人也只能病急乱投医了。

## 幽灵最后的藏身之处

在19世纪行将结束时，科学界很大一部分人都预计，到我
们对宇宙和意识都能做出完整描述时，所有的迷信 —— 从预兆
到幽灵，从恶魔到神迹 —— 都会被根除。理论上，任何自然现
象都可以分解成精确的因果序列。所谓的"奇迹"要么其来有
自 —— 因为先前并不知道的机制，比如说结果表明有药效的自
然产物；要么纯属一厢情愿的巧合。物理学似乎在要求："要么
给我看看确切的因果机制，要么就别信这个了。"

那些仍然相信超自然现象的叛逆科学家热切寻找着牛顿理
论中的残缺之处。他们并没有将灵异世界 —— 鬼魂、心灵感应、
惊人巧合等等排除在外，而是希望通过拓展科学的范围来让这
些奇谈怪论正常化。也就是说，他们想往原本纯然机械论的世
界中注入灵魂。

那时也出现了一些组织，想要推动对超自然现象的科学研
究，并借此让对灵异领域的研究成为主流，比如说1884年成立
的伦敦巫师协会，及1885年成立的心理研究学会。这些团体有
些成员声望卓著，比如因设计真空管而闻名的英国物理学家威
廉·克鲁克斯（William Crookes），因夏洛克·福尔摩斯侦探故
事而著称的作家柯南·道尔（Arthur Conan Doyle），早期心理

学家威廉・詹姆斯（William James），及德国物理学家、视错觉领域顶尖专家约翰・卡尔・弗里德里希・策尔纳（Johann Karl Friedrich Zöllner）。要说策尔纳有这样的专业知识还对灵媒甘之如饴，比如为美国幻术师亨利・斯莱德（Henry Slade）鼓与呼的事就很有名，这位仁兄号称通过在石板上写字就能跟亡灵沟通，实在是讽刺的紧。

据称可以成为灵异世界"证据"的一类重要资料来源是号称显示了不同寻常现象的照片，比如鬼魂的形象。虽然这种"灵异照片"非常容易用诸如反光、二次曝光之类的照相技巧来伪造，但还是有很多知名人士上当受骗，相信这些鬼影是真的。尤其是柯南・道尔，极力主张这些东西都是真的。威廉・伦琴（Wilhelm Roentgen）于1896年发现了X光，能够揭示可见光无法显示出的隐藏特征，给巫师宣称存在灵异世界的说法提供了更多弹药。

你可能会觉得，脚踏实地的科学家以及严肃认真的思想家应该会对灵异照片、降神会以及其他形式的所谓超自然接触表示怀疑。大部分人确实如此，但还是有些爱发声的少数人相信自己的直觉和对来世的本能感觉，而不是最好的科学实践。

为了将灵异现象纳入科学，很多以研究为方向的信徒也在寻找能让这类现象容身的角落和罅隙。有个空间很有可能，就是以太 —— 假设光应该在其中运动的介质。麦克斯韦的好朋友、苏格兰数学家彼得・格思里・泰特（Peter Guthrie Tait）提出，原子和其他构成物质的基本成分都是由以太中的结组成的。泰特是杆大烟枪，据说他就是在吞云吐雾的时候得出的这个结论。就好像一束鞋带紧紧捆在一起似乎没办法解开一样，这种以太结也会一直在那，因此会呈现出永远存在的错觉。根据他的理论，每种原子 —— 氢原子、氦原子等等 —— 都是以太不同的打结方式。他跟苏格兰物理学家巴尔福·斯图尔特（Balfour Stewart）合写了一本书《看不见的宇宙》，最早出版的时候还是匿名。他在书中推测，思想、感觉、灵异事件和灵魂 —— 也就是那些非物质的东西 —— 都是以太其他层面的特性，我们无法用身体去感知。因此，精神世界以一种二元论的形式与物质世界秘密共存。

19世纪末那些在牛顿理论中找漏洞来证明超自然现象合理的顽固不化的科学家，除了以太之外，找到的另一个可能缺口是更高维度的可能性。例如，如果说传统的长宽高三个维度可以再加上一个看不见的空间第四维度，就能提供一种解释所谓超感官关联，比如读心术、心灵感应、与亡灵沟通等等的方法。

策尔纳曾经是一位颇有声誉的科学家，后来却开始相信，
82 斯莱德能以某种方式进入第四维度。除了在石板上写字，斯莱德还有个花招是让参与者握住一条中间打结的绳子两端，然后在不需要他们松手的情况下把绳结解开。在1878年出版的《超验物理学》中，策尔纳解释了他的理论，说斯莱德是通过第四维度大显解开绳结、跟死者沟通等等神通的。

以太里的结，通向第四维度的入口，麦克斯韦觉得说起来都很有意思，但到底还是缺乏证据。就在这一年，他仿照雪莱的风格，用《一首自相矛盾的颂歌》取笑了一番泰特。诗的开头是这样写的：

> 我的灵魂是缠绕难解的结、
> 在液态旋涡上方，由智慧
> 在看不见的地方制成；
> 就像一个囚犯坐在那里，
> 想用解索针拆开你的衣服，
> 却发现那些结难以解开；
> 因为所有能拆解衣服的工具
> 都存在于四维空间中。

斯莱德因为诈骗富人，后来在伦敦一家法院受审。他收钱给富人办降神会，号称可以跟他们已经去世的亲人和别的爱人沟通。他会在石板上写下这些所谓"来自死者的信息"，并在降神会上披露。在有所怀疑的人搞清楚了他那些把戏都是怎么操作（比如更换石板）之后，那些上当受骗的人勃然大怒。全球各地的报刊都报导了审讯过程，那些认同通灵活动的人和认为通灵就是一派胡言的人也因此两极分化了。后面这群人中也有很多同时开始摒弃科学中存在看不见的关联这种想法，比如说存在隐藏的更高维度的可能性。

例如生于1879年的爱因斯坦，终其一生都对不通过因果关系链产生的相互作用心存疑虑。一开始他对第四维度犹疑不决，直到在自己的理论中需要用到第四维度的时候才接受；但仍然对量子纠缠表示怀疑，称之为"瘆人"。也许，发生在他年轻时 83 的关于招魂的大讨论，对他冷静思考的头脑产生了深远影响。

　　爱因斯坦同样不相信以太，认为这是毫无必要的假设。完全避开以太，建立一个解释物体如何在太空中运动的独立模型，需要极为独立的思考。在 19、20 世纪之交，很少有科学家有足够的想象力来实现这一飞跃。幸好在物理学的发展进程中，爱因斯坦不带丝毫成见地进入这个主题，建立起精彩的狭义相对论，将以太束之高阁，同时也让第四维度变得像时间一样不足 84 为奇。

# 第 4 章
## 障碍和捷径：相对论和量子力学的狂欢

> 动力学理论肯定了热和光是运动的两种方式。但是现在，这个理论美丽而晴朗的天空被两朵乌云遮蔽了……第一朵来自光的波动理论；……涉及这样一个问题：地球是怎么在……光以太中运动的？第二朵是麦克斯韦－玻尔兹曼学说，说的是能量的分割。
>
> ——开尔文勋爵《19世纪光和热的动力学理论上的乌云》
>
> （1900 年 4 月 27 日在大英帝国皇家学会的演讲）

19、20世纪之交，对宇宙如何关联起来的研究出现了重大转折。在那之前，科学倾向于严格的决定论概念，由板上钉钉一样的因果律支配。这意味着自然界中所有相互作用都会以特定速度、以可以预测的方式发生。将粒子聚集起来，分析受到的作用力，我们就能预见未来一直到永远都会发生什么。波被看成是粒子的集合，其行为表现同样不会出人意料。然而在那之后，量子力学将展现出原子奇妙的内部世界——比如说，看似随机、即时的从一个状态跳到另一个状态的量子跃迁，粒子之间非因果的远程关联，还有非常奇怪的不确定性原理，就是你永远不能同时完全确定基本粒子的位置和速度。相对论将证明，空间和时间是同一枚硬币的正反两面，并划定了因果关联的边界。然而也跟很多次政治革命一样，在真正发生之前，几乎没有人预料到大潮即将转向。

如果有人在1900年一群物理学家的新年聚会上做个调查，很有可能大部分人都会对自然界背后的一些普遍原则表示同意，比如因果律、连续性、实验可重复，及物理学定律对于从最小到最大的所有尺度都有效。牛顿定律告诉了我们作用力如何引发运动变化，看起来是规定了严格的因果顺序。麦克斯韦等人的工作则展现出，场如何在空间中以无缝衔接的方式传递这些作用力。经验表明，尽管任何仪器或方法都会自带一定程度的误差，但重复进行类似测量一般都会产生类似结果，误差在合理范围内，而随着设备和技术的改进，这个误差还会逐渐减小。统计方法在微观领域和我们熟悉的大尺度属性（比如温度和气压）之间建立了清晰的关联。总之，物理原则似乎基本上是完备的。

但是在浮几大白之后，有些物理学家可能会承认还有些问题悬而未决，比如为什么以太风对光速似乎没有形成可以检测的影响，及用光的波动理论的简单模型很难解释我们观察的黑体（会完全吸收所有的光）在任一给定温度发出的热辐射的特征。开尔文勋爵威廉·汤姆森（William Thomson）在那时做过一次演讲，就把这些难解之谜描述为原本晴朗的天空上笼罩着的几团乌云。让人哭笑不得的是，这可不是什么小问题，正是这两个问题推动了20世纪初革命性的科学发展。要是那些狂歌痛饮的物理学家知道接下来会发生什么，估计他们要么再干一杯冒泡的香槟，要么倒一杯烈性威士忌，视他们的人生哲学而定。

86

　　需要爱因斯坦这样的天才，才能解开这些谜团。在他创立相对论和早期量子力学的工作中，他提出改变空间、时间和物质的本质，这些革命性的想法影响极为深远。但是，他破旧立新的爱好也就到此为止。终其一生，他都在热烈支持严格的决定论，尽管他所支持的机制与经典力学并不一样。虽然逐渐发展起来的量子关联会让他的假设受到质疑，但他一直坚守自己的观点，顽固不化。

　　爱因斯坦从很小的时候起就在思考自然界错综复杂的关系网络，想知道万事万物都是怎样互相关联起来的。他的父亲赫尔曼（Hermann）是一名电气工程师，曾送给他一个指南针，使他开始思考是什么导致了磁力的影响。爱因斯坦后来描述道：

　　　　我才四五岁的时候就经历过这样的奇迹，那时候我父亲给我看了一个指南针。那个指针表现得非常坚定，跟可以在无意识的概念世界中找到立足之地的那一类事件（功效来自直接"接触"）毫无共同之处。我还记得——至少我相信自己还记得——这段经历给我留下了深刻而持久的印象。[1]

随着他逐渐成年，他的理论中激进的和保守的不同方面都将受到他无所不包的思想背景的深刻影响。他深受斯宾诺莎和叔本华（Schopenhauer）决定论的影响，因此对科学中的未解之谜本能地深恶痛绝。20世纪头几年爱因斯坦在瑞士伯尔尼的一家政府办公室做专利文员，那时候他就经常跟一群绰号"奥林匹亚学院"的朋友碰面，讨论哲学思想，比如马赫的著作。马赫强调要好好分析从感官得到的证据，这也是现实主义的一种形式。因此，爱因斯坦会率先提出别出心裁的想法，比如为解决黑体辐射问题等难解之谜而提出的对光的全新理解方式，但如果他的理论最后跟他认为最神圣的哲学概念（比如决定论和定域性原理）偏离太远，他又会正襟危坐，不再信马由缰。

## 光的双重身份

黑体辐射问题说的是，有个盒子被加热到特定温度然后令其发光。从现代眼光来看，我们可以设想是一个黑色容器（比如说乌黑的带盖子的茶杯）在微波炉里加热之后放到桌子上。19世纪有个理论原则叫作能量均分定理，认为盒子里的能量应当在所有自由度之间平均分配；自由度指的是运动的不同方式，对光的情形，就是每一种可能存在的振动方式。能量将会以人人平等的方式在波长（相邻波峰之间的距离）从短到长能够取

---

1. Albert Einstein, "Autobiographical Notes" in Paul Arthur Schilpp, ed., Albert Einstein: Philosopher-Scientist (LaSalle, IL: Open Court, 1949), p. 10.

值的整个范围内均匀分布。而波长与频率（振动的快慢，对可见光来说跟不同颜色对应）成反比，因此，能量也会分配到整个频谱中。

问题在于，跟长波振动比起来，短波振动模式更容易放进给定盒子中。就像在一张纸上打印特定大小的字一样，字体越小，你能放到这张纸上面的字就越多。因此，在为每个自由度分配了相等的能量之后，跟最大的单位相比，最小的单位通常会占据绝对优势，因为后者比前者多太多了。对光来说，这就意味着偏向短波、高频辐射。刚好高于光谱中可见光部分的频率范围对应的是紫外线，因此这个问题有时候也叫"紫外灾难"。

除了可见光和紫外线以外，光谱中也还包含很多其他振动模式。频率更高的看不见的辐射还有X光和伽马射线，而频率比可见光低的光包括红外线、微波和无线电波。

现在假设我们用微波炉把一杯茶加热到了100摄氏度。把这杯茶拿出来放到桌子上，日常经验告诉我们，这杯茶会主要以红外线的形式发出看不见的辐射，这一点用红外（"夜视"）相机可以看得很清楚。有段时间这杯子摸起来会很烫手，但完全 88 说不上有辐射风险。

19世纪理论统计物理学却与之相反，得到了一个可怕的结果。因为这杯茶的能量分布会偏向高频那边，所以从微波炉里拿出来之后会爆发有害的电离辐射，从紫外线到伽马射线都有。

这么可怕的经历谁都不会如啜甘露。好在实际上没有谁的一杯甘露会带来这么吓人的体验。

1900 年，德国物理学家马克斯・普朗克（Max Planck）发现了为黑体辐射建立模型的正确方法。关键在于规定每种光波的能量都以一个很小的、有限的数量出现，他管这个能量包叫"量子"。这个能量分配取决于光的频率，再乘以一个现在我们叫作普朗克常数的基本量。也就是说，高频光子（光的单位）的能量比低频光子高，比如紫光就比红光更热。

普朗克想法中的高明之处在于，对短波 / 高频辐射加以处罚，平衡一下这种辐射更容易塞进盒子里的优势。这就好像对小巧征税。每个伽马射线的光子虽然从波长角度来说要紧凑得多，但是需要的能量也比，例如微波光子要大得多。通过"歧视"前者，优待后者，普朗克建立了正确的理论分布，跟实际的观测结果也对上了号。

普朗克引入量子这个词只不过是作为计算的数学工具，而爱因斯坦在 1905 年发表的对光电效应的分析表明，量子是真有其事。光电效应说的是用一束光去照射金属，使金属表面部分电子能量升高，然后就会释放到空间中。爱因斯坦证明，每种金属都有一个释放电子所需的最低能量，相应地也就有一个最低频率。如果光线的频率低于这个阈值，光子的能量就不足以让电子获得自由。这个理论堪称石破天惊，今天的数码相机实际上也仰仗这一发现，爱因斯坦也因此获得了 1921 年的诺贝尔物理学奖（然而延迟到1922年才颁发）。

能量和频率之间的关系并不是那么直观。在普朗克和爱因斯坦之前，物理学家认为，影响光的能量高低的唯一因素是光的亮度。他们觉得，如果所有其他因素都相同，那么任何颜色的一束光，所具有的能量也都应该相等。然而对于单个光子撞击单个电子引发能级跃迁的情况来说，光子的频率会造成很大区别。

光子模型在某种意义上算是回到了牛顿微粒说的思想。爱因斯坦提出光是以离散包裹的形式出现，这是在暗示光具有电子和其他当时已知的基本粒子所具备的一些特征。但同时光显然也有类似于波的特性，比如有波长和频率。

从古代一直到19世纪、20世纪之交，物理学一直在变得越来越清晰，越来越现实主义。在牛顿的经典物理学，加上麦克斯韦电磁理论的补充，还有热力学的经典定律等等理论中，你看到什么就是什么。模糊不清和神秘莫测成了难以测量的物理现象和超验问题的专利，比如"灵魂在死后会经历什么""在时间开始之前发生过什么"之类，那些承认这种可能性存在的科学家早就把这些问题割让给了神学家。

爱因斯坦证明了光既有波动性也有粒子性 —— 以光子"波包"的形式扭动着穿过空间，就像一只由"机灵鬼"弹簧玩具组成的大军一样 —— 然而，他也在不知不觉间引发了一场地震，随后几十年将把他在大学里学到的那些清晰的物理学基本原理震得粉碎。这种突然转变被美国科学哲学家托马斯·库恩（Thomas Kuhn）叫作"范式转移"，表明了科学家对于事物如何运转的直觉并非总能指给他们正确的方向。

在对新出现的量子概念做出巨大贡献的同时，爱因斯坦也为物理学的其他重要难题提出了开创性的解决方案，比如修正牛顿力学来解释光速为什么不变。爱因斯坦认为，有必要解决这个影响深远的矛盾。虽然牛顿定律表明观测者可以追上光波，就像拖船跟在轮船后面一样，但麦克斯韦的方程证明，光速对任何观测者来说都一样。

## 相对真理

爱因斯坦曾经设想过去追上一束光波。根据关于运动的经典理论，还有牛顿的运动定律，我们有可能跟光保持同一速度，看到光静止不动。然而电磁学理论似乎规定光速不变，因此他思考着，电磁学怎样才能解释追上光的可能性呢？

爱因斯坦发现，如果把时间和空间变成可以延展的结构，就能确保光速无论谁来测量都始终保持不变。他把以太扔到一边，将真空中光速不变确立为神圣原则。他的这一修正的结果就是革命性的狭义相对论，发表于1905年。

狭义相对论描述了距离和时间的测量会如何根据观测者相

对被观测物体的速度而变化，"狭义"是表示这个理论只能用于非加速系统。也就是说，这个理论描述的只是以恒定速度运动的对象。

狭义相对论的主要推论包括时间延缓、长度收缩和质量与能量等价。这些效应都是在物体的运动速度接近光速时才最为显著。时间延缓指的是，与一个高速物体同步运动的时钟（例如放在宇宙飞船里），如果让并非以同样速度运动的外部观测者去观察（比如说地球上的一位天文学家用超级锐利的望远镜对准那艘飞船，透过飞船的窗户观察这个时钟），那么这个时钟走字儿的速度就会变慢。长度收缩效应跟洛伦兹和菲茨杰拉德说的由于以太的压力在运动方向上长度会被压缩有点像，但并不是由于外部物质造成的，而是代表了空间本身沿着高速运动物体的前进路径被挤压了。最后，由爱因斯坦最著名的方程式"能量等于质量乘以光速的平方"所体现的质能等价，说的是质量和能量可以彼此自由转换。静止粒子的基准质量叫作"静止质量"，如果物体获得了能量（例如通过加速），就会得到"相对论质量"，使之变得更重。光子并没有静止质量，但始终有相对论质量，因为有运动的能量。今天在高能粒子实验中我们就能注意到这些效应：实验粒子（并非光子）在接近光速时会变得更重，衰变速率也会减慢。

相对论对于判断是否同时也会有影响。堪萨斯州的一位农民在雷雨天看着天空，两边各有一个跟他距离相同的谷仓，中间隔着宽阔的田地，他会认定闪电刚好同时击中这两个谷仓。

但是从在两个谷仓上方高速飞过的飞机上的视角来看，两道闪电看起来可能就并非同时发生，而是会先看到这架飞机正迅速接近的那个谷仓，于是看起来那个谷仓被击中的时间就比另一个略微早一点。两个结论都不正确，因为同时性是相对的。

　　但是，因果顺序是不变的 —— 至少按照狭义相对论的标准解释来说的话。爱因斯坦也曾强调，由因果关系联系起来的事件，比如闪电引发了大火，在任何参考系中都必须以相同的顺序发生。任何飞机和宇宙飞船都不可能在飞过去的时候报告说，是大火引发了闪电。因果顺序不变的这种性质，需要观测者以低于光速的速度运动 —— 这也是认为光速是自然界相互作用的速度上限的另一个原因。

　　从古时候一直到经典物理学的年代，学者们一直在争论信号和物质发送的速度可不可以无穷大。如果不行，那速度上限会是多少呢？伽利略等人指出，光似乎是宇宙中速度最快的东西之一。前面我们已经看到，很多测量结果，从罗默到迈克耳孙，都确认了光速确实很高，但终究有限。然而在爱因斯坦之前，一直都没有一个不容辩驳的理由来排除也许有什么在真空中的运动速度比光还快的看法。

　　真空光速是因果自然作用速度牢不可破的上限，狭义相对论为这个论断提供了充分的支持。时间延缓和长度收缩的公式，相对论质量的定义，及另外一些测度，全都包含一个因子。对于小于真空光速的速度，这个因子是实数，对于等于光速的速度这个因子是零，对于大于光速的速度这个因子是虚数。

实数是可以用数轴上的点表示的数字。这个分类包括自然数、负数、分数（比如三分之一）和无理数（比如圆周率）。相比之下，虚数（-1的平方根的倍数）就无法在标准数轴上表示出来。如果画成图，我们通常会用一根与实数轴垂直的特殊数轴来表示虚数。一般来讲，可以观测的物理量，比如重量和速度，需要用实数来直接表示。用虚数的话就只能间接表达——比如说将虚数平方或是相乘，这样就能得到实数。因此，爱因斯坦方程中超光速的解，因为值是虚数，所以从物理学角度看并不现实。

就有点儿像这样的情况：假设有一长排无数间房子从东向西延伸，每间房子的使用面积都比东边相邻的那间小100平方米。如果说第一间房有450平方米，那么第二间就是350平方米，第三间250平方米，以此类推。合乎实际的考虑会说，这排房子刚好只能有五间。在过了50平方米的那间房之后，你没法建个面积为负的房子出来。从数学角度来看，要想得到面积为负的正方形房间，我们需要将房子的边长设定为虚数。用标准的卷尺显然不可能做到。与此类似，爱因斯坦禁止物体运动速度超过真空光速，防止了可观测物理量出现虚数值。

此外，狭义相对论也证明，只有静止质量为零的对象才能达到真空光速。不可能让静止质量不为零的亚光速对象，就比如说一个电子，加速达到真空光速。这是因为爱因斯坦的质能公式表明，要让有质量的物体速度达到光速，需要无穷大的能量。试图追上光的宇宙飞船在加速时耗掉的能量会越来越多，其相对论质量也会迅速变得越来越大。这艘飞船无论携带了多少燃料，都会在达到目标之前烧完。就算是最强大的太空船，也不可能在前往月球的比赛中跑得过一束普普通通的激光。

真空以外的材料就是另一回事了。有很多不导电或是导电性不好的物质，我们叫作介电体，比如玻璃、塑料和水，等等。这些物质会在光的路径上制造障碍，让光速显著降低。这样一来，别的东西就有可能超过光在这种物质中的传播速度。高能粒子超过光在某种介质中的传播速度之后会产生一种辉光，叫作切连科夫辐射，是由苏联科学家帕维尔·切连科夫（Pavel Cherenkov）发现的。但是请注意，我们说"超过光速"通常都是指"超过真空光速"，我们后面说超光速的时候都是这个意思。

### 歌剧魅影

有意思的是到了20世纪60年代，印度裔美国物理学家乔治·苏达尔尚（E. C. George Sudarshan）和他的研究生德什潘德（V. K. Deshpande）等人证明，狭义相对论其实有一种理论上的方法可以得到比（真空）光速快的粒子，只要这些粒子一直保持超光速，完全没有机会减速到光速就行[1]。在1967年的一篇文章中，哥伦比亚大学的物理学家杰拉尔德·范伯格（Gerald

---

1. O. M. P. Bilaniuk, V. K. Deshpande, and E. C. George Sudarshan, *American Journal of Physics*, vol. 30 (1962), p. 718.

Feinberg）把这种粒子叫作"快子"[1]。对快子来说，速度越接近光速，减速所需要的能量就越大。因此，就跟比光速慢的那些粒子（叫作"慢子"或者"缓子"）一样，这些粒子也被排除了达到光速的可能性，只不过是被挡在了另一边。

有一种得到快子的方法是假设粒子的静止质量为虚数。乍一看这个办法好像一点儿都不现实。但是，如果以超光速运动，静止质量为虚数的粒子会具有的相对论质量和能量均为实数，因此可以测量。对于永远不可能静止下来的粒子来说，其静止质量反正本来就只是个理论值。

狭义相对论同样告诉我们，就某些观测者的角度来看，超光速的相互作用将在时间上反向发生。因此可以想象，快子的存在可以倒转因果的方向，违背正常的因果顺序。在爱因斯坦看来，这就排除了物体超过光速的可能性。他指出，因果律在时间上必须是单向的，因此他不予考虑这种超光速的解，认为只不过是数学上的偏差。 94

在1907年的一篇论文中，爱因斯坦写道：

> 这个结果意味着我们必须考虑，可能有这样一种
> 转移机制，能够让得到的结果比原因先出现。在我看

---

1. G. Feinberg, "Possibility of Faster-Than-Light Particles". Physical Review, vol. 159, no. 5 (1967), pp. 1089–1105. 请注意，在当代的弦论中，快子的含义有所不同也更加专业，指的是一种比光速慢的能量场，来自负质量的平方项。

　　来，尽管这个结果从纯粹的逻辑观点来看没有任何矛
盾，但仍然跟我们所有的经验都有相当大的冲突，因
此这似乎足以证明，[速度超过光速的]假设是不可
能的。[1]

　　存在超光速物体的可能性激发了英裔加拿大真菌学家雷金
纳德·博勒（A. H. Reginald Buller），他突发奇想，写了首打油诗，
匿名发表在讽刺杂志《笨拙》上：

　　有个姑娘名叫亮，
　　光都比她速度慢。
　　有一天她出了门，
　　走成一条相对论，
　　回家还在前一晚！[2]

　　1970年，格雷戈里·本福德（Gregory Benford）、布克（D.
L. Book）和纽科姆（W. A. Newcomb）发表了一篇论文《快子反
向电话》，畅想了利用快子信号向过去发送信息的场景[3]。本福德
是位科幻小说作家，也是物理学家，在幻想小说《时间景象》中，
他进一步探索了这个想法。他想着，如果一个未来社会想警告

---

1. Albert Einstein, "Über das Relativitätsprinzip und die aus demselben gezogenen Folgerun-
gen ". Jahrbuch der Radioaktivität und Elektronik, vol. 4 (1907), pp. 411 – 462, 见 John
Stachel, David C. Cassidy, Jürgen Renn, et al., The Collected Papers of Albert Einstein,
Volume 2 : The Swiss Years : Writings, 1900 — 1909 (Princeton, NJ : Princeton University
Press), p. 252 的译文。
2. A. H. Reginald Buller, " Relativity ", Punch, December 19, 1923（匿名发表）.
3. Gregory Benford, D. L. Book, W. A. Newcomb, " The Tachyonic Antitelephone ". Physical
Review D, vol. 2 (1970), pp. 263 – 265.

过去的人有个迫在眉睫的灾难，应该怎么做？快子信息也许是个办法。

但是对那些想跟早一点的自己提供股市情报的人来说，很不幸的是，粒子物理标准模型中并不存在这样的快子。就算能以某种方式在这个模型之外找到快子，也没法知道如何用来传递信息。此外，就算快子理论上能够带着信号回到过去，大自然可能也会出于现实考虑禁止快子这么做，保护因果律。时间上反向的交流可能会带来矛盾，比如说告诉小时候的自己，长大以后永远不要拿快子做实验。如果你听从了这个建议，警告信号可能就没法发出去，那么这番告诫又从何而来呢？由于存在这些实践和概念上的问题，20世纪六七十年代之后，对快子的兴趣明显式微。

然而，除非实验证据能完全排除这一情况，理论物理学家还是会想探索一番合理的备选观点。有少数研究人员坚持认为，快子仍然在可能的范围内。这些异见思想家辩称，只是因为还没有被发现，也并不是标准模型的一部分，并不意味着我们应该停止实验中的搜寻，放弃理论上的考虑。

1985年，物理学家艾伦·乔多斯（Alan Chodos）、阿维·豪泽（Avi Hauser）和艾伦·科斯特莱茨基（Alan Kostelecky）推测，中微子（电中性、质量很轻的一种基本粒子）的一种"味"（粒子类型）也许代表了快子[1]。乔多斯解释了他的理由，指出他说的是超光速粒子，而不是弦论中更现代的含义：

> 如果存在快子，那么有两种可能性：要么是一个有待发现的全新类别，要么已知粒子当中有一类就是快子。如果是前者，那发现快子还有很长的路要走，而快子对当前物理学的影响也就微不足道了。另一种更吸引人的可能性是，我们其实已经"发现"了快子，虽然我们自己都还没有意识到。很有可能，规范玻色子（光子、引力子）没有质量，这个性质受到规范不变性的保护，因此唯一"现实"点的可能性是，中微子的某种或多种味就是快子。[2]

由于质量很轻，呈电中性，而且对强核力完全没有反应，中微子属于所有基本粒子中相互作用最少的粒子。每秒都有无数个这样的粒子畅通无阻地穿过地球。因此，要是中微子当中有个叛徒确实是快子，也就可以想象这种粒子可能一直到现在都还没有被我们探测到。此外，就算理论上的快子型中微子违背了常见的因果顺序，也有可能这种粒子时间反向的影响过于微弱，粒子物理学家根本注意不到。乔多斯指出：

> 如果中微子是唯一已知的展现出超光速行为的粒

---

1. Alan Chodos, Avi Hauser, and Alan Kostelecky, "The Neutrino as a Tachyon". Physics Letters B, vol. 150, no. 6 (January 1985), pp. 431–435.
2. 艾伦·乔多斯写给作者的信，2019 年 3 月 26 日。

子（也许还有一些别的粒子有待发现），那么任何违反因果律的表现都几乎不会影响我们的日常生活。用一束中微子杀死祖父？太难了。[1]

2011年，一个叫作OPERA（带感光乳剂示踪装置的振动项目，这个缩写刚好也是"歌剧"的意思）的团队宣布了一个让人震惊的实验结果，说他们测量了在大型强子对撞机中产生的在大萨索山实验室被探测到的中微子的飞行时间，发现粒子的速度比光速稍微快一点。大型强子对撞机放置在巨大的圆形隧道内，在瑞士和法国边境地下运行，而OPERA探测器位于意大利中部大萨索山的隧道中，两者相距约720千米。中微子在飞过这段距离时，花的时间比光还短60纳秒（1纳秒等于十亿分之一秒）。该团队声称，在得出这个令人震惊的结论之前，他们已经排除了可能出现的实验误差。

尽管物理学界大都表示怀疑，想等到其他团队独立确认这一结果后再行判断，但这个故事还是得到了相当多的媒体报导。《华盛顿邮报》就有一篇头版文章题为《超光速中微子为物理学家带来终极宇宙大脑挑战》，文章宣布物理学家"得到了一个可能会让他们对宇宙的看法三观尽碎的实验发现"[2]。

在网络论坛上，预测狭义相对论即将寿终正寝的论调比比

---

1. 艾伦·乔多斯写给作者的信，2019年3月26日。
2. Joel Achenbach," Faster-than-light Neutrino Poses the Ultimate Cosmic Brain Teaser for Physicists ". Washington Post, November 14, 2011.

皆是。爱因斯坦的理论到现在已经屹立了一百多年，权威专家做好了与之挥手告别的准备。从好的一面来看，这一所谓发现让超光速中微子笑话在社交媒体上一时大热，例如："酒保说道：'我们不许超光速中微子入内。'一个中微子走进了酒吧。"还有："我写了个光速笑话 …… 但是一个中微子先我一步。"[1]

几个月后，OPERA 团队难为情地承认，他们搞错了。进一步检查仪器之后他们发现计时系统有问题，包括有个地方的连接松了。"超光速测量结果"并不是石破天惊的物理学突破的前97兆，而只是来自系统误差的一个错觉，我们就称之为"歌剧"探测器的魅影好了。

与此同时，另一个憋着劲儿的研究团队 ICARUS（全称是"宇宙成像与罕见地下信号"，该缩写也恰好为希腊神话人物伊卡洛斯的名字）对大型强子对撞机产生的中微子进行了类似的测量，他们的探测器也在大萨索山隧道里。在将测量结果与光速预测进行比较后，他们发现中微子是按时抵达的。团队发言人、诺贝尔奖获得者卡洛·鲁比亚（Carlo Rubbia）表示："要是我们也得出了 60 纳秒，我会给 OPERA 团队送一瓶香槟。"但是现在，估计他会对爱因斯坦遥遥举杯。"这让我松了一大口气，

---

1. Deborah Netburn, "Neutrino Jokes Hit Twittersphere Faster Than the Speed of Light". Los Angeles Times, September 24, 2011, https://latimesblogs.latimes.com/nation-now/2011/09/faster-than-the-speed-of-light-neutrino-jokes-light-up-twittersphere.html.

因为我这人挺保守。"[1]

虽然OPERA团队铩羽而归，但乔多斯依然对寻找自然界中的快子十分热衷。他继续发表了一些讲述发现快子后可能会有什么后果的文章，比如在自然界中可能会出现一种新的对称，叫作"光锥反射"，能够将分别以超光速和低于光速的速度运动的粒子联系起来。

他说："人们大都觉得无法接受快子，原因是会有所谓违反因果律的矛盾出现。我不这么认为。我觉得，快子的发现会以好的方式动摇我们对时空的看法，大自然也会找到办法解决任何逻辑矛盾。"[2]

## 宇宙织锦

将时间和空间融合为一个单一的四维实体即时空，让我们能够更加方便地在相对论中讨论因果关系和信息传输的问题。跟19世纪数学家想出来的四维空间不一样，时空并不是加了第四个空间维度，而是让时间来充当第四维。1907年，数学家赫尔曼·闵可夫斯基（Hermann Minkowski，恰好也是爱因斯坦以前的大学老师）发现，用统一的时空而不是将时间空间分开考虑，可以将狭义相对论更简洁地表达出来，于是提出了这样一

---

1. Carlo Rubbia, 引自 Geoff Brumfiel,"Neutrinos Not Faster Than Light: ICARUS Experiment Contradicts Controversial Claim". Nature News & Comment, March 16, 2012, https://www.nature.com/news/neutrinos-not-faster-than-light-1.10249.
2. 艾伦·乔多斯写给作者的信，2019年3月26日。

个四维的统一体。他宣称，这个统一体是科学认识的一场革命。

时空图（也叫闵可夫斯基图）以时间为纵轴，以空间的某个方向为横轴，清晰显示了因果关系的界限。在这样一张图上任意一点交叉，代表着任一给定事件 —— 比如说新年前夕纽约时代广场的电视直播 —— 的时间和位置，是一个X形的东西，叫作"光锥"，描绘了光线在别的时间可能抵达的所有其他点。把这个X形的东西叫作光锥，是因为如果让这个形状绕着（代表第二个空间维度的）另一个轴旋转，这玩意就会变得像一个立着的冰激凌锥筒，底下还有倒立着的另一个锥筒，形成有点儿像沙漏的形状。如果某一点位于原始事件的光锥上，那么该点与原始事件之间就可以用光信号来传递信息。这样的传输叫作"类光"相互作用。

光锥内部有很多点，与原始事件的距离小于光在特定时间内能够走过的距离。这个区域叫作"类时"，代表了所有可能存在的低于光速的关联。例如，对于一场午夜摇滚音乐会来说，其光锥将包括声波、烟花、逃离噪声的人等等在给定时间内能够到达的所有地方。"类光"和"类时"这两类相互作用都没有超出因果关系的范围。也许有人会看到一道闪电，听到什么声音，或是被什么东西击倒，这些都是受到干扰源影响的结果。所有这些可能性，都可以在光锥上或光锥内部表现出来。

最后要说的是，除了"类光"和"类时"，时空图中还有第三个区域，叫作"类空"，指的是所有那些超出了因果关系范围的点。例如，在比邻星（太阳之外离我们最近的恒星）附近的一艘宇宙飞船上的宇航员，只有在好几年之后才有可能知道纽约新年音乐会的节目单，因为信号需要至少好几年的时间，才能传到那么远的地方。除非节目单恰好提前好几年就发布出去了。

对于如何用时空图来描述狭义相对论中的长度收缩和时间延缓，闵可夫斯基进行了精彩展示。要模拟一个相对另一观测者正在高速运动的观测者的话，只需要将这位观测者的时间轴和空间轴相对于另一位的轴线倾斜一下，就像把拿在手里的冰激凌锥筒稍微往左或者往右偏一下一样。跟倾斜了的光锥比起来，虽然两位观测者之间的时空距离还是一样，但在直立光锥 99 中的这段距离在时间方向上会长一点，而在空间方向上会短一点。这样，时空图就显示了如果时间对于某个观测者来说拉长了，那么长度会如何收缩 —— 就像调整水龙头的柄来多放点热水少放点凉水一样。

闵可夫斯基将时间和空间类比起来，这样阐述的爱因斯坦理论实际上是将过去、现在和未来都冻结成了一大块实体，可以叫作"块宇宙"。这样一来，过去和未来理论上（如果不是实际上）变得跟现在一样触手可及，拉普拉斯妖也就不需要计算未来了。理论上他可以直接走到块宇宙外面，一次把整个永恒看个够。

相对论言之凿凿的决定论让爱因斯坦大为满意。他坚信，自由意志是一种幻觉。他指出，一个理论当中会有偶然因素是因为缺乏认识，而不是从根本上讲本身就有随机性。因此，对于相对论在过去、现在和未来之间设立的严格关联，他觉得很称心。

为了把加速系统也容纳进来，并模拟出万有引力的影响，爱因斯坦历经十年艰辛，尝试了各种各样的可能。结果就是大气磅礴的广义相对论于1915年完成。广义相对论展现了质量和能量如何让其附近的时空弯曲，并改变该区域中物体的运动路径。广义相对论用定域、几何学的场论，有效取代了牛顿的万有引力超距作用的观点。

可以这样来理解爱因斯坦为什么想建立广义相对论。假设有一天太阳突然消失了。天体物理学家没有预测过会出现这种突然消失的情况，但为方便讨论，我们先这么考虑好了。因为光穿过太空需要时间，所以地球上的人也只会在真正发生大概8分钟之后才会看到太阳一闪而灭。

牛顿理论认为，就在太阳消失的那一刹那，连接太阳和所有行星的无形的引力绳索也会立即被切断，地球和其他行星都会沿着直线飞入太空。断裂是瞬间发生的，不用等到太阳的最后一束光抵达。这样的话，断裂就发生得比光速还快，违反了狭义相对论中隐含的因果律限制。那么，在完全没有任何信号从太阳抵达地球之前，地球是如何知道自己需要改变运动方向的呢？

爱因斯坦意识到，要想矫正这种自相矛盾的情况，就必须构建一个相对论性的引力场论。传递引力的能量场最简单的模型是，通过时空本身的结构中的涟漪来传递。这种说法确实可以成立，因为爱因斯坦提出过一个"等效原理"，虽然本来是为了让引力造成的曲线运动跟加速参考系的影响等同起来。

等效原理从爱因斯坦的脑子里横空出世的时候，他正在想着有人站在自家房顶上，突然失足，朝地面自由落体一头扎下来。要是这人还刚好拿着个什么东西 —— 比如说一个工具箱 —— 然后松了手，那么这个工具箱会跟着他一起坠落，就像这俩都处于静止状态一样。这两者会保持步调一致的原因正是伽利略的发现：如果不考虑空气阻力，向下坠落的物体会同时落地，跟物体质量和其他性质都没有关系。爱因斯坦进一步发展了这个概念。在一个加速度恒定的加速参考系中，比如说在一个封闭、无形的电梯中，快速坠落的人和他携带的物体看起来就像处于惯性状态一样。任何局域实验都无法展现自由落体和静止在空白空间中的区别。因此，惯性可以用自由落体的参考系在空间中每一点给出局域定义。后来爱因斯坦说，这番见解是"我这辈子最让我快乐的想法"[1]。

等效原理允许爱因斯坦假设太空中每一点都可以模拟为比如说无形的、自由落体的电梯，处于局域静止状态。这样他就可以应用为非加速系统设计的狭义相对论的规则，在每一点上都按闵可夫斯基的方式设置时空图，但用的是自由落体参考

---

1. John Stachel, Einstein from 'B' to 'Z' (Boston: Birkhäuser, 2002), p. 262.

系的坐标，而不是固定参考系。他意识到，下一步就是将所有
101　这些局域布片缝缀成一件无缝的服装。他用的针线是微分几何
中的关系，这是将微积分和非欧几何结合起来的高等数学分支。
在非欧几何中，决定点、曲线和形状的那些规则 —— 比如说平
行线的定义，三角形内角和等等 —— 都会因为空间弯曲而面
目全非。

也就是说，广义相对论就像一台万能的缝纫机，可以把时
空布片按照每一点都不一样的规则缝缀起来。这些局域规则由
该区域内的质量和能量决定。因此，质量和能量在宇宙中的分
布决定了时空如何变形、扭曲和弯折。时空结构继而通过光锥
的朝向，及经过的物体在每一区域的行为，设定了每个地方因
果律的极限。例如，被太阳弯曲的时空让所有行星在沿着引力
井顶端运动时都只能走椭圆轨道。

爱因斯坦的广义相对论也做了一些很关键的预测。其一是
水星轨道的进动（角度变动）。水星每绕太阳一圈，其轨道都会
稍微前进一点，与广义相对论的计算一致。爱因斯坦的估算与
天文观测数据高度吻合。

另一个预测是星光会被大质量物体（比如太阳）弯折。牛顿
光的微粒说模型同样预测星光会弯折，但弯折角度只是爱因斯
坦计算出来的一半。爱因斯坦指出，这个效应可以检验。测量恒
星在日全食期间出现的位置，并与夜晚天空中同一颗恒星的位
置相比较，就能得到弯折角度了。随后可拿这个角度偏差跟广

义相对论和牛顿理论分别预测的结果相比较，就能看出来哪个更加符合实际了。

　　爱因斯坦的广义相对论问世于1915年，正是第一次世界大战如火如荼的时候。因为战争，可不是人人都有胆子组织日食远征，爱因斯坦有个同事埃尔温·弗罗因德里希（Erwin Freundlich）就组织过一次（还是在1914年，广义相对论完工之前），结果叫俄国军队抓住，给拘留了。一直到战争结束后的1919年春天，才有一次发生在南半球的日全食给了两个天文观测团队收集足够数据的机会，得以证明广义相对论的预测是对的，而牛顿理论不够准确。 102

　　大自然证实爱因斯坦对而牛顿错，这表明万有引力是局域的，并不是超距作用的现象。这样一来，爱因斯坦似乎一举彻底消除了远程影响。爱因斯坦的模型强调，现实是由直接相关的因果链组成的。其他一切关系要么似是而非，要么属于尚未发现的关联。

## 原子开裂

　　老奸巨猾的大自然总是有办法颠覆我们的期待。就在广义相对论似乎表明现实就是天衣无缝时，新的原子模型开始沿着线缝撕扯起这幅图像来。德谟克利特造出来的"原子"这个词表示的是不可分割 —— 绝对坚牢、不可能切割开的东西，就像极端完美的钻石一样 —— 然而还是有大量实验证据表明，原子是一种极为不同也更脆弱的结构。

到 20 世纪 10 年代，人们早已知道电子比原子轻得多。科学家还知道，电中性的原子可以通过比如说光电效应这样的过程放出电子，变成阳离子。英国剑桥大学卡文迪什实验室主任约瑟夫·约翰·汤姆孙（Joseph John Thomson）是个名人，在识别电子这事儿上有开山之功。关于原子他曾提出一个梅子布丁模型，就是正电荷跟负电荷都均匀散布在整个原子中。

虽然汤姆孙对原子中电子分布的看法并不正确，但他仍然是一位优秀的物理学家和教育家，对天资聪颖的年轻人满怀热情。1895 年他用一笔新奖学金把一位年轻人招进了卡文迪什实验室，这人名叫欧内斯特·卢瑟福（Ernest Rutherford），是个来自新西兰乡下的质朴男孩。小欧内斯特家的农场在新西兰南岛北端尼尔森镇附近，不在农场忙乎的时候，他会捣鼓收音机、照相机之类的设备。据说他一从妈妈那里听到了奖学金的消息，就扔掉了手里正在挖土的锄头，大声宣布："这是我挖的最后一个土豆！"[1]

事实证明，卢瑟福是个大奖捕手。尽管在豪奢的剑桥大学他因为乡巴佬出身而倍受嘲笑，但他学习进步神速，很快就成了实验物理学，尤其是放射性研究领域的一流专家。获得博士学位后他去加拿大麦吉尔大学做了一阵学术，后来又在 1907 年

---

1. David Wilson, Rutherford, Simple Genius (Cambridge, MA: MIT Press, 1983), p. 62.

回到英国，并被任命为曼彻斯特大学物理系主任。

这位身材魁梧、精力充沛的教授相当有个性。他对原子物理学的细微之处相当敏锐，擅长设计恰到好处的实验来探索至关重要的问题。他的好奇心极为强烈，有时会因此对同事很不耐烦，会把自己的挫败转化为满脸怒火，大发脾气。好在暴风雨会很快过去，他也会很快变回开开心心、大大咧咧的样子。

哈依姆·魏茨曼（Chaim Weizmann）是生物化学家，也是以色列第一任总统，他曾在人生不同阶段先后成为爱因斯坦和卢瑟福的好友。他曾经拿他俩做过比较："作为科学家，他俩是截然不同的类型 —— 爱因斯坦只会做计算，卢瑟福只会做实验。个性的对比也同样显著：爱因斯坦看来仙风道骨，卢瑟福则是一个高高大大、健健康康、活泼好动的新西兰人 —— 这也正是他的本色。但是毫无疑问，作为实验学家，卢瑟福是个天才，不世出的天才。他凭直觉工作，有一双点石成金的手。"[1]

卢瑟福也非常幸运，在曼彻斯特大学，他得到了实验室技艺高超的行家里手汉斯·盖革（Hans Geiger）的帮助。这是一位出生于德国的粒子探测器制造专家，他绝顶聪明的发明 —— 盖革计数器，在任何测量放射性衰变的地方都能见得到。1909年，一位目光锐利的英国本科生欧内斯特·马斯登（Ernest

---

1. Chaim Weizmann, Trial and Error (New York: Harper & Bros.,1949), p. 118.

Marsden）也加入了实验室。有种记录极微小的亚原子粒子碰撞的材料叫闪烁体，当时20岁的马斯登，视力敏锐到能看见闪烁体中的闪光。对于探索原子结构的深层奥秘来说，这个团队是绝佳组合。

104

　　卢瑟福手里有一批镭，于是设计了一个意义深远的实验，跟盖革和马斯登的技术也完美契合。他的目标是验证汤姆孙模型，于是他精心制作了一个系统，用α粒子（放射性材料释放出来的带正电的亚原子粒子，现在我们知道其实就是氦原子核）瞄准金箔发射，来探测金原子的结构。他们对会得到什么结果并没什么信心，但卢瑟福和盖革认为，这至少让马斯登有了涉足实验物理学领域的机会。

　　结果让盖革大感惊讶，他和马斯登发现α粒子的表现有些很不寻常的地方。他们观测到，发射出来的α粒子绝大部分都径直穿过金箔，就像棒球从开着的窗户里扔出去一样。不过也有极小一部分以锐角直接反弹回来，就好像不知怎么被小小击球手击中了一样。盖革被罕见但是又极为强大的反冲力惊得目瞪口呆，他跟卢瑟福分享了自己的兴奋之情，而卢瑟福很快就意识到了这是怎么回事。他指出，像金原子这样的原子里面大部分都是空的，只不过中间有个小小的带正电的原子核。核物理学诞生了！

　　卢瑟福后来回忆道："这可能是我这辈子发生过的最不可思议的事情。这事儿有多让人没法相信呢？就好像你朝一张纸巾发射了一枚40厘米的炮弹，结果给反弹回来，打中了你。"[1]

卢瑟福意识到，他和这个团队误打误撞，得出了一种关于原子的全新观点，跟他导师汤姆孙构建的模型大异其趣。1911年，卢瑟福决定发布他自己的原子模型。这个模型向全世界介绍了原子的现代概念，说原子的大部分质量都紧紧集中在极小的、带正电的中心位置，周围全是空的，但是以某种方式容纳了所需数目的电子，好让整个原子呈电中性。这个模型就这样拼凑了起来，就跟他小时候组装过的无线电接收器一样——并没有多想为什么能拼在一起的根本原因。具体来讲，这个模型虽然解释了盖革–马斯登实验的结果，但并没有解决原子的稳定性、原子谱线（原子吸收或发射的光）的本质等问题，也没有说在什么情况下，原子会像爱因斯坦的光电效应所描述的那样吸收或发射电子。

105

## 有种精彩来自丹麦

就算是卢瑟福这样有远见卓识的实验学家，有时候也需要一位理论家来解决棘手问题。曼彻斯特大学的一位访客，丹麦物理学家尼尔斯·玻尔（Niels Bohr），将帮助卢瑟福解决这些问题。玻尔在哥本哈根大学获得博士学位后，就去了剑桥大学和汤姆孙一起工作。半年后的1912年春天，他从剑桥来到曼彻斯

---

1. Ernest Rutherford, "The Development of the Theory of Atomic Structure" in Joseph Needham and Walter Pagel, eds., Background to Modern Science (Cambridge, MA: Cambridge University Press, 1938), p. 68.

特。汤姆孙慷他人之慨，跟他介绍过卢瑟福的原子模型，所以玻尔也很想亲眼见见这个人。

玻尔跟卢瑟福的关系在某些方面与开普勒跟第谷之间的关系有些相似。玻尔和开普勒都是安安静静的理论家，渴望诠释由卢瑟福和第谷这两位更为活泼好动的实验家收集到的数据。不过在玻尔这里，幸运的是他导师的结果是公开的，也相对简单，很适合深入解读。

在曼彻斯特，及后来在哥本哈根，玻尔构建的原子模型在某些方面跟太阳系有些类似。围绕着带正电的原子核"太阳"的，是带负电的电子"行星"。把这个系统束缚在一起的不是万有引力，而是电磁力。他假定电子轨道跟行星轨道不同，是正圆。行星能够维持稳定的轨道，是因为角动量（质量、速度和半径的乘积）守恒和能量守恒。花样滑冰运动员在将手臂拉近身体时会旋转得更快，伸展手臂时旋转速度会慢下来，也是因为角动量守恒。如果他们什么都不做，他们就可以保持单脚尖稳定旋转。与此类似，行星也是通过角动量守恒来平衡自身速度和与太阳的距离，保持轨道稳定。能量守恒意味着行星不会像加了燃料的火箭一样，自动加速并离开太阳系。玻尔推测，这两个量对原子中的电子来说也都是守恒的。

在建立原子模型时，玻尔意识到有项重要实验可以重现已知的氢原子和其他简单元素原子的谱线。约翰·巴尔末（Johann Balmer）、西奥多·莱曼（Theodore Lyman）和弗里德

里希·帕申（Friedrich Paschen）等光谱学家测量了氢原子的
吸收谱线和发射谱线（分别是通过分光镜看到的吸收和发出的
光的颜色），也找出了具体的频率模式。每种光谱模式都像是一
部分彩虹，只展现某些颜色而删掉了别的颜色，而颜色频率从
数学角度看也很有规律。为什么展现的是这些颜色而不是另一
些？直觉告诉玻尔，电子是在按照固定轨道运行，直到吸收或
发射特定频率的光子。在吸收或发射光子的时候，电子会突然
移动到能量更高或更低的轨道。

在经典物理学中，比如按照牛顿对行星的描述，速度和轨
道半径可以在很大范围内取任何值。玻尔认识到，要想为谱线
大有不同的模式建立模型，电子轨道就必须按照离散而非连续
的取值运行。这样一来，如果电子从一个轨道转移到另一个轨
道，这个变化就必定是一蹴而就，而不是跛鳖千里。

为了引入能够得到特定的稳定轨道的量子化角动量，玻
尔假设角动量的取值是一些常量的某种组合的倍数，后来人
们就把这个组合叫作 $h$ 拔：普朗克常数 $h$ 除以无理数 $2\pi$。接下
来，为了模拟电子如何以光子的形式吸收或放出能量，玻尔
动用的公式与普朗克最早的量子假说以及爱因斯坦在光电效
应中用过的一模一样：能量等于频率乘以普朗克常数。瞧见
没，把这些假设跟两个电荷之间的电磁相互作用强度的标准
公式都结合在一起之后，玻尔发现，他可以重新得出氢原子
的各种谱线公式。

　　1913年，玻尔发表了自己石破天惊的大发现。他也发了一份自己结论的摘要给卢瑟福。卢瑟福到底是讲实际的人，他有个想不通的问题：电子在不同轨道之间转移的时候，怎么知道自己该在哪儿停下来？比如说，什么才能阻止电子总是掉到能量最低的轨道上？在现实中，也不是所有能想到的转移都发生了。为什么有的转移就比别的更容易发生呢？

　　卢瑟福在给玻尔的信中写道："在我看来，你好像必须假设电子事先就知道该在哪儿停下来。"[1]

　　玻尔是真不知道该怎么回应卢瑟福这么有见地的批评。需要一种更先进的量子理论 —— 20世纪30年代中期建立起来的成熟的量子力学 —— 才能完全解答卢瑟福的疑问。

　　自发、瞬间发生的量子跃迁，跟爱因斯坦和闵可夫斯基精心绘制的时空图之间，似乎形成了鲜明对比。前者看起来杂乱无章，而后者为因果关联设立了严格限制。要到20世纪40年代，才有美国物理学家理查德·费曼（Richard Feynman）来展示，如何通过加入对粒子穿过时空的路径模糊程度的度量，让这种图也可以适用于量子世界。在那之前，爱因斯坦的时空和量子相互作用，仿佛实际上风马牛不相及。

---

1. 欧内斯特·卢瑟福写给尼尔斯·玻尔的信，1913年3月20日。见 Niels Bohr, Collected Works, vol. 2 (Amsterdam: North Holland, 1972), p. 583.

## 魔法数字

叫你画一个原子出来的话，你很可能会想着有几个相交的椭圆，朝向几个不同的方向，而不是像标靶一样的同心圆图案。这是因为最流行的原子图像是阿诺德·索末菲（Arnold Sommerfeld）对玻尔模型的改进，而不是玻尔于1913年最早提出来的版本。索末菲是一位很有天分的物理学家，在德国慕尼黑工作，发现并纠正了玻尔构建的原子模型中的几个重大残缺。

具体而言，索末菲解决的问题涉及放置在强磁场（比如给导线线圈通电产生的电磁铁）的路径上的原子。荷兰物理学家彼得·塞曼（Pieter Zeeman）于1897年发现了塞曼效应，根据这种效应，加入这样的磁场会让谱线分裂。在原本应该只有一条特定颜色的条纹的地方，会出现多条颜色略有不同的线。这表明磁铁在某种意义上就像棱镜一样，将统一的光带分解成了很多条。为什么磁铁会把一种色调变成一道迷你彩虹，是个真正的难解之谜——直到索末菲找到答案。

事实证明，研究塞曼效应对于将玻尔的"太阳系"模型推广为三维的原子描述至关重要。"太阳系"模型很简单，说的就是电子绕着原子核打转，而三维原子模型要丰富得多，包含多个量子数及其他特征。（还有一种跟塞曼效应相关的现象叫作反常塞曼效应，会发生在电子数为奇数的原子中。对反常塞曼效应的研究将帮助完成这幅图景。）修正后的原子模型可以做出更准确的预测，并在最后展现出所有量子现象，包括量子纠缠这样的非因果特性。因此，索末菲的工作将在玻尔的原始模型和量子力学的完整理论（及其马上就要到来的所有怪异之处）之间，搭起一座至关重要的桥梁。

索末菲提出，玻尔原始模型中的某些轨道 —— 跟能级相对应 —— 根本不是单一的量子态，而是在特定情况下恰好并在一起的一组简并量子态。"简并"在这里的意思并不是"乌合之众"，而是不同量子态恰好具有相同的能量。既然能量和频率可以通过普朗克关系对应起来，为什么向这些状态转移会只显示出一条谱线也就可以解释了。

索末菲推测，一组量子态就算全都具有相同的能量，仍有可能角动量并非全都一模一样。对轨道来说，角动量的大小会影响轨道怎么伸展，从正圆到非常扁的椭圆都有可能。因此索末菲指出，特定能级也许对应了一系列轨道形状，而不是只能对应一个简单的圆圈。另外，这些轨道相对中心轴可能会以不同角度倾斜，为保持一致，我们通常标记为"$z$轴"。这样一来，就算两个状态总的角动量相同（总体形状一样），角动量的$z$分量（相对于$z$轴的朝向）仍有可能不同。简单来说，索末菲并没有像玻尔假设的那样只通过能级来区分，而是加了两个额外参数：总的角动量和角动量在$z$轴上的分量。

为了描述电子状态的所有可能性，索末菲引入了三个不同的量子数：主量子数（玻尔一开始提出的能级，跟能量有关）、角量子数（跟总的角动量有关）和磁量子数（跟角动量的$z$分量有关）。这些就是电子的"街道名""门牌号"和"房间号"，设定了电子在原子中的地址。对简并态来说，就是多组量子数都具有同一个总能量。然而像磁场这样的外部影响，可能会与特定角动量的状态"耦合"（作为作用力连接起来），将这些能级分开，在原本只会出现一条谱线的地方产生一组谱线。

就好像有家超市，顾客刚开始对苹果品种完全没有任何偏好。因此所有苹果，无论是金冠苹果、新西兰嘎啦苹果、蛇果还是澳洲青苹果，全都放在一个箱子里，以完全一样的价格出售：两块五一个。人多的时候，顾客会在仅有的苹果箱前排成一队，随便拿一个，去收银台交两块五毛钱。

但是现在假设有项新研究出来说，金冠苹果极富营养价值。同时有报导称，另外有一种是用杀虫剂泡过的，不是很卫生。超市经理可能就会根据这些外部因素，决定将苹果分成几个箱子，不同品种卖不同的价格，这样人多的时候就会排好几个队。与此类似，磁场的影响可以区分不同的电子态，将一个能量"箱子"分成多个。

1916 年，索末菲定义了一个新的自然常数来描述电子（及其他带电粒子）与光子之间在相互作用产生电磁场时的耦合。他把这个常数定义为电子处于最低能级，也就是相对论性原子态时的速度除以光速，叫作"精细结构常数"或"索末菲常数"，是电荷、普朗克常数和光速的无量纲组合。在这里，"无量纲"指的是没有单位的数字，不像时间（单位是秒）或者质量（单位是千克）等等那样。因此，在任何单位制中，精细结构常数始终都会取一样的值。非常奇怪，似乎纯属巧合的是，这个值非常接近（但并非刚好是）1/137。137 恰好是个毕达哥拉斯素数（两个数的平方和，而且只能被数字 1 和这个数本身整除），还拥有另一些很奇特的数学特征。为什么刚好是 137 这个特定整数的倒数？显然，把电荷、普朗克常数和光速这三个基本常数组合 110 起来，不应该得到这么简单的结果。从亚瑟·爱丁顿（Arthur Eddington）开始（他错误地以为精细结构常数刚好是 1/137），很多物理学家都问了这个问题，他们寻找着与自然界其他方面的关联，绞尽脑汁想要找到一个说得通的答案。有时候，数字中的规律可以让人醍醐灌顶，比如说我们通过元素周期表可以看到，电子的量子数与其化学性质密切相关。但另一些时候，过多沉迷于某些数字只会走进数字中的死胡同。我们已经看到开普勒想把行星轨道跟互相嵌套的柏拉图立体对应起来的努力，但最后一败涂地。思考"137"这个数字的意义，给科学编年史提供了另一个值得注意的唐·吉诃德式冒险。这会成为无法抗拒的挑战——对有些人来说，甚至会成为执念。

毫无疑问，现代物理学中纯粹的经验主义和数学抽象理论之间的平衡，已经被证明没那么简单。要是太想着让一切都在客观上可以测量——也就是偏向现实主义——就会错过量子跃迁这样的细微差别；太想着数学上要极尽优雅——也就是偏向理想主义——就会跟可靠的实验验证失之交臂。两者之间有 111 一条最佳路径，能让物理学继续前进。

# 第 5 章
# 不确定性的面纱：背离现实主义

> 在我看来，决定论的世界相当让人生厌——这是第一感觉。也许你是对的，就像你说的那样。但是就现在来说，在物理学里面看起来好像并非如此——对其他领域来说好像更非如此。我也觉得你这个表述，"掷骰子的上帝"，完全不合适。在你那个决定论的世界里你也得掷骰子；区别不在这里……我觉得……你小看了量子理论的经验基础。[1]
>
> ——1944年，马克斯·玻恩致阿尔伯特·爱因斯坦

百闻不如一见。或者用现代人的话来说，无图无真相。在判断、确认自然界的状况时，我们相信自己的感官。我们从小就知道，推和拉跟运动有关。虽然我们对于是什么让物体运动起来的直觉可能会误导我们，让我们接受亚里士多德的观点，即作用力和运动速度直接相关，但要接受牛顿的结论，也就是作用

---

1. 马克斯·玻恩致阿尔伯特·爱因斯坦，1944 年 10 月 10 日。Max Born and Albert Einstein, The Born–Einstein Letters, 1916 — 1955: Friendship, Politics and Physics in Uncertain Times, Irene Born 译 (New York: Macmillan, 1971), p. 155.

力会导致运动变化，即产生加速度，还是相对比较简单的。由此再去接受麦克斯韦等人的体系，认为作用力由场（在空中传播的场，比如说电磁场）传递，好像也没那么勉为其难。毕竟，虽然我们也许没有真正看到过风，但总听到过风的呼啸，见到过风把树上的树枝折断，把树叶卷到空中。与此类似，我们也可以想象，看不见的波如何把作用力像涟漪一样从一个地方传到另一个地方。

跟感官能够感知的领域形成鲜明对比的，是梦的世界。我们沉睡中的戏剧节目也许会包括过世已久的亲人前来拜访，见到几乎不可能见到的名人，及拥有超凡出圣的能力，比如像超人一样飞上高空。我们也许会瞬间从一个地方来到另一个地方，或是突然发现自己回到了过去或料想中的未来。如果我们把自己当成神棍，我们也许会断言自己可以预测即将到来的事情，或是仅凭思想就可以跟某人交流。然而在日常生活尤其是加以严谨的科学验证的生活中，这样的断言恐怕哪一条都站不住脚，除非是无法重复、似是而非的巧合。例如，那些所谓通灵的人会做出无数预测，就算纯靠运气也总能说对其中一些。

爱因斯坦全球闻名之后，面临的挑战当中有一个就是，把相对论 —— 结果可以检验的科学理论，恰好是用四维数学来表述的 —— 跟公众误以为的高维空间和神秘学之间存在的关联分开。他执拗地强调着自己这套理论中的定域性原理：对宇宙中任意一点，只要给定该区域的物质和能量状态，这个理论就能给出精确的物理预测。

　　然而量子力学将转向一个截然不同的方向，这让爱因斯坦很窝火。量子力学允许随机、突然的跃迁，及没有直接因果关系的远程关联，还会用只有在测量时才会产生明确结果的量子态取代客观的物理参数。此外，不确定性原理还保证，某些成对的因数，比如亚原子粒子的位置和速度，不可能同时确知。一句话，经典物理学精心编织的直接、客观的因果性关联，将被量子力学一把撕碎。

　　这么说并不是要否定相对论的造化之功。相对论尽管仍然是经典力学严格的决定论那一套，但也打破了空间和时间之间的传统区别。让爱因斯坦大惑不解的是，相对论将以前所未有的方式激起公众的强烈兴趣 —— 无论是一板一眼的科学头脑，还是那些将伪科学（比如心灵感应和千里眼）奉若神明的人，都趋之若鹜。

## 阿尔伯特漫游奇境

　　《纽约时报》最早提到爱因斯坦的相对论时，还挺低调的 —— 是在1913年对英国物理学家奥利弗·洛奇爵士（Sir Oliver Lodge）的演讲的一篇报道中。文章提到，洛奇是位神秘学家，并强调说他相信，就算"以太对探测器存在的最精微的努力都没有反应""在形而上学角度"也仍然有可能存在[1]。因此，对爱因斯坦推行相对论、否定以太存在的努力，他表示反对。文

---

1. "British Association Meets Wednesday: Sir Oliver Lodge, in Presidential Address, Will Combat the 'Theory of Relativity'". New York Times, September 8, 1913.

章提出了一个很有根据的观点：以太（曾经被认为真实存在、极轻的一种物质）已经跟神秘学联系在一起，而完全没有任何东西存在的真空（人们曾经以为波不可能在这样的空间中传播），已经成为可靠的科学。

6年后，广义相对论的一个关键预言 —— 星光会被太阳这样的大质量天体弯折 —— 得到证实。这让爱因斯坦的知名度大为提高，他也因此成为国际科学巨星。1919年5月29日，由爱丁顿和弗兰克·戴森（Frank Dyson）组织的两支英国远征队，在皇家学会的支持下，在南半球的两个不同地点 —— 巴西的索布拉尔以及西非海岸外的普林西比岛 —— 观测到了日全食，并注意到天空中在被遮住的太阳附近的恒星位置略有变化。分析过数据之后，皇家学会在11月6日的会议上宣布，这些数据更接近爱因斯坦的预测，而不是以牛顿的微粒说为基础算出来的结果。一时之间，爱因斯坦的胜利登上了全球各地的头版头条。伦敦《泰晤士报》宣布：《科学革命 —— 新的宇宙理论：牛顿思想被推翻》[1]。《纽约时报》发了多篇头条文章，其中一篇是《天空中所有光线都是偏斜的 …… 恒星并不在看起来或计算出来的位置，但无须担心》[2]。

闸门打开了，公众暴露在这门新科学中，开始接触到四维时空概念中现实世界百转千回的一面。读者很快了解到，空间、

---

1. " Revolution in Science. New Theory of the Universe: Newtonian Ideas Overthrown ". Times of London, November 7, 1919.
2. " Lights All Askew in the Heavens ". New York Times, November 10, 1919.

时间、质量、能量、精确度、偶然性以及现实世界的基础，都并不是之前看起来的样子。

科学于19世纪末在有形世界与神秘世界之间精心构筑的防火墙 —— 意在将可测量、可预测的世界与猜测中看不见的维度、能越过看似不可逾越的障碍的鬼魅般的运动等等区分开来 —— 好像也不再那么坚实了。虽然关于真正的科学和伪科学之间的界限最后还是会出现新的描述，但在此期间，很多有识之士都在思考，是不是会像那个时代的一些奇特时尚一样，"一切都会发生"。

至少，粗通文墨的读者需要努力面对这样一个让人望而生畏的概念：爱因斯坦的相对论夺走了时间和空间的独立定义，代之以四维混合体。他们同样需要好好想一想，这样一来，质量和能量成了同一种东西的不同表现形式，这一点体现在爱因斯坦最著名的方程中。就跟神仙一样，这位德国天才似乎大手一挥，就把科学变成了尽是奇品珍玩的市集。

《纽约时报》1923年的一篇文章将相对论的情形跟《爱丽丝漫游奇境》中梦幻般的奇特景象做了对比：

> ［刘易斯·卡罗尔（Lewis Carroll）］也许是在无意中通过一个孩子的梦，阐述了数学家对时间和空间的框架突破三维局限的渴望。显然在四维空间中，爱丽丝看到的变幻莫测将不再是变幻莫测……混沌未

凿也许跟相对论相去不远。[1]

虽然相对论可能会让人觉得迷惑不解，但至少其动力学机制仍然遵循机械论的规则。相对论中，没有任何地方有偶然性。那些无法理解爱因斯坦理论的读者，至少可以因为知识渊博的物理学家和数学家能够根据爱因斯坦的理论做出可靠预测而感到安慰，比如1919年的日食观测，及1922年日食期间的进一步证实。

爱因斯坦开天辟地的发现让他在公众心目中成了有点儿像预言家的角色。然而这里面并不涉及什么神秘主义。爱因斯坦的相对论遵循精确、合乎逻辑的框架，非但不会让物理学变得更加神秘，反而在很多方面都让物理学更加经得起推敲了。相对论不只是废除了含含糊糊的以太概念，还通过将时间作为第四维，使之变得更加直接。此外，相对论还消除了牛顿力学中的模棱两可之处，例如对"绝对空间"和"绝对时间"的需求——牛顿需要用来定义惯性但永远无法完整解释的固定的标尺和时钟。因此，如果读者花些时间认真思考一下爱因斯坦的相对论，就会发现这个理论实际上让物理学的基础变得更加坚实了。

量子力学似乎在很多方面都比相对论更神秘。那时候的很多文章都在强调，量子力学有多含混不清、飘忽不定。这个理论似乎并不是在给物理学的机器上油使之运转更加顺畅，反倒像是往机器里丢了个齿轮，把机器卡住了。量子物理学界连续多

---

1. Alexander McAdie, "Alice in Wonderland as a Relativist". New York Times, March 11, 1923, p. 13.

年都在发布让人困惑的声明，到1931年，《纽约时报》科学专栏作家沃尔德玛·肯普福特（Waldemar Kaempffert）在一篇题为《如何解释宇宙：进退两难的科学》中抨击道：

> 机械论的宇宙现在已经消失了。科学被迫成为理想主义的科学……决定这些量子现象的定律可以写出来，但目前还难以理解……事实就是，我们越接近现实，越接近宇宙坚实的谷底……我们就越觉得困惑……
>
> 我们采用了科学方法，因为这么做最简单。大概花了上百万年，我们才让科学方法发展为现在的完美状态。就假设接下来一百万年，我们会建立可以含含糊糊地描述为直觉、"内心的声音"等等的其他方法吧，我们能了解得更深入吗？……有可能，有宗教体验的诗人和先知也许能模模糊糊地意识到数学概念背后隐藏着什么，而我们用这些概念表达出来的，只是我们对周围的世界所知甚少罢了。[1]

量子力学中哪些神秘莫测的特征让人们对科学方法如此悲观呢？首当其冲的就是不确定性原理。1927年，德国物理学家维尔纳·海森伯（Werner Heisenberg）以自己早年建立的数学关系为基础提出了不确定性原理。该原理表明，在亚原子层面上，某些成对的性质，比如位置和动量（等于质量乘以速度），还 117

---

1. Waldemar Kaempffert," How to Explain the Universe: Science in a Quandary ". New York Times, January 11, 1931.

有时间和能量，不可能同时精确测定。也就是说，我们越想确定粒子的位置或存续时间，对其速度或能量的了解就会越少。物理学家再也不能像拉普拉斯所想象的那样，可以对宇宙中所有粒子的所有特征都了如指掌了。在自然界最根本的层面上，总会有些什么是我们无法知道的。

玻尔提出过一个原则，叫作互补性，指出了另一种二元性：物体的粒子和波两种属性之间的互补。有时候，光子、电子等亚原子成分会表现得像粒子。比如说，这些粒子会以可预测的角度从其他粒子身上弹开。还有的时候，同样这些成分也会表现得像波。例如在干涉过程中，这些成分振荡的波峰和波谷根据是否对齐要么相消要么相长，形成明暗相间的条纹，其中明处就是振荡得到加强的地方，暗处则减弱了。玻尔指出，观测者选择的仪器决定了这些观测对象是会表现出粒子还是波的性质。在测量之前，系统就像个黑匣子，对其中的内容秘而不宣。实验人员的选择会揭示出特定结果 —— 要么像粒子一样成块，要么像波一样铺展开。然而，任何人都无法一次就把这个系统的所有信息全都探测出来 ——"黑匣子"永远都不会打开。

《纽约时报》1933 年的另一篇文章用了罗伯特·刘易斯·史蒂文森（Robert Louis Stevenson）的经典小说《化身博士》来类比，试图让读者理解这种奇怪的情形：

> 玻尔教授一辈子都在思考物质和精神世界中可以
> 估量的方面和不可估量的方面。在事物的本质中，他

发现了固有、基本的二元性，而这种二元性跟人类认识事物的能力有关。其矛盾之处在于，所有事物就像杰基尔医生及其化身海德并存在同一个人身上的这种本性，从根本上讲是互相冲突的，这两方面在不同的时候都是真实的，但在任意给定的某个时间，都只有一方面真实。[1]

文章也提道，"玻尔讲述了他和爱因斯坦最近如何跟其他有识之士合作，想找到一种能够以某种方式绕过讨厌的不确定性原理的办法。"合作的说法很有可能言过其实。实际上，20 世纪 20 年代末之后，爱因斯坦就几乎跟整个量子学界（玻尔和海森伯都在这个圈了里）决裂了，因为他们抛弃了客观物理现实的概念。爱因斯坦认为，就算我们的观测设备不够完美，物体在任何时刻的位置、速度等物理特性都还是必定会有相互独立的取值。无论是不确定性原理还是互补原理，都不承认客观现实与我们的测量无关。

对于从一个量子态（代表一组物理性质）到另一个量子态的跃变而非渐变，爱因斯坦同样觉得困扰，他认为，这种行为背后一定有连续性方程。海森伯的量子力学阐释最初专注于原子中的电子，计算了电子在原子的能级阶梯上从一个梯级转移到另一个梯级的概率。这种变化的发生是立即、随机的，没有中间步骤——就像早期电影中从一帧到另一帧的突然移动一样。至

1. William L. Laurence, "Jekyll-Hyde Mind Attributed to Man". New York Times, June 23, 1933.

于说为什么会发生这种突然的变化，爱因斯坦希望能有个更说得过去、基于决定论的根本解释 —— 就像决定轮盘赌的基本动力学规则一样，能够预计球会看似"随机"地落在哪个数字上。无论如何，他都不愿放弃有因果关联和光速限制的机械论宇宙。

尽管爱因斯坦的批评有理有据，但他从来没有说过量子力学是错的。对于量子力学在实验上取得的成就，他也不吝赞美。实际上，他说的是量子力学不完备。他认为，自然界需要一种决定论 —— 也许就是把广义相对论延伸一下，把电磁学等等所有的原子现象，乃至万有引力全都包括进来，才能解释量子世界充满模糊和随机的错觉背后更深层的机制。

1926 年，爱因斯坦在写给量子物理学家马克斯·玻恩的一封信中说道："量子力学确实很让人震撼。但在我心里有个声音告诉我，这并不是最后的真相。这个理论说了很多，但并没有让我们更接近'上帝他老人家'的秘密。不管怎么说，我都不相信祂会掷骰子。"[1]

## 量子困境

在普朗克和玻尔的"旧量子理论"中，爱因斯坦也起到了很大作用，比如说提出了光电效应和量子系统的统计方法等

---

1. 阿尔伯特·爱因斯坦致马克斯·玻恩，1926 年 12 月 4 日。Max Born and Albert Einstein, The Born–Einstein Letters, 1916 — 1955: Friendship, Politics and Physics in Uncertain Times, Irene Born 译 (New York: Macmillan, 1971), p. 91.

思想。而旧量子理论和现代量子理论之间的桥梁之一，是索末菲带出来的充满好奇心的新一代年轻物理学家，其中有海森伯，还有来自维也纳的神童沃尔夫冈·泡利，他也刚好是哲学家恩斯特·马赫的教子。从外表上看，身体健壮的英俊小生，整洁体面的海森伯跟豹头环眼、五短身材的泡利可以说毫无相似之处。

泡利20岁的时候写了一篇评论相对论的精彩文章，就此声名鹊起。文章出现在索末菲编辑的一部广为人知的数学百科全书中。他的见解远远超出了自己的年龄，也因此赢得了极大尊重。因为他对理论的直觉判断往往正确，所以对自己的断言，他总是充满信心——甚至是傲慢。理论学界只要碰到需要明确答案的棘手问题，经常就会去找他。因为才华出众，后来他赢得了"瑞士爱因斯坦"（"爱因斯坦再世"）的绰号[1]。

虽然只比海森伯大1岁左右，但泡利经常像个导师似的给海森伯提好多建议——比如说建议他别去搞相对论，因为那个领域不会有太多好内容去做，相比之下原子物理就不一样了，看起来大有前途。看看海森伯后来在原子物理学领域的成就，也许可以说泡利最有洞察力。在他们的整个职业生涯中，海森伯在做出跟物理学有关的决定之前都会先去征求泡利的意见，比如说一篇文章要不要发表。

---

1. 在德语中，eins是1，zwei是2，因此Zweistein（瑞士爱因斯坦）一词也表示仅次于爱因斯坦。见John Stachel,"Einstein and 'Zweistein'". Einstein from 'B' to 'Z' (Boston: Birkhäuser, 2002).

　　年深日久，泡利养成了一种固定的习惯，在会议、研讨等等场合会向偶然碰到的无数理论学家开门见山，主动提出各种建议。前去向他阐述自己想法的年轻研究者，说不定会受到猛烈批评。虽然通常都很管用，但仍然很伤人。所以，他也因为尖酸刻薄，而不只是因为杰出贡献成为传奇。

　　索末菲非常乐意将自己手底下这些聪明的年轻人介绍给老一辈。事实证明，他推动的这种代际交流，对量子物理学的进一步发展至关重要。

　　在1922年写给索末菲的一封信中，爱因斯坦盛赞他对年轻思想的指导：

> 我特别景仰你的是，你在光秃秃的土地上培养出来这么多青年才俊。这一伟业举世无双。你一定有提升、激发这些学生的心灵的天赋。[1]

　　反过来，索末菲也经常对自己的学生——包括海森伯——高度评价爱因斯坦和玻尔的天纵之才。年轻气盛、模棱两可的海森伯尽管尊重这些"老人家"，但并不愿意让他们来指导自己该如何思考、该听取谁的意见，及大自然的定律都在说什么。

---

1. 阿尔伯特·爱因斯坦致阿诺德·索末菲，1922年1月18日前后。

海森伯承认爱因斯坦在相对论领域的贡献不可或缺，对爱因斯坦也极为敬重，但他也会嘲笑爱因斯坦对哲学一无所知。海森伯没法理解，为什么爱因斯坦没能认识到量子力学中的事实。海森伯难以忍受，这也可以理解。科学不应该有先入之见。海森伯认为，如果事物运转的根本原则就是跳跃、模糊、抽象的，那也只能如此。轮不到人类来告诉大自然该怎么做。

海森伯1901年12月5日出生于德国维尔茨堡，母亲是安妮·威克莱因（Annie Wecklein），父亲是奥古斯特·海森伯博士（August Heisenberg），一位希腊语学者，后来被任命为慕尼黑大学中古和现代希腊语教授。由于这个原因，也因为高中的学业要求，年轻的海森伯对古典文学很熟悉，包括柏拉图的一些著作。

据海森伯传记作家戴维·卡西迪（David C. Cassidy）引述，按照物理学家、哲学家卡尔·冯·魏茨泽克（C.F. von Weizsäcker）的说法，"海森伯可能只读了学校指定的阅读材料，比如《会饮篇》《苏格拉底的申辩》，及《蒂迈欧篇》的一些片段。在他看来，海森伯最感兴趣的并不是哲学思想，而是希腊散文的优美和诗意（德国高中生必须学希腊语）。"[1]

121

---

1. 戴维·卡西迪写给作者的信，2019年2月26日。

德国量子物理学家维尔纳·海森伯（1901—1976），提出了不确定性原理。
图片来自美国物理联合会，埃米利奥·赛格雷视觉材料档案馆，德国物理学家
弗里德里希·洪特（Friedrich Hund）摄，约亨·海森伯（Jochen Heisenberg）
许可使用。

但海森伯并非只是个坐在家里读书的人。刚好相反，他是
个身体健壮的小伙子，很喜欢沿着山路长途漫步。他加入了一
个名叫"探路者"的童子军组织，这也让他更加热爱大自然的野
性之美。

1919 年，慕尼黑有一场未遂的共产主义起义，海森伯就在
这时被征召入伍了。夏天的一个夜晚，在执勤的时候，他重温了
柏拉图的一部经典作品，并注意到其中提到了原子论。他把这
些想法告诉了朋友们。他回忆道：

不知道为什么，我就是睡不着，于是爬到屋顶上晒太阳。天气很好，也很暖和。我随身带着柏拉图的《蒂迈欧篇》。我还在读柏拉图的《蒂迈欧篇》，部分原因是想保持希腊语水平，因为考试必须懂希腊语才行，但也有部分原因是，我对原子理论真的是心醉神迷。你也知道，柏拉图关于原子理论的全部内容都在《蒂迈欧篇》里。[1]

在晚年说到自己为什么会研究原子论时，海森伯提到了柏拉图的《蒂迈欧篇》（除了原子论，该书也提到了毕达哥拉斯的著作）的影响。就像柏拉图认为有形、可测量的世界是一种幻象——只不过是更深层、更完美的实在（可以称之为"形式"[122]领域）的回响，原子物理学也认为量子态才是最根本的。就像毕达哥拉斯认为数字比物质更基本，原子物理学也是用参数来编码的——比如用来表示状态的主量子数、角量子数和磁量子数。海森伯指出：

> 柏拉图和毕达哥拉斯学派的观点与现代观点之间的相似之处还可以进一步阐发。柏拉图《蒂迈欧篇》中的基本粒子到头来并非物质，而是数学形式。"万物皆数"这句话，我们都说是毕达哥拉斯说的。当时仅有的数学形式就是那些几何形式，比如正立方体，还有作为正立方体表面的那些正三角形之类。在现代

---

1. 托马斯·库恩和约翰·海尔布伦对维尔纳·海森伯的采访，American Institute of Physics Oral History, Session I, November 30, 1962.

量子理论中，不会有任何疑问，基本粒子最终也都是数学形式，但性质要复杂得多。[1]

然而，卡西迪提醒说，海森伯在晚年回忆中也许夸大了希腊哲学在他早期思想中的作用：

就我所知，在他第二次世界大战前的物理学思想中，柏拉图及其他古希腊哲学家的影响就算有也非常微弱，而对他战后物理学的影响也并不大。例如在他1969年的回忆录《原子物理学的发展和社会》（*Physics and Beyond*）中，他回忆了在军中服役时在《蒂迈欧篇》中读到柏拉图的原子概念的情景。［但是］他也回忆说，他当时认为这是"天马行空"，因此拒绝接受柏拉图这么天真的原子概念——这很难说是在发展自己的理论时借鉴了柏拉图。

此外，作为非常有雄心壮志的年轻理论学家，海森伯不会以任何哲学观念为指引，他只关心什么能奏效。20世纪20年代，在尝试用量子力学取代日渐衰退的经典物理学时，海森伯的座右铭是"成者为王"——哲学思想和物理学传统都不用考虑。就算他有时确实采取了我们会认为是哲学立场的视角，比如在阐释矩阵力学时的实证主义，或不确定性关系中的

---

1. Werner Heisenberg, Physics and Philosophy: The Revolution in Modern Science (New York: Harper and Row, 1958), pp. 71–72; https://history.aip.org/exhibits/heisenberg/p13e.htm.

操作主义，也都不过是应时而生的结果——是为了批判性地分析失败了的那些概念并与之决裂。很有可能，他甚至都没意识到自己是在借用什么哲学立场。[1]　　123

　　到慕尼黑大学就读并在索末菲指导下展开研究工作之后，20岁的海森伯最早的项目之一是弄懂反常塞曼效应。对于电子数为奇数的原子（如氢原子），反常塞曼效应指出，磁场可以将一条谱线（代表多个简并态的混合）分成颜色各不相同、代表偶数个能量也各不相同的角动量状态的多条谱线。与之形成对照的正常塞曼效应则适用于电子数为偶数的原子，其中磁场会把一条谱线分成奇数条。海森伯要解决的问题是，在索末菲的量子数诠释中，主量子数、角量子数和磁量子数全都是整数，在任何情况下都预测会分成奇数根谱线。那为什么比如说氢原子就没有遵守这个规则呢？海森伯猜测，除了整数量子数之外，可能还有半整数的量子数。他猜对了，但还需要再过好些年，他才能建立起自己的能够奏效的原子模型。

　　马克斯·玻恩在德国中部的哥廷根大学工作，在慕尼黑北边很远，不过索末菲还是跟他保持着密切联系。多少个世纪以来，作为一座迷人的大学城，哥廷根一直非常重视数学和科学的学术研究传统。在这里，赫尔曼·闵可夫斯基曾经把空间和时间融为一体变成时空，大卫·希尔伯特（David Hilbert）研究过数学公理以及广义相对论的微言大义。玻恩和他们一样富有

1. 戴维·卡西迪写给作者的信，2019年2月26日。

革新精神，思想也很开放。泡利和海森伯都曾在他指导下做过一段时间研究。

1922年6月，为了纪念尼尔斯·玻尔开创性的原子太阳系模型发表10周年，玻恩等人在哥廷根大学组织了一次研讨会。这次研讨会叫"玻尔节"，以玻尔本人的一系列演讲为特色。海森伯也去参加了，因为索末菲说服他相信，这是认识玻尔的绝佳机会。泡利也去听了演讲，这同样也是泡利第一次跟玻尔打照面。

玻尔讲起话来高深莫测，并不是人人都适合去听。他从来没学过如何发声，听众实际上需要伸长脖子、竖起耳朵才能听到他的声音。此外，虽然他是位很有才华的思想家，但他表达问题的方式通常都很费解 —— 留下的问题往往比答案多。脑子里一堆想法的海森伯越来越按捺不住，当轮到听众向玻尔提问时，他的手马上举了起来 —— 虽说那时候的传统是，学生在德高望重的思想家面前应当保持沉默。

海森伯首先问的是，在玻尔的原子模型中，频率是什么意思。在经典物理学中，轨道频率指的是每秒运行多少圈。为什么玻尔模型忽略了这个定义，而选择了另一个似乎跟运行速度毫无关系的定义？另外，海森伯也想知道，对于氢原子之外的其他元素（以及其他原子失去了一个电子的情况），也就是需要考虑多个电子之间的相互作用的情形，玻尔的研究是否也有进展。

在寻根究底的海森伯面前，玻尔并没有张皇失措 —— 从某些方面来看，这类似于卢瑟福对玻尔模型的局限性的批评。但是，这些问题都很不容易回答，所以他认为最好是以一种更放松的方式来解决这些问题。于是，他友好地邀请海森伯一起到附近的山上散散步。海森伯兴高采烈，俩人也讨论得很愉快。在讨论中玻尔承认，要解决原子理论中悬而未决的那些问题，还有大量工作要做。

玻尔欣然承认，原子频率跟电子绕轨道运行的速度无关。有鉴于此，海森伯认定，玻尔－索末菲模型（玻尔的想法，经索末菲修正）将电子可视化为就像行星在围绕着原子核"太阳"高速旋转一样，这个想法并不是特别有用。实际上，他将另起炉灶，从零开始构建电子行为的新模型 —— 依据就是观测到的原子光谱。

## 现实与矩阵

海森伯为原子建立新数学模型的道路相当曲折。玻尔邀请他到哥本哈根做学术访问。索末菲建议他先在哥廷根大学跟玻恩一起工作，完成博士学业（包括回慕尼黑参加论文答辩），然后再考虑玻尔的邀请。海森伯全都照办了，他没做好的地方主要是在答辩委员会面前进行的论文答辩。尽管他有些问题回答得很糟糕（可能因为他关注面太窄），索末菲还是勉强让他过了。这个障碍跨过去之后，他回到哥廷根，接着北上去哥本哈根待了几个月，然后又回到哥廷根，继续在玻恩的指导下做研究。

在思考原子物理学的问题时，海森伯觉得有个问题非常关键，就是为什么不同谱线具有不同强度，或者说不同的亮度。跟各种颜色都很均匀的彩虹不一样，所有化学元素的光谱中，都是有些颜色更加鲜亮，有些颜色则更加黯淡。玻恩－索末菲模型尽管解释了很多谱线的频率，但并没有涉及这个问题。

那时候的海森伯一筹莫展，一头雾水。在1924年写给玻尔的一封信中，泡利抱怨海森伯像个没头苍蝇一样："他一点儿都不按哲学思路来，因为他根本没注意到那些基本假设的清晰进展，及这些假设跟流行理论之间的关联。"[1]

大概一年之后，海森伯给泡利写了封信："很抱歉，我自己的私人哲学思路远远没有那么清晰，也许更应该说是可能成立的道德和美学运算规则的大杂烩，而我自己在这大杂烩中经常找不到方向。"[2]

海森伯反复思考着如何才能解释这个强度分布，直到自己头痛欲裂。到1925年6月，他又遇到了另一种头痛：空气中传播的花粉引起的严重过敏。他决定稍事休息，去德国西北边的黑尔戈兰岛度个假。那个岛在北海，很荒凉，老刮大风，而这时凉爽、带咸味的海风最能令人神清气爽。他的干草热消退之后，荒

1. Wolfgang Pauli, Wissenschaftlicher Briefwechsel (Scientific Correspondence), Volume I, 1919 — 1929, A. Hermann, K. V. Meyenn, 及 V. F. Weisskopf 编 (Berlin: Springer, 1979), p. 143.
2. Wolfgang Pauli, Wissenschaftlicher Briefwechsel (Scientific Correspondence), Volume I, 1919 — 1929, p. 262.

芜的海岸上那块孤零零的红色砂岩的荒凉之美激发了他的灵感，他想出了一个解决强度问题的绝佳方案。

理论物理学家在面对一个让人望而却步的陌生情况时，很容易想到的一个类比就是用耦合（连接）起来的谐振子来表示这种情形下的动力学机制。换一个说法就是，一个弹簧网络，就像褥垫下面的弹簧床垫一样。弹簧可以用来模拟各种各样的周期性现象，比如老爷钟上的钟摆和摇椅，堪称多才多艺。<sup>126</sup>

只需要少量参数就可以完整描述无摩擦弹簧的全部行为，让计算变得极为简单。参数之一是频率 —— 对弹簧来说，就是指每个周期内来回移动的速率。另一个参数是相角，定义为弹簧的运动是从完整运动周期的哪个地方开始 —— 是完全拉伸、完全压缩、绝对放松还是介于这些状态之间。然后还有一个描述弹簧的参数 —— 振幅，就是从平衡位置最远能拉伸到多远。将振幅平方，再乘以一个常数，就能得到弹簧的总能量：跟光的亮度和声音的响度是一个意思。实际上，对上述三种情形 —— 弹簧、光和声音 —— 我们都可以将强度定义为跟振幅的平方成正比。这样一来，振幅的平方就成了强度的重要测度。

就拿最经典的弹球机来举个例子吧。弹球机里有一根弹簧，可以把球弹出来。假设摩擦力几乎没有影响。拉动弹球机底部的把手，弹簧就会拉伸。松开把手，弹簧就会回弹，将能量转换为球的动能，使之弹出。现在再拉一次，这回要从静止位置拉两倍那么远，这样弹簧的振幅就翻倍了，因此强度（在这里就是总能量）将达到上一次的四倍，球也会弹起四倍那么高。

在黑尔戈兰岛上的时候，海森伯思考着玻尔的得力助手——荷兰物理学家汉斯・克拉默（Hendrik Hans Kramers）跟玻尔以及另一位美国访问学者约翰・斯莱特（John Slater）一起提出的一个假说，他们认为可以用简谐振子来模拟电子。在扩展了这个想法之后，海森伯提出了一个设想，将振幅相乘来得到在一个抽象空间中的概率，而不是得到直接可以测量的强度。他的目标是，为量子态之间所有可能的跃迁算出来一张概率表。这样一来，较亮的谱线就跟更有可能发生跃迁的净效应相对应，而较暗的谱线对应的就是没那么可能发生的跃迁。

就跟弹簧既可以用位置也可以用动量（质量乘以速度）来描述一样，海森伯也尝试了用这两种方法来表示电子的状态。但是结果他发现有些事情很奇怪。为了让他的计算能得出正确结果，他发现必须抛弃一般乘法中的交换律，也就是 $x$ 乘以 $y$ 等于 $y$ 乘以 $x$ 的性质。在他采用的标记中，乘法运算的顺序大有千秋——这种情况叫作"非交换"性质。具体来讲就是，用"动量算符"（表示动量的数学函数）乘以位置状态，跟用"位置算符"（代表位置的数学函数）乘以动量状态，得到的结果并不一样。

设想我们来到了一个陌生的国家，这里货币的乘法的顺序是讲究的。假设你去集市上买东西，往商家桌子上扔了10个硬币，每个硬币上都标着2块钱，然后你问他："用这些钱我能买到什么？"他回答说："对不起，这没多少钱，你也就只能买到一丢丢大米。"然后你拿起这10枚硬币放回口袋，再拿出2枚面值10块钱的硬币。商人表情骤变，答道："啊，有这笔钱，我这儿最好的手织地毯你都能拿走。"什么变了？只有乘法的顺序变了。但是海森伯发现，就这也能造成重大变化。

海森伯对自己的突破感到非常兴奋，于是跟泡利分享了自己的发现。泡利那时候在汉堡大学工作，虽然他这人标准挺高，但还是衷心认同海森伯的见解。然后海森伯南下回到哥廷根，跟玻恩以及一个年轻有为的德国研究生帕斯夸尔·约尔丹一起埋头苦干，想把数学基础夯实。玻恩认为，海森伯的发现是量子力学的关键组成部分，而他所谓的"量子力学"，是指一个可以通过将算符应用到可以用抽象的概率空间来表示的量子态上来生成可观测物理量的系统。

为了完善这个理论，玻恩建议用数学中的线性代数来表述。线性代数描述了不同类型的数学实体，并为每一种实体的加法、减法、乘法及其他运算都指定了规则。最简单的实体是标量，也就是普通的数字，可以用我们在学校里学过的基本算术规则来处理。物理上讲，房间里的温度，化石的年龄之类的物理量就是标量。在非相对论物理学中，能量、时间和质量也都是标量。 128

线性代数中复杂程度比标量高一级的实体类别叫作"列向量"和"行向量"。列向量，英国物理学家保罗·狄拉克（Paul Dirac）称之为"号"，就像竖着放的多米诺骨牌，或者像表格中的一列一样，提供了一个垂直的数字列表，每个数字都按照所在列标记。行向量，狄拉克叫作"括"，同样提供了一个数字列表，只不过是水平的。（把"括"和"号"放在一起，就得到了"括号"。）

最后是矩阵，矩阵是一种更复杂的数学实体。矩阵 —— 有点像会计的簿记 —— 既有行也有列，是关于一个系统的相关信息。一个矩阵可以通过叫作矩阵乘法的数学过程来让另一个矩阵发生变换，例如代表系统物理实体的旋转。方块矩阵在有些方面用起来最方便，因为行数和列数是对称的。如果用矩阵来表示量子力学，这种阐述方法就叫作"矩阵力学"。

玻恩向海森伯指出，矩阵乘法就满足非交换性质，也就是说，运算顺序不同会带来差别。因此可以说，事实证明矩阵是代表量子算符 —— 诸如位置、动量和能量（能量算符也叫哈密顿算符）—— 的理想选择。量子态本身，比如原子内处于特定布局的一个电子（或者一对电子，视情况而定）的状态，可以用列向量和行向量来表示。最后是可观测物理量，比如一个电子在不同的原子能级之间跃迁产生谱线时的可观测能量，可以用标量来表示。

在牛顿物理学和相对论中，物理参数都可以准确预测出来。量子力学就不是这样了，我们只能算出这个参数最可能的取值，并称之为"期望值"。期望值是某个物理量的所有可能取值分别乘上概率之后的加权平均。而这里说的概率，又跟向量状态的某种"平方"有关，是通过将一个列向量跟与之对应的行向量相乘得到的。一般来讲，在加权平均的过程中，跟被观测的物理属性 —— 例如位置、动量或能量 —— 相关的算符是放在列向量和行向量之间的。简单来讲，在将指定算符应用于特定量子系统时，为了得到这个给定算符的期望值，就需要将代表该算符的矩阵像三明治一样夹在代表系统可能处于的量子态的列向量和行向量之间，然后进行加权平均。这种方法当然没有把位置、动量等等物理量都当作基本变量写下来那么简单直接，但在亚原子层面上，大自然遵循的是量子力学规则，而非经典力学规则。

## 幕后

　　牛顿物理学中，一切行为都发生在众目睽睽之下。一脚把足球踢出去，人们可以在其飞行期间记录下足球在任一给定时刻的位置和速度。称一下得出足球的质量，其动量也就可以确定下来。此外，所有这些物理参数也都可以根据牛顿运动定律以很容易可视化的方式预测出来。如果你愿意，每一步都可以拿小本本画下来。

　　但是量子力学就不是这样了。量子力学的机制虽说很好理解，但又鬼鬼祟祟地藏在幕后。量子力学的向量和矩阵 —— 分别代表量子态和算符 —— 处于一个叫作希尔伯特空间的抽象区域中，这种空间是大卫·希尔伯特想出来的。希尔伯特空间容纳了关于量子系统的所有可能的信息，但只有进行针对性的实验才能得到。从数学角度讲，进行测量就相当于把相关算符应用于状态向量的完整集合，而这个集合涵盖了我们研究的这个量子系统所有可能出现的结果。

本质上，希尔伯特空间就相当于人来人往的写字楼高墙背后的水电管线网络，或是主题公园里盛装的演员从更衣室偷偷前往各个景点走过的隐藏通道。比如说我们假设有个"光学世界主题公园"，超级英雄"镭射"洛伊斯和她的助手"全息"哈里需要穿上他们的华服，在"纠缠光子"咖啡厅出现，跟孩子们来一顿主题午餐，然后换上新衣服，在"辐射区"竞技场来一场精心编排的战斗。这样的话，公园可能会要求他们穿过将这些活动项目连接起来的封闭的员工隧道、楼梯和走廊，在各项目之间移动。要不然，要是哪个小家伙看到自己最喜欢的超级英雄——穿着烂大街的衣服，看起来完全不同——踱进一栋大楼去换衣服，说不定会当场嚎啕大哭。

在"光学世界"中，你也许可以通过查看节目单来算算自己在洛伊斯和哈里的某个节目上碰上他们的概率，但可能没办法得到关于他们在幕后的活动和行踪的打印资料（除非你刚好是执法人员，持有法院批准的搜查令）。粒子世界中也是如此，你可以预测粒子在给定时刻具有给定位置、动量或其他可观测量的概率，但无法准确测定这些粒子的全部物理属性。粒子世界里的信息专属于希尔伯特空间中的居民——也就是说，除了假想中的"向量"维姬或"冥想矩阵"明迪，任何人都无法以任何方式得知——人类观测者无缘得见。

对于在量子跃迁中从物理学角度讲究竟发生了什么这个问题，海森伯自己并没有觉得困惑不解。任何可能的中间步骤对他来说都没有区别。重要的是之前和之后的情况，数据中都可以看到。卡西迪就曾这样描述海森伯的"实用主义方法"：

> 我们并不需要知道跃迁中究竟发生了什么，就能成功地通过理论得到正确结果……如果我们无法测量出来，那这就不是我们理论的一部分。因此我们所说的纯属猜测，甚至是形而上学。[1]

跟我们这个普普通通的经验世界比起来，希尔伯特空间确实是个难以理解的王国。跟拥有三个维度的传统空间和四个维度的时空都不一样，希尔伯特空间的维数是无限的。事实上，很多量子系统都在用无限维度的希尔伯特空间来模拟。

为什么会这样？如果维数是无限的，为什么我们在日常生活中只能见到这么几个？是什么在阻止我们超越电影角色巴卡路·班仔（出自电影《穿越八维空间的巴卡路·班仔》，又译《天生爱神》）到无限维的领域里去探险一番？ [131]

困惑来自"维度"一词的多种含义上。数学家有权构建他们想要的任何类型的抽象空间，就算这些空间从物理上讲无法进入。就这个意义来说，一个维度可能只是代表一种可能的配

---

1. 戴维·卡西迪写给作者的信，2019年2月26日。

置，比如交通灯是在闪着绿色、黄色还是红色。描述这些可能性的"希尔伯特空间"会有三个轴——绿色、黄色和红色——相应颜色没有闪烁时该轴标记为0，在闪烁则标记为1。这样一来，闪绿灯就可以用（1，0，0）来表示——"1"代表绿灯亮着，两个0则表示黄灯和红灯没亮。虽然这个空间只有三个维度，但我们很容易想出有十种可能颜色（或其他选项）从而得到十维空间的情况。

　　现在设想一下，有一个希尔伯特空间描述了一个电子在一根无限长的线上的所有可能位置。假设有个盒子限制住了电子，所以实际上不可能整根线上哪儿都能去。如果线上每个位置都分配了一个维度，这个希尔伯特空间就会需要有无数个维度才行。

　　在希尔伯特空间中，代表可能位置的向量就会分布在这些维度上，就像把叉子拧弯，让每一根齿都指向不同的方向。对电子的可能状态应用位置算符（用"三明治"方法，就是把算符夹在列向量和行向量之间），就会给电子的位置在该状态的可能分配一个概率。电子位于盒子之外的概率为零（假设盒子形成的势垒强度无穷大）。如果把整个范围都整合起来，将位置用概率加权，就会产生位置的期望值。这个值可能会表明，电子在物理空间中最有可能的位置是，比如说在盒子的正中心。

　　要想象一个有多个维度的希尔伯特空间已经极为困难，无限维度的就更不用说了。尽管如此，这个概念还是确实能带来很重要的概念优势。首先，不同可能状态之间的转换，就可以表示成从一个方向到另一个方向的旋转（抽象空间中而非真实空间中的旋转）。最简单的，我们可以用一个二维平面来设想一下。平面上的 $x$ 轴可以代表一个纯态（也叫"本征态"），$y$ 轴则代表另一个。将一个状态向量旋转 90 度，从 $x$ 轴转到 $y$ 轴，就像把一个刻度盘旋转四分之一圈一样，就代表着将向量从一个纯态变换到了另一个纯态。但是，如果将状态向量旋转 45 度，就会使之指向 $x$ 轴和 $y$ 轴之间的对角线。这时候，这个向量就不再代表一个纯态，而是两个纯态的等量混合。比如对电子的位置来说，这个状态就意味着粒子处于两个不同位置的可能性相等。因此，旋转的角度（叫作"相角"）提供了一种完美方式，将可能的量子状态之间的转换，变成了只需要在希尔伯特空间中转一下刻度盘而已。

希尔伯特空间的另一个优势是无限维，因此总是可以再加进来更多维度。如果说我们在修正一个问题的时候让一个物理系统变得更加复杂了，希尔伯特空间也只需要相应增大就行。心有多大，舞台就有多大：无穷大的舞台总是能为更多动力提供更多空间。

在 1924 年的一次演讲中，希尔伯特巧妙地证明，有无穷多个房间的旅馆，所有房间都住满了，但为什么还能提供更多房间。假设房间编号为 1、2、3 等等，每个房间今晚都已经定出去了。但事出意外，一辆豪华轿车在旅馆前停下，一位摇滚巨星出现了。她走到前台，问夜班经理能不能让她住下来。经理点点头，拿起麦克风，用内线电话告诉客人：所有人现在都搬到自己隔壁房间去。住在1号房的人应该搬到2号房，2号房的人搬到3号房，以此类推。这样1号房就空了出来，摇滚巨星可以住下了。

她谢过夜班经理，但随后又告诉他，还有一群负责装备的管理人员坐着旅游大巴随后就到，而他们也需要住下。经理问有多少人。她不好意思地承认，有无数个。她解释说，吉他的弦会断，所以最好带着无数套备用乐器，而每套乐器都有一个人负责保管。经理说，没问题。他回到内线电话那里，给客人发了新的指示。这回不是搬到隔壁房间了，而是都搬到自己的房间号翻倍之后的房间去。住在1号房的人要搬到2号房，2号房的去4号房，3号房的去6号房，等等等等。这样一来，所有奇数号房间都空了出来，这位摇滚巨星和无数个乐器管理人员就都可以住下了。与此类似，希尔伯特空间总是可以腾出更多空间 —— 使某个物体移动的方式有无穷多种。无穷大的逻辑就是这么奔放！

传统主义者利用物理学将世界一分为二，其一是至少在原则上可以客观测量的对象，其二是难以捉摸的现象。在他们看来，量子力学的出现太让人震惊了。他们分出来的第二类包括诸如意识、自由意志的感觉（尽管事实证明皆为梦幻泡影），及伦理、美学等等似乎难以量化但普遍认为真实存在的抽象概念，还有各种所谓超自然实体和精神实体，怪力乱神全在里面。这些东西也吸引了一些有科学头脑的人，但肯定不是全部。当然，好在还有精神决定论等运动的推动，到19世纪末20世纪初，开始有不少思想家辩称，到最后万事万物都会得到客观、机械论的解释。

然而，在量子力学中要想对世界有所认识只能通过零敲碎打的方式，这种间接过程还是让这个理论饱受诟病。物理量只能通过测量过程来定义，而不是客观的物理测量 —— 后面这种情形叫作"现实主义"。理论上，这表示将恰当的算符应用于状态向量空间。实际上，这确保了谁都不能准确指出宇宙中所有粒子的位置、速度和受到的作用力。因此，没有人能完整画出宇宙的因果关联网络。

海森伯的不确定性原理规定了哪些物理参数可以同时准确知道，而只要在测量别的物理量，哪些物理量就必定会不清不楚。例如，既然位置和动量不可能同时很准确地确定下来，那么速度已知的电子，位置就会模模糊糊。与此类似，因为能量和存续时间也不能同时确定，而能量跟相对论质量密切相关，所以一个寿命很短的粒子的质量就只能确定为一个取值范围。134

不确定性原理的根本原因在于某些成对量子算符的非交换性质。在应用位置和动量算符时顺序会造成区别，因此每个算符都会破坏另一个算符得出信息的能力。比如说，把位置算符应用于一个粒子的量子态，就会拣选出位置的本征态，一般来讲都会跟动量的本征态极为不同。反之，应用动量算符就会把动量的本征态拣选出来。这两个算符之间的冲突就像拔河比赛，其中一方的精确度提高就会让另一方的精确度下降，最后往往导致双方的精确度都不是很高。

　　就在相对论允许对自然界事件之间的因果关联做出严格解释的时候，量子力学通过在最小的尺度上引入必须要有的模糊之处，颠覆了相对论奠定的格局，这真有点让人哭笑不得。如果存续时间很模糊，我们就没法真的说在某两个时刻之间发生了什么。量子跃迁的开始和结束也许都会很清晰，但中间就模糊不清了。

　　由于不确定性原理，对宇宙状态的认识必然会有很多空白。拉普拉斯的决定论认为宇宙中万事万物的整个未来都可以预知，这个想法不但不切实际，而且根本就不可想象。对于想要无所不知的人来说，宇宙可并不是个友好的地方，而是像詹姆斯·乔伊斯（James Joyce）扑朔迷离的小说一样，怎么都只能理解一部分。

## 物质波

　　就在海森伯提出用矩阵来模拟不同类型的量子跃迁的可能性的想法大约半年后，奥地利物理学家埃尔温·薛定谔（Erwin Schrödinger）也独立提出了一种替代方案，叫作"波动力学"，意在带来一种对原子运作机制更容易理解的解释。薛定谔根据法国物理学家路易·德布罗意（Louis de Broglie）提出的一个想法，推测电子是遵守运动的动力学方程的"物质波"——概念上跟麦克斯韦把光描述为电磁波一脉相承。这个量子波的方案，就是设想为电子的质量和电荷在空间某个区域中的分布，后来就叫作"波函数"。波函数按照薛定谔方程，以可预测、决定论[135]的方式演化。

但没过多久玻恩就证明，如果将薛定谔的波函数视为概率波而非物质波，那么波函数就会跟海森伯描述的量子态非常契合。玻恩假设，波函数描绘的并非物质实际上的分布情况，而是描述了一个电子位于空间中某个区域的概率。根据概率与振幅的平方成正比的想法，我们必须将波函数的取值平方，才能得到概率分布。

要得出电子准确的位置或速度，我们必须对其一进行测量。跟矩阵力学一样，每种测量都对应一个独一无二的算符 —— 在这里就是作用于波函数的多种数学算符的组合。根据这一选择，电子的波函数会立即"坍缩"为薛定谔方程的一组特定的解，并对应位置或动量的一个取值，但永远不会同时对应位置和动量。

波函数坍缩就好比面包店里用自制面团来做新鲜面包。在整个烘烤过程中，配料和方法都非常标准，没有任何可以选择的地方。因此，假设没有任何失误，这个过程就完全是决定论的。在面包烤好之后，顾客可以选择是横着切还是竖着切。切片机可以设置为就沿着一个方向切，也可以设置为沿着垂直的方向切：其一沿着短边，其二沿着长边。如果顾客选择横着切，切片机就会横着切完整条面包，然后随机弹出其中一片。同样，切片机也可以竖着切出很长的面包片，但绝对不可能同时既横着切又竖着切。

类比之下，量子测量作为"切片机"会把薛定谔方程的一组解切出来，这组解就叫本征函数，取决于进行的是什么测量（是测的位置、速度，还是别的什么）。本征函数就相当于矩阵力学里的本征态。每个本征函数都对应一个特定的本征值，也就是测量结果。只要实验人员进行某种测量，波函数就会随机坍缩为某个本征函数，并跟某个特定结果关联起来。例如对于测量位置的情形，波函数会坍缩为位置的本征函数，并与某个特定位置对应。

玻恩的重新阐释非常跳跃也非常抽象，薛定谔对此感到困惑不已。尽管他在某些方面有神秘主义倾向，而且很喜欢东方哲学，但他认为大自然应该是连续的，也完全可以用图像表达出来，而不是支离破碎、模糊不清。大自然应像无缝的天衣，而不是破衣烂衫。据海森伯透露，薛定谔曾经向玻尔抱怨道："如果必须有这些该死的量子跃迁才行，我倒宁愿自己从来没研究过原子理论。"[1]

然而，另一些备受尊敬的物理学家，比如保罗·狄拉克和约翰·冯·诺伊曼（John von Neumann）都证明，玻恩将薛定谔和海森伯的观点融合在一起，其实是非常成功的。现在这种观点已经成为标准看法，我们称之为"哥本哈根诠释"，因为玻

---

1. Werner Heisenberg, in S. Rozental, Niels Bohr 编 (New York: Wiley, 1967), p. 103.

尔著名的理论物理研究所就在这里，20世纪20年代这里也堪称量子领域的圣城。

从那时候起，量子力学成了一种混合理论：一只四不像，稳定的、决定论的核心由薛定谔波函数控制，外面是因应着不同测量类型随机出现的面孔缠结在一起，不断变幻。任何实验人员都不可能同时看到所有面孔。只要其中一个出现，比如说位置的取值，其他的就会隐藏起来，比如速度的取值。因此，量子物理学从根本上讲并不完备。

因为玻尔是研究所领导，所以人们一般都会认为，玻尔的个人观点肯定跟哥本哈根诠释相符。但是，圣母大学科学哲学家多恩·霍华德（Don Howard）和另外一些人都曾指出，玻尔对量子世界和经典世界之间的二元对立有截然不同的看法。玻尔的风格是，在公开场合会试图用类似于"歃血为盟"的方式来弥合分歧，私下里则会尝试说服别人认同自己的立场，比如在长时间散步这种比较安静的场合。

玻尔认为，经典物理学有两种不同的角色，但在某些方面这两种角色很难协调起来。首先，按照他所谓的"对应原理"，在人类尺度上，经典力学必须在能量角度与量子力学相符，这叫作"高能极限"或"经典极限"。在这个层面上，量子力学的跳跃性和不确定性必须消失不见。比如说，如果把量子力学放在台球桌的尺寸来考察，结果在预测台球碰撞后的运动时却出错了，那就肯定需要修正。幸好在经典极限下，量子力学跟牛顿物理学（或是在能量极高的情形下跟相对论物理学）完美契合。所有量子物理学家都会同意玻尔的看法，认为这样的契合代表着成功。

　　然而，玻尔认为经典物理学应该具备的另一个性质却不会得到普遍认可。他在经典物理学和量子物理学之间拉起了警戒线，认为前者是实验人员看得见摸得着的领域，而后者是某种"黑匣子"式的隐藏机制，能够为特定问题炮制答案，而答案取决于这些研究人员如何设计实验来检验。

　　玻尔在经典领域和量子领域之间划出的分界线，跟他提出的互补性也有关系：电子、光子这样的亚原子实体，会根据实验人员通过选择仪器表现出来的意图，表现出要么类似于波要么类似于粒子的性质。这就让量子系统变得有点儿像现在的智能手机：虽然我们很想看到应用程序（比如搜索引擎或地图软件）返回的结果，但我们通常并不知道也不关心这些结果都是怎么算出来的。

　　回到我们"光学世界主题公园"的类比的话，可以设想有一个亭子，孩子们可以在那里见到自己最喜欢的角色。在他们做出选择后，躲在幕后的演员穿上戏服，走出门来。为了省钱，公园只招了两个演员 —— 一个男的，一个女的，来扮演几十个角色。叫孩子们来看，他们只关心主题公园和这些角色讲述的故事，比如"镭射"洛伊斯、"全息"哈里，及他们各自邪恶的双胞胎"微波"玛莎和"辐射"巴里。对于那些相信这些角色所在世界的人来说，门背后发生了什么无关紧要，也毫不相干。与此类似，在量子物理学中，研究人员关注的也只是测量结果，而不是徒劳无功地去揭示量子过程内部隐蔽的整个运作机制。

138

现在假设还有第二个亭子，在那里孩子们有机会像他们喜欢的英雄那样挥舞光剑。拿到一个类似手电筒的装置后他们就可以选择，是在对面的墙上用光束留下一个光点 —— 根据牛顿微粒说的思路，就像点状粒子撞上去一样 —— 还是去形成明暗相间的条纹，展现出由于光的波动性而产生的干涉图样。这个装置可以把光从一个小孔发射出去，也可以把光分成两道狭缝。后面这个就跟英国物理学家托马斯·扬在19世纪早期最早做过的经典双缝实验的仪器很像。如果孩子们只一心要假装自己就是超级英雄，那他们可能不会关心造成粒子性或波动性结果的都是什么机制。也就是说，他们仍然只关注在这个全靠想象力的表演中他们的选择对结果产生了什么影响，而不会关心把选择和结果联系起来的"黑匣子"。生活在经典世界中的我们也是一样，也许会对量子机制的结果惊叹不已，但也必须承认，有一种必不可少的，可能也无法理解的二元性在这个世界内部推动其运转。

多年以来，玻尔的量子力学诠释的批评者们早就指出，他在开放的牛顿式的观测者世界和封闭的量子式的被观测者孤岛之间强行进行的区分太武断了，尤其是考虑到对应原理还表明两者是统一的。在某些方面（但并非所有方面），这让人想起柏拉图在凡尘俗世和形式领域之间的区分，至少就形式领域的高深莫测、超凡脱俗来说是这样。为什么量子系统不像这些系统本身产生的结果，而是要像斯芬克斯之谜一样高深莫测、曲高和寡？

更加标准的哥本哈根诠释虽然并没有人为制造这样的区分，但仍然要求有意识的观测行为来触发量子测量和同时发生的波函数坍缩。这些不足也激发了很多想要替代玻尔理论和哥本哈根诠释的灵感，其中最著名的要数1957年普林斯顿大学研究生休·埃弗里特（Hugh Everett）提出的"通用波函数"的概念，将观测者和观测对象一起包括在一个永远不会坍缩的连续系统中。然后他设想现实世界在每个量子节点上都会分岔，就此完成了这个理论。物理学家布赖斯·德威特（Bryce DeWitt）让埃弗里特的想法人尽皆知，并称之为"多世界诠释"。不用说，那时候的玻尔已经习惯于固执己见，对这个离经叛道的想法并没有什么兴趣，就这么忽略了过去。

### 光明之母

尽管人们对量子力学的诠释方法莫衷一是，但量子力学的实用性还是有目共睹的。量子力学帮助解决了很多长期以来的难题，这方面的成功着实令人惊叹。量子力学只要能得出具体答案，这些答案就会无比正确。

有个重要问题曾经让古往今来的思想家冥思苦想了好多个世纪，就是究竟是什么过程在给太阳这个大火炉提供燃料。在量子力学和核物理学出现之前，没有人能给出合适的答案。19世纪，开尔文勋爵和德国科学家赫尔曼·冯·亥姆赫兹（Hermann von Helmholtz）各自提出假设，说太阳是通过收缩获得能量的——但是这样一来，太阳会比地球年轻得多！

现在我们知道，太阳内部的运作依赖量子跃迁。稳定的、以光速流动的阳光穿过从太阳到地球的空间大概需要8分钟，而量子跃迁与此不同，很可能是立即发生，瞬间就完成了的。这种迅如电光石火的量子过程，对于让太阳大火炉一直燃烧下去至关重要。如果没有这个量子过程，太阳这个以质子等轻核为燃料的核能发电机就会逐渐冷却。在一个叫作聚变的过程中，随机发生的量子合并释放出能量，点燃了太阳的大锅，使之成为一个稳定、耀眼的天体。牛顿物理学虽然有铁律一般的因果关系，但是并不能解释为什么我们会沐浴在稳定的阳光中，然而量子物理学可以。

在太阳炽热的内核——这颗恒星中间25%的区域，温度高达1600万摄氏度，也就是2900万华氏度——中产生的每一个光子，都有同样的出身。这些光子并非来自经典（传统、非量子）物理学设定的微乎其微的概率，而是来自轻原子核合并——通常都是两个质子的融合——带来的变化。

地球上的全部生命都要仰仗太阳中心稳定的核聚变。宜人的阳光让人觉得这一切肯定轻而易举——但并非如此。每一对质子都必须克服一个非常高的障碍才能结合。

通常情况下，质子一点儿都不合群。根据经典电磁学理论，同种电荷会以一种叫作库仑斥力的作用力相互排斥，两者越来越近时，斥力会急剧增大。相同条件下，都带着一个单位正电荷的两个质子可不会想着要互掐。物理学家把这种斥力描述为能量屏障，就跟把两个山谷分开的一座山峰一样。如果分别在一座陡峭山峰两边的两个村民想要互相接近，在他们靠得越来越近时，他们也会觉得越来越难，最后不得不折返。与此类似，相撞的质子通常只会各奔东西。

然而核物理学家告诉我们，某些情况下质子可以紧密堆积在一起。质子和电中性的中子的某些结合方式能够形成稳定的结合。这种聚集里面，最简单的情形就是氘。两个质子和两个中子可以形成另外一种稳定排列，叫作 α 粒子，也就是氦原子核。将质子和中子这样牢牢绑在一起的胶合剂是强相互作用，也叫强核力，是一种非常强大的作用力，但只能作用在非常短的距离内，只在飞米（$10^{-15}$ 米）或更小的范围内起作用，最小的细菌都比这个尺寸还大十亿倍。

在太阳炽热的内核中，如果融合由经典物理学决定，那么两个质子能够克服库仑斥力，互相靠近到强相互作用范围内的概率是 $1/10^{290}$。然而量子力学告诉我们，质子并非只是经典粒子——像硬球一样——而是其轮廓会有点儿模模糊糊，使之能够在本来几乎无法逾越的障碍中来去。每个质子都对应一个量子概率波函数，代表着该质子最可能位置的模糊图像。就算两个质子本身可能会被经典物理学禁止接近，这两个粒子的波函数也还是可能会重叠，这就给了质子通过隧穿击破能量壁垒的机会，于是互相变得足够接近，从而能通过强核力合二为一。

对任何一对质子，这种联合发生的概率都仍然小得可怜，简直微不足道，单靠因果律预测不出来。但是，太阳中心是个庞然大物，有大概$10^{30}$千克密度高到无法想象的氢等离子体，在那里，这种量子隧穿和核聚变反应每时每刻都在发生。太阳中心处每秒约有$10^{38}$个质子聚变，副产品就是山呼海啸而来的炽烈的光子。[141]

在说到挖隧道穿过障碍物时，我们会想到一些中间阶段，比如建筑工人和他们的钻井设备随着他们穿过一座山而稳步推进。然而在很多量子过程中，比如说电子从原子的一个能级跳到另一个能级（比如激光就是在这种过程中产生的），转换是瞬间发生的（至少也可以说，在任何人能够测量出来之前就已经结束了），并没有中间步骤。质子在聚变反应中发生的量子隧穿，发生得就是这么突然。

突然发生的量子隧穿和衰变过程在太阳里面产生了光子，但这些光子从太阳中心来到表面的过程与之形成了鲜明对比，速度极其缓慢。离开中心之后，这些光子会通过一个密度稍微低一点的区域，叫作辐射区。在这里，光子会在带电粒子之间来回反弹数十万年。辐射区外面还有两个区域，一个很薄的结合面，叫作中间区，及最外面那一层，叫作对流区。后者是热气流的旋涡，就像传送带一样把热量从更靠近中心的地方输送到太阳表面。太阳表面跟烈焰翻腾的核火炉距离很远，也相对"凉爽"，只有5600摄氏度（约10000华氏度）。太阳的光子就从这里获得自由，进入太空。

太阳和地球相距1.5亿千米，这中间几乎什么都没有。跟致密的太阳比起来，这块区域尤其显得空无一物。然而跟量子跃迁不一样，因为真空光速有限，光子并不能瞬间穿过这段距离，而是要花8分钟多一点才能抵达地球。

阳光在太阳中心产生然后辐射到太空中的过程带来了一个很吸引人的问题。大自然会把自己一分为二，其一为量子过程，有时候简直根本不需要花任何时间；其二为因果过程，有严格的速度上限，这是为什么？答案有一部分就在海森伯的不确定性原理中，让自然定律有了好多漏洞，比如可以在非常短的一瞬间里违反一下能量守恒定律。

拼图的另一块跟对称性和守恒定律有关。就跟财迷债主一样，现实世界的执行者四处奔波，确保在电荷及其他粒子属性等守恒量上不会有任何尾欠。在守恒定律面前，你躲过了初一也躲不过十五。因此在维持平衡的过程中，量子物理学的某些纠缠过程（其中有些量子数是在多粒子态下共享的）允许在想都想不到的遥远距离上产生关联。

# 第 6 章
## 对称性的威力：因果律之外的联系

> 这些进展最后于 1927 年导致了现在的波动力学的
> 建立，而其中最让我印象深刻的是，物理学中存在着
> 真正的对立面，比如粒子与波、位置与动量，或是能
> 量与存续时间。这些对立面之间的矛盾，只能用对称
> 的方式来克服。也就是说，对立中的一方永远不会因
> 为另一方而被排除，而是双方都会被纳入新的、能够
> 恰当表达双方互补性的物理学定律中。
>
> ——沃尔夫冈·泡利《物质》（见《人类求知的
> 权利》，1954 年）

假设有个外星人以前从来没见过镜子，有一天他来到地球，头一遭见到了一面镜子。这位地外来客可能会对突然出现一个跟自己完全一样的生物感到震惊，也有可能会想这是一台用于复制的机器，然后对其工作速度之快感到惊讶。然而，除了纯属巧合和严格的机械论因果律，确实还有更多建立联系的方式。对称性——任何数学关系，只要能一边保留特定特征，一边将一个实体映射为另一个实体，就都可以算作对称性——就是另一种选择。原则上，对称性可以带来即时、非因果的连接，相距

145 无论多远的实体都有可能通过对称性连接起来。

当然，镜子是以光为基础起作用的，所以严格来讲并非瞬时关联。然而在量子物理学中，有些属性要么是联动的，要么是反联动的（必须相反）。最好的例子就是原子中电子的第四个量子数，叫作"自旋"，可以取两个可能取值之一："向上"或是"向下"。根据泡利不相容原理，没有哪两个电子能占据完全一样的量子态。因此，具有相同能级、相同的轨道角动量量子数的一对电子，自旋状态必须相反。也就是说，在自旋这一点上两者是反联动的。（但只有通过测量才能揭示出来，在测量之前，两个电子都处于这两种可能性的叠加态。）就算把这一对电子远远分开，如果测量出其一处于自旋"向下"的状态，那么另一个就必定自旋"向上"，反之亦然 —— 这种情况就叫作"纠缠"。自旋方向的这种远程反联动就有点儿像量子跷跷板一样你来我往。

像电子自旋这样的二元属性，展现了在不依赖因果关系的情况下如何得到对某些属性的认识。在一对反联动的属性中，得出其中一个就立即能知道另一个必定是什么。例如，假设有家糖果工厂生产的某种软糖是一包里面有两颗，一颗红的一颗蓝的。如果你打开一包，一颗红色的掉了出来，你就算不看也马上就能知道，剩下那颗必定是蓝的。要得出这个结论，两颗糖之间不用交换任何信息。也就是说，这里不需要因果性的交流。

量子物理学包含很多类型的对称性 —— 有些是二元性的，有些是有限数组，还有一些是有个连续的取值范围。由于数学家埃米·诺特（Amalie"Emmy"Noether）的出色研究，现在我们已经知道，每种对称性都对应着一种守恒量。这样一来，对称性就能提供远距离联系 —— 也就是说，没有因果关系的远程关联。

## 对反射的反思

镜像对称在物理学中叫作"宇称守恒对称"，大概是地球上人们最熟悉的对称性了。从物理上讲，这种对称来自反射定律 —— 光线的反射角刚好等于入射角。对平面镜来说，镜像对称会产生同样大小的图像，在竖直方向上朝向相同，但在水平方向上的朝向就像左右手一样是相反的。像左右手一样相反的这种性质我们叫作手性，代表着自然界中在其他方面全都一模一样，但有"左手"和"右手"之分的物体之间的分野，就比如说成对的手套、成双的鞋、拱门的两边，等等。另一种形式的手性是时钟方向 —— 顺时针和逆时针。螺丝和（用来调节水流大小的）水龙头都有两种不同版本，拧的方向刚好相反，就是这个道理。

对"生活"在二维空间中的平面物体来说，只有在第三个维度（跟该平面垂直）上翻转一下才能将左手手印变成右手手印，将顺时针螺旋变成逆时针螺旋。三维物体就没有这样的机会了，除非真的有而且能进入第四个空间维度。因为没有进入第四维的入口，一家生产手套的公司也没法通过只生产左手的手套然后再把其中一半翻过来变成右手的来节省时间。

严格的反射对称要求反射后的结果与原始版本完全一样。字母X和O就都满足这种对称性，因为在镜子里看都跟原来一模一样。这种对象有一根竖直穿过中心的对称轴，左边看起来就像是从右边反射过来的一般。因此，镜子只是简单地将左边映射到右边，将右边映射到左边，图像本身还是保持着原来的形状。

另一种常见对称是平移对称，说的是分布在一根直线上的完全一样的一些副本。我们设想有一间贴了瓷砖的浴室，到处都横平竖直地贴满了一模一样的正方形瓷砖。假设其中有块瓷砖裂了，需要换一块新的。在从瓷砖厂家订购新瓷砖的时候，我们只需要说明大小和形状，并不需要说这块瓷砖是贴在哪的，这是因为根据水平和竖直方向上的平移对称，浴室墙上所有地方都是等价的。如果在角上或者边上需要一块并非正好是正方形的瓷砖，就会"打破"这种对称（使之不再完美）。

旋转对称代表的又是一种常见可能。假设我们有一个钟面，上面没写数字，只有12个一模一样的记号来显示小时。现在将这个钟面旋转四分之一圈、三分之一圈、半圈或是一整圈（也就是说转过的角度会跟整数小时数对应），显然结果看起来还是会跟原来一模一样。以同样方式再转一次，还是会显示出同样的样子。这样我们就说，这个钟面是旋转对称的。

大自然中有很多现象都源自一个中心点，或者反过来说，会汇集到一个中心点，这时候聚焦在这个中心点上的同心圆往往就会展现出旋转对称。摩天轮和旋转木马就是旋转对称的具体例子。这些嘉年华游乐设施中，每一种在旋转时看起来都跟原来的样子基本上一样。

　　还有一种情形虽然极为常见，但并不是一眼就能看出来也是旋转对称的例子，这就是有心力，比如说地球和月球相互之间的万有引力。因为地球引力的方向跟径向相反，对于像是总能量这样的物理量来说，处于环行轨道上的哪个位置实际上并不重要。尽管月球的轨道并非刚好是个正圆，但也非常接近了。因此，既然在天空中的不同角度并不会带来区别，月球轨道也可以近似看作旋转对称。（月相是因为相对于太阳直射光线的位置有所不同形成的光和影的不同图案，跟这里说的这些不搭界。）

　　物理学里面其他一些常见对称还包括电荷共轭，说的是将两个粒子的电荷从正电荷改成负电荷或是反过来把负电荷改成正电荷，可以发现两者间的斥力或引力还是会保持不变。假设两个正电荷或者两个负电荷的带电量相等，距离也相等，那么这两个电荷会以完全一样的方式互相排斥。时间反演对称可以应用在各种各样的粒子相互作用中，展现的是系统在时间中向前和向后演变的不同版本看起来一模一样 —— 就像把某个过程的录像倒着放，却根本注意不到是在倒着放一样。这个清单还可以一直拉下去，大自然的对称性真的是无处不在。

## 守恒公告

　　如果想让物理学计算变得简单些，没有什么办法比建立一个守恒原理更有效了。例如，机械能守恒可以告诉我们，过山 148

车在没有摩擦力的轨道上会怎么运行 —— 当然，这是理想情况。机械能守恒认定，过山车总的机械能必须总在循环转换，不会浪费掉。从山顶下来时，每辆过山车都会把势能（跟位置有关的能量）转化为动能（跟运动有关的能量）。接下来往另一座山上爬的时候，动能又会转化为势能，让这辆车有可能爬到至少跟第一座山一样的高度。因此，过山车的行为完全可以预测。

在更实际的情形中，过山车在轨道上运行会有摩擦力。因此，有些机械能会损失掉，在第二座山上车厢没法爬到跟之前一样高。但是，如果事后去摸一下轨道，可能会觉得轨道变热了，这就说明有热量损失 —— 这是能量的另一种形式。细心计算作为热量排出的所有废弃能量以及整个过程中的机械能，就能证明总体能量 —— 机械能加废热 —— 仍然是守恒的。

最后我们把过山车轨道换成大型强子对撞机主环的圆形轨道，把过山车换成亚原子粒子。因为这些粒子通常都会加速到接近光速，所以会逐渐积累相对论质量。根据爱因斯坦著名的质能等效原理，多出来的质量也相当于另一种形式的能量。因此，总的相对论性能量（包括动能和相对论质量在内）还是守恒。

能量守恒定律也有一个例外，发生在真空中所谓量子涨落这个最微小的尺度上。根据海森伯的不确定性原理，如果粒子的寿命非常短，我们又能够精确地知道这个时间间隔，那么这个粒子的能量大小就会变得很模糊，就有可能短暂打破能量守恒定律。因此，粒子也许会自发地从虚空中出现，存在极为短暂的一小段时间，然后又归于虚空，就像鱼短暂跃出水面然后又跌回溪流中一样。

　　带电粒子在真空涨落中出现时通常都是成对的 —— 一个带正电，另一个带负电。例如，一个电子就可能会跟一个正电子伴侣一起出现。这种情况之所以会发生，还有个原因是另一种守恒原理：电荷守恒。正电荷就是不能自行产生，其出现必然会带来一个负电荷。[149]

　　物理学计算中经常用到的其他守恒定律还包括线性动量（质量乘以速度）守恒和角动量（实际上就是质量乘以速度，再乘以到旋转轴的径向距离）守恒。线性动量守恒表明，除非受到净外部作用力（例如撞上了太空垃圾）作用，往一个方向（比如往下）排出燃料的火箭一般来讲都会往另一个方向（比如向上）移动。燃料向下的动量需要由火箭向上的动量来平衡，才能保持总动量不变。角动量守恒更适用于圆周运动而非直线运动。前面也已经提到过，角动量守恒能让轨道稳定。

　　值得注意的是，守恒定律可以不经直接因果关系就形成远距离关联。例如，假设有一艘宇宙飞船，长160千米，在太空中巡航。飞船所在的这个区域十分空旷，任何其他天体的万有引力影响带来的时空变形都根本探测不到。因为没有外力作用，飞船的线性动量是守恒的。也就是说，飞船的速度会保持恒定。因此至少从原则上讲，如果测量一下飞船一端的速度，那马上就能知道另一端的速度了。这个例子就可以代表一种立即得知远处信息的非因果性方法。但是还需注意，实际上这艘飞船由无数个原子组成，每个原子都在因为热力学过程而随机振动。这样一个系统可不会从头到尾都保持恒定速度。只有把飞船冷却到绝对零度才能在首尾两端建立起完美的关联，但我们根本做不到这一点。或者也可以这样，如果飞船是用表现出量子相干性的材料制成的 —— 所有组分都同步锁定在一个单一、不变的量子态中 —— 那这艘飞船就可以是绝对刚性的。这种表现出量子相干性、行动整齐划一的材料有超导体和超流体。

150　　　事实证明，对称性和守恒定律总是手挽着手一起出现。每一种对称性都会带来一种守恒定律。有位聪明绝顶的数学家名叫埃米·诺特，她证明了一个对现代物理学极为重要的定理，夯实了其间的深厚联系。

埃米·诺特（1882—1935），摄于美国宾夕法尼亚州布林莫尔学院附近，
她在这里担任数学教授。图片由布林莫尔学院图书馆提供。

1882年3月23日，诺特出生于德国埃尔朗根一个显赫的德裔犹太人家庭。她父亲名叫马克斯·诺特（Max Noether），是埃尔朗根大学一位备受尊敬的数学教授。她母亲艾达·考夫曼·诺特（Ida Kaufmann Noether）酷爱钢琴演奏，来自科隆一个著名的商业家族。埃米的一个弟弟弗里茨（Fritz）后来也成了著名数学家。

诺特成长的年代，女性在德国乃至世界上大部分地区都被排除在学术职位之外，好在当时已经是那个时代的末期。要想成为大学教授——甚至只是成为相当于讲师的无薪大学教师——都需要经过好多步，包括拿到博士学位，然后获得"特许任教资格"（比在大学教书所需要的级别更高的一个学位）。诺特是德国（无论什么专业）最早拿到博士学位的女性之一，是哥廷根大学的数学博士，但即便如此，她仍然被禁止获得特许任教资格。因此她早年大部分时间里都不得不仰仗哥廷根大学的男教授，比如希尔伯特，来挂名她所教授课程的正式教师，而 151 她自己只能被列为"助教"，简直滑天下之大稽。

看到埃米·诺特这么出色的头脑仅仅因为性别就受到歧视，希尔伯特感到出离愤怒。有一次在教职工会议上，他脱口而出："我不认为候选人的性别可以成为反对她成为无薪大学教师的理由。说到底，我们这儿是所大学，又不是澡堂子。"[1]

---

1. David Hilbert, 传闻，见 Nina Byer,"E. Noether 's Discovery of the Deep Connection Between Symmetries and Conservation Laws ", 发表于"The Symposium on the Heritage of Emmy Noether in Algebra, Geometry, and Physics ". Bar Ilan University, Tel Aviv, Israel, December 2–3, 1996, http://cwp.library.ucla.edu/articles/noether.asg/noether.html.

好在希尔伯特这话说过之后没过几年，到 1919 年的时候，德国的规定就变了，诺特得以拿到自己的特许任教资格。哥廷根大学数学系批准她成为无薪大学教师，她终于能用自己的名字上课了。

也确实是时候让诺特得到一个官方头衔了，因为她的声誉在数学家当中已经越来越高。就在她获得特许任教资格的前一年，诺特完成了一篇开创性的论文，说的就是对称性与守恒定律。1918 年 7 月 16 日，这篇文章被交给哥廷根的皇家科学学会。由于诺特身为女性不能成为学会会员，这篇论文不得不由她的同事，同样备受尊敬的数学家费利克斯·克莱因（Felix Klein）代为正式提交。这篇文章对现代物理学的未来产生了深远影响。

诺特之所以想要证明将对称性和不变的物理量关联起来的定理，部分是想帮助希尔伯特完成他对广义相对论的数学分析。尽管希尔伯特的贡献远远没有爱因斯坦那么广为人知，但是在揭开广义相对论的所有性质的过程中，希尔伯特也起到了重要作用，比如如何处理引力能的问题。他想要解决的一个关键问题是，这种很难给出定域性定义的能量是不是也严格守恒。

诺特的（主要）定理表明，对称性中蕴含着守恒定律。这个定理帮助希尔伯特证明，包含各种对称性的广义相对论一定也含有某些不变量，比如跟能量有关的物理量。因此，广义相对论的引力能在总体上也必须是守恒的——即使这个物理量可能无法一个点一个点地去定义。

既然大自然中的对称性多到令人眼花缭乱，诺特的定理到处都能大显身手也就不奇怪了。比如说，我们就拿自行车轮在旋转时的旋转对称举个例子。这种对称表明角动量是守恒 152 的。由于角动量守恒，自行车轮的转动会更稳定，因为若非让轮子转向，是不需要倾斜车轴的。反之，如果骑自行车的人着实想转动车轮绕过一个拐角，那他就需要通过稍微歪一下身子，倾斜一下旋转轴来平衡一下车轮的转向。无论是哪种情况，旋转对称都产生了一个不变量，即一个不会变化的物理量，叫作总角动量。

线性动量与此不同，会在另一种对称性出现的时候守恒：平移对称，就是说从点到点没有变化。比如说，如果有人在平坦、没有摩擦的桌面上打台球，就没有什么能把桌面上的一点和另一点区分开。因此，所有的球都必定会匀速沿直线滚动，直到撞到另一个球或某条台边。如果是相撞，线性动量守恒定律就会根据初始速度和角度来决定碰撞之后的速度和角度。

虽然诺特定理极为重要，但在人生中她还是面临着重重困难。1933年纳粹执掌权柄后，因为她的犹太人背景和社会主义倾向，她在哥廷根大学的职位被解除了。她设法在美国的布林莫尔学院找到了一份工作，在那里成为受人敬爱的老师。但是很不幸，1935年她需要动个手术切除肿瘤，手术过后没几天，她就意外去世了。爱因斯坦在《纽约时报》上登了一篇感人至深的悼词向她致敬：

153

在当世最有能力的数学家看来，埃米·诺特是自从女性开始接受高等教育以来出现过的最重要、最有创造力的数学天才。在最有天赋的数学家已经忙忙碌碌好多个世纪的代数王国中，她发现的方法已经被证明对现在这一代年轻数学家来说极为重要。特立独行的纯数学，是逻辑思维的诗。[1]

诺特定理给出了在没有因果机制的情况下实现强大的远程连接的可能性。大自然中的任何对称性都会带来一个不变量；在对称性被破坏之前都一直会保持不变的物理量。物质或能量场只要有了这种不变量，相关性质就会变得坚如磐石。保持这个样子也不需要任何因果机制，反而是要想打破这种状态就必须得发生点什么才行。从某种意义上说，正是这种不变量催生了牛顿的惯性概念，允许不经作用力就能产生效果。

要让地球上的生命能够繁衍生息，原子就必须有一定的稳定性。如果原子的能级都很脆弱，电子只会自顾自地下落到原子核上，那么一切就会瓦解。就比如说我们这个躯体，大部分都是稳定的空白空间，由原子和分子结构的稳固框架支撑着。如果这些成分都崩塌了，我们也就无缘在此了。

幸好原子里充满了对称性 —— 能够产生不变量，带来稳定性。在求解薛定谔方程找到波函数翻腾的概率云时，我们会注

---

1. Albert Einstein, "The Late Emmy Noether; Professor Einstein Writes in Appreciation of a Fellow-Mathematician". New York Times, May 4, 1935.

意到很多规则性。所有定态（从一个时刻到另一个时刻不会变化的稳定解）都有时间平移对称性，也就意味着这些状态不会随着时间改变。基态（能量最低的状态）跟完美的圆形气泡很像，也确实具有球形对称。另一些波函数满足轴对称，也就是说在绕轴旋转时看起来都一样。

根据诺特定理，这些规则性确保了有些性质不会变化，这可以在量子数中反映出来。时间平移对称确保了跟总能量有关的主量子数会保持不变，因此对定态来说总能量守恒。只要这个对称性没有（例如通过跟外部施事者的相互作用）遭到破坏，原子态的能级就会保持稳定。与此类似，球形对称和轴对称对应着角动量守恒，可以用另外两个量子数来表示。同样地，只要这些对称性不被打破，这些就都会保持稳定。

用量子数表示的守恒的物理量能让原子保持稳定，而这种稳定性就表现在原子中电子的"座位排列"上。电子会成组聚集，叫作"壳层"，如果壳层是完整的，就会非常稳定。这些壳层的模式就有点儿像体育场里的座位，内排空间较少，外层空间较多。电子会先把靠内的位置填满，第一层填满之后再启用第二层，以此类推。值得注意的是，所有壳层都完完整整的原子，从化学角度讲是最稳定的。这些就是稀有气体，也叫惰性气体，比如氦（2个电子）、氖（10个电子）、氩（18个电子）、氪（36个电子）等等。这种稳定原子自信满满，孑然独立 —— 一点都不愿意跟别的原子结合成分子。另一些更活跃的元素，比如金属，也同样在元素周期表中物以类聚。这些元素之间的共同点是最

外层都不完整 —— 在原子体育场高处不胜寒的"高反区"还有空位。就这样，原子状态的对称性特征体现为量子数，量子数的长条序列中蕴含着规则模式，而这些规则模式又带来了各种元素丰富的化学特征。

但是还有一个问题，原子物理学家注意到，在用量子数解释壳层模型的时候，有个非常显眼的问题未能解释。好像哪里漏掉了一个因数2。最外层填满了电子的惰性气体，"魔法数字"依次是2、10、18、36等等，我们就从这里开始好了。这些数字相继减去前一项（别忘了第一个数字也要减去前面的0），就会得到序列2、8、18。这些数字之间的差值（仍然从第一个数字中减去前面的0）是2、6、10。最后这个数列刚好是头3个奇数 —— 1、3、5 —— 的两倍。为什么需要加倍？这个问题最终导致人们发现了第四个量子数：自旋。

## 只能独享的住宅

在解开数字谜团的过程中，结果是沃尔夫冈·泡利成了完成这个任务的最佳人选。虽说对其他研究人员的理论总是横眉冷眼、百般挑剔，但他也有神秘的一面。这一面表达出来的方式之一，是对数字命理学和对称性有浓厚兴趣。他一直在寻找隐藏模式，期待发现更深层的真实。从本质上讲，他也算是新柏拉图主义者。

泡利的偶像之一（尤其是在他晚年越来越转向哲学的时候）

155

是约翰内斯·开普勒。开普勒将数学之美（比如柏拉图立体）应用到试图理解宇宙运行法则的追寻上，这深深吸引了泡利。跟开普勒一样，泡利也热衷于寻找能揭示大自然新原理的数字规律。

对原子数学结构的探寻，激发了泡利解决问题的能力。在其他人（包括他的导师索末菲）的讨论启发下，他凭借高超的洞察力，痛痛快快地解决了因数2缺失这一难解之谜。后来他回忆道：

> 整数序列2、8、18、36……给出了化学元素的自然体系中一个个周期的长度，也在慕尼黑引起了热烈讨论。有个瑞典物理学家里德伯（Rydberg）谈到，如果$n$取所有整数值，那么这串数字就可以变成$2n^2$的简单形式。索末菲还专门试了一下把数字8跟立方体的顶点数联系起来。[1]

这样一个模式——兴许跟立体几何有些关系——看起来特别毕达哥拉斯。这个模式是确实有深远意义呢，还是说就像开普勒的柏拉图立体假说一样，只不过是个跟数字有关的幻境？有一个重要线索是，当时已知的三个量子数可以解释除了乘以2之外的一切。在泡利看来，这应该是在说，存在有两个取值的第四个量子数。

---

1. Wolfgang Pauli, "Exclusion Principle and Quantum Mechanics". Nobel Lecture, Stockholm, Sweden, December 13, 1946.

除了上面的模式没法解释，原子里还有另一个难解之谜跟原子的稳定性有关。为什么较高层元素中的电子没有全都挤在能量最低的位置？是什么阻止了这些电子通过发射适当频率的光子一路下降到最底层？如果将能量最小化是这些电子"决策"时唯一的考虑因素，那这些电子肯定都会挤在基态。但如果真是这样，大部分原子在化学上都不会稳定，包括我们呼吸的氧和血液中的铁，而我们也根本就不会存在。我们的身体还好好儿的，有牢固的结构，这就意味着有什么东西在强迫电子进入更高的能级，就像体育场里靠里的座位坐满后，体育迷就只能转战更靠外的座位一样。似乎有个未知的施事者在扮演门卫的角色，确保着最外层电子不会挤到原子的内层去。

适用于粒子世界的还有一种简单但是好像有点儿微妙的对称，叫作交换对称。亚原子粒子通常都无法区分（除了量子数有区别，而量子数只是关系到这些粒子的状态而非身份），这就意味着对一大堆这种成分的统计描述不会考虑这些粒子的顺序。将电子 A 从状态 1 变成状态 2，并把电子 B 从状态 2 变成状态 1，你会看不出来有什么区别。

然而，交换对称可以用于包含两个相同粒子（比如两个光子）的量子系统的波函数。泡利证明，根据粒子类型的不同，这种组合系统的性质也会截然不同。其中一类叫作"玻色子"，名称来自"玻色–爱因斯坦统计"，包括光子等粒子，让这些粒子对应的量子数互相交换的时候，得到的组合是对称的。因此，完全相同的玻色子实际上可以共享相同的量子数。另一类叫作"费米子"，因"费米－狄拉克统计"而得名，包括像是电子这样的粒子，在这种交换下得到的组合是反对称的。这种情况大体上意味着，如果交换成对费米子的量子数一次，并不会得到一样的结果，而是会得到类似于反向波函数这样的东西。你需要再交换一次量子数才能恢复到原来的状态。其中的区别就类似于左右翻转字母"X"（代表成对的玻色子）和字母"N"（代表成对的费米子）之间的区别——前者对称，后者反对称。

泡利提出他所谓的"不相容原理"的原始形式，甚至比海森伯和薛定谔完成他们的量子力学版本、提出波函数的概念还早。已知最早的表述出现在1924年12月，听起来就像一道命令：

> 应当禁止［同一个原子中］有超过一个电子……
> ［所有可用的］量子数都取相同数值。[1]

也就是说，没有哪两个电子——或者一般来讲，任何费米子——的所有量子数都可以完全一样，必须至少有一个量子数不同。后来泡利证明，不相容原理适用于费米子，但不适用于玻色子，因为成对费米子在交换算符下是反对称的。

157

---

1. 沃尔夫冈·泡利致阿尔弗雷德·朗德，引自 John L. Heilbron，"The Origins of the Exclusion Principle"．Historical Studies in the Physical Sciences, vol. 13, no. 2 (1983), p. 261.

奥地利物理学家沃尔夫冈·泡利（1900—1958），年轻时关于量子力学的
讲座现场。图片来自美国物理联合会，埃米利奥·赛格雷视觉材料档案馆。

　　泡利进一步推测，头三个量子数都相同的电子，比如说占据氢的基态的两个电子之间的区别，肯定在于还有第四个量子数的取值，可以是两个可能取值中的一个。他认为这个量子数无法用经典物理学来描述，因此拒绝表示这个量子数在物理学意义上代表什么。

　　泡利不相容原理以及有两个取值的新量子数的概念接受起来非常容易，因为能够自然而然地解释为什么原子壳层中能够填充的电子数是这样一组特定值，也给出了电子不会全都挤在能量最低的量子态的原因。一态一电子的不相容原理让这些电子无法聚集。这个规则给电子创造了一种压力，使之既会填充原子中更低的能级，也会去填充更高的能级。总之，这个原理有助于解释，如此优美地描述了地球上万事万物的所有构件的关键属性的元素周期表，为什么要这样排布。因为这一重大发现，泡利获得了1945年的诺贝尔物理学奖。[158]

## 自旋：不合情理的量子属性

泡利提出了有两个取值的新量子数，却拒绝给出解释，这给其他跃跃欲试的年轻物理学家提供了尝试解决这个问题的机会。目标是解释反常塞曼效应，及为什么有些原子序数更稳定。前面说过，塞曼效应是用磁铁充当"棱镜"，把单色的谱线分解为一组彩虹一样的多种颜色。"反常"变化则说的是有奇数个电子的原子，在结果形成的彩虹中会出人意料地出现偶数条谱线。

德国物理学家拉尔夫·克勒尼希（Ralph Kronig）就是这样一位很有创新精神的思想家。在图宾根大学阿尔弗雷德·朗德（Alfred Landé）的实验室工作的时候，他遇到了泡利，并向他提出这样一个想法：电子就像旋转的陀螺一样会绕着自己的轴旋转，表现得就像微型电磁铁一样，并因此与外部磁场产生相互作用。因此，第四个量子数应该跟与这种旋转对应的内在角动量有关。泡利马上对这个想法嗤之以鼻，觉得太"不自然"，因为没有直接证据证明有这种旋转。由于泡利的看法，克勒尼希从未公开过自己这个想法。

后来克勒尼希回忆道：

> 我觉得电子应该绕着自己的轴旋转的这个想法，跟泡利似乎特别不对付。他并不想要有个为第四个量子数构建的模型。[1]

幽谷无人处，在遇到欣赏的目光之前，花朵也有可能悄然绽放美丽。至于说电子"自旋"这个概念（后来人们就这么称呼这个属性），要等到第二次独立绽放之后，才算是真正成熟。而这一次的幸运之处在于，泡利从来没有机会将其扼杀在萌芽之中。

1925年春天，两位年轻的荷兰物理学家，塞缪尔·古德斯米特（Samuel Goudsmit）和乔治·乌伦贝克（George Uhlenbeck）在莱顿大学一起研究原子光谱，想要解释反常塞曼效应。在得知泡利假设存在第四个量子数之后，古德斯米特跟乌伦贝克解说了这个推理过程。接下来乌伦贝克提出，自旋电子在跟外部磁场相互作用。如果电子是在逆时针旋转，那么其自转轴应该指向上方。如果外部磁场同样指着这个方向，两者就是对齐的。但是，如果电子是在顺时针旋转，其自转轴就指向下，跟外部磁场比起来，就是反对齐的。究竟是对齐还是反对齐，

---

1. 约翰·海尔布伦对拉尔夫·克勒尼希的采访，AIP oral history interview, November 12, 1962.

会让电子的总能量稍微有些区别。再加上其他跟能量有关的因素 —— 像是轨道半径、形状、朝向这些 —— 就会产生原子光谱学家看到的微妙的频率效应。

　　第四个量子数：自旋，会是两个可能取值之一。"自旋向上"相当于 +1/2 乘以 $h$ 拔（普朗克常数除以 $2\pi$），而"自旋向下"对应的是 −1/2 乘以 $h$ 拔。这是第一个非整数的量子数。根据不相容原理，多电子原子（比如氦）能量最低的壳层中，会有一个电子"自旋向上"，还有一个电子"自旋向下"。只有开启外部磁场时，这些状态才会呈现为不同的能级。

　　两位研究人员把这个想法写了下来，交给了他们的学术指导保罗・埃伦费斯特（Paul Ehrenfest），寄希望于能够发表。跟泡利一样，同样来自维也纳的埃伦费斯特也有些古里古怪，老爱搞点黑色幽默，还很愤世嫉俗。但也不必讳言，埃伦费斯特一辈子都活在自卑当中（也一直深受抑郁症困扰，最后甚至夺走了他的生命），对其他物理学家要尊敬得多 —— 很多人都曾受他邀请，到莱顿大学开学术研讨会。对别人的想法他不会不屑一顾，而是会用针对性的问题去轰炸他们。关于物理学界如何看待他和泡利，玻尔研究所的年轻物理学家在1932年搞的一部恶搞版《浮士德》就很能说明问题：泡利在剧中被描述为梅非斯特（那个魔鬼），而埃伦费斯特是那位苦恼、怀疑自我的与作品同名的人物。

　　在把成果交给埃伦费斯特之后，古德斯米特和乌伦贝克接

160 着研究这个结论会有什么影响。他们跟洛伦兹分享了自己的发现，那时洛伦兹已经辞去了莱顿大学理论物理学教授一职，但仍然对当代物理学很感兴趣。在他们的模型中，洛伦兹指出了一个让人不安的事实：为了让旋转的电子能产生所需要的磁相互作用强度，就必须让电子表面的点旋转速度远大于光速。这意味着他们的想法根本不现实，太令人尴尬。

　　乌伦贝克找到埃伦费斯特，告诉他说他们的想法有变化，他们的文章还不到发表的时候。埃伦费斯特回答道："太晚啦，那篇文章我已经提交上去了，会在两周内发表。"不过他安慰他俩说，他们并没有满盘皆输，"你俩都还年轻，年轻人犯点错还是犯得起的嘛。"[1]

　　就这样，在泡利或其他任何人有机会提出异议之前，古德斯米特和乌伦贝克的量子自旋假说就已经发表了。不出所料，泡利一看到印出来的这个想法就提出了批评。不过他也很快改变了主意，开始支持这个想法。让他改变想法的是一个叫作"托马斯进动"的现象，由英国物理学家卢埃林·托马斯（Llewellyn Thomas）发现，展现了如何用自旋和狭义相对论之间的相互作用来解释某些谱线特征。

　　虽然自旋的概念会因为意料之中的成功而流行开来，但这个概念理解起来一点儿都不简单。因为光速限制，电子并不能

1. 托马斯·库恩对乔治·乌伦贝克的采访，AIP oral history interview, 1962.

真的转那么快。只不过是电子与磁场固有的相互作用跟旋转的陀螺产生的效果很相似，但实际上并非真有什么东西在旋转。但"自旋"还是不胫而走，成了描述基本量子属性的一个词。

电子并非唯一一种会自旋的粒子。夸克，还有其他所有费米子，全都有半整数自旋。在两个费米子的能级（及其他属性）都相同的情形下，如果其中一个费米子"自旋向上"，那么另一个必定"自旋向下"，反之亦然。光子等所有玻色子就不一样了，具备的是整数自旋，例如光子的自旋就是1（乘以 $h$ 拔）。

光子的自旋状态通常叫作偏振态，要么是逆时针方向（自旋为 +1 乘以 $h$ 拔），要么是顺时针方向（自旋为 −1 乘以 $h$ 拔）。我们有些日常经验跟量子属性有关，偏振就是个绝佳例子。戴上一副偏光太阳镜，阳光就明显没那么耀眼了。这是因为镜片[161]材料中细长的分子只允许一半的偏振模式通过，另一半被拦了下来，从而使亮度降低了50％。

总角动量 —— 包括自旋角动量和轨道角动量 —— 也是守恒量。因此，粒子只有通过以某种方式将自旋转换为另一种角动量，或是跟别的粒子交换自旋角动量，才能让自己的自旋状态发生改变。如果一对电子来自同一原子能级，也就是说两者的自旋状态都是自旋向上和自旋向下的等量叠加，那么就算两者被远远分开，也还是会保持这个平衡。总角动量守恒，也是会保持这个平衡的原因之一。一般来讲，守恒定律凭借其（就我们所知）天网恢恢、无远弗届的借贷系统，能够产生非定域性效

应 —— 就像守财奴债主走遍千山万水也要把债收齐一样。

## 鬼鬼祟祟的粒子

守恒定律有个很出色的应用就是可以帮助确定失踪的自然成分。就好像我们账本上的余额会让我们得出结论，肯定是不知怎么的忘了列出某项收入或支出，守恒定律也会告诉我们，一个相互作用可能会有哪些组成部分逃脱了我们的法眼。

在研究放射性核衰变时，物理学家观察到了原子核发射高能电子的情况，并（出于历史原因）称之为 β 粒子，而这个过程也就叫作 "β 衰变"。在这个过程中，原子核会因为多了一个质子变得带更多正电，在元素周期表上前进一位，成为更高元素的同位素。在仔细测量过衰变前后的初始成分和最终成分的能量和动量后，出现了几个谜团。似乎有什么看不见的东西带走了部分能量和动量。光子不能解释这种情形，因为是光子的话会很容易探测到。还有，每当核衰变产生一个电子的时候，就好像是无中生有变出来的这么个自旋为 1/2 的新粒子。自旋肯定不可能凭空冒出来。

1930 年，在苏黎世的瑞士联邦理工学院担任物理学教授的泡利提出了一个天才解释：有一种很轻、电中性的新粒子，自旋为 1/2，他将其命名为 "中子"。1932 年，在詹姆斯·查德维克（James Chadwick）发现了一种质量更大的电中性粒子并同样命名为中子之后，意大利物理学家恩里科·费米（Enrico Fermi）

将泡利提出的这种粒子重新命名为"中微子"。泡利最早公开他的想法时是以一种特别戏剧性的方式，是1930年12月在图宾根大学的一次研究会议上，给所有与会者写了一封搞笑的信。

> 亲爱的放射性先生们、女士们：
>
> 　　我想了一个孤注一掷的办法来挽救统计学中的"交换定理"以及能量守恒定律，就是原子核中有可能存在一种电中性粒子，我希望能称之为中子，自旋为1/2，遵守不相容原理，而这种粒子跟光量子的进一步区别是不以光速运动。中子的质量应该跟电子质量在同一个量级，无论如何也不会比质子质量的0.01倍还大。这样一来，连续的β光谱就可以解释得通了：假设在β衰变中除了电子之外还有一个中子释放了出来，让中子和电子的能量之和为常数……
>
> 　　　　　　　　　　　　　　　　执鞭之士
>
> 　　　　　　　　　　　　　　沃尔夫冈·泡利[1]

在讨论超光速中微子假说的时候我们就已经指出，中微子一直是极客笑话的主角之一。拿中微子打趣的传统实际上可以一直追溯到泡利的假说。例如在1932年哥本哈根的恶搞剧《浮士德》里面，由埃伦费斯特扮演的浮士德在由泡利扮演的梅非斯特的驱使下去引诱格雷辛这个角色，而格雷辛被认定为中微子。言下之意就是，泡利能够向纯粹的理论构想中灌注激情。

163

1. Wolfgang Pauli, " Open Letter to the Group of Radioactive People at the Gauverein Meeting in Tübingen ", December 4, 1930.

另一个将中微子描述为迷人女性的人是量子物理学家莱昂·罗森菲尔德（Léon Rosenfeld），在他执笔的诗作《中微子的抱怨》中，发表在《搞笑物理杂志》上，是恶搞法国诗人费利克斯·阿韦尔（Félix Arvers）的诗作《秘密》。搞笑版强调了中微子的神秘本性，就像永远猜不透的情人一样。比如说，罗森菲尔德把原诗最后一句"'那么这个女人是怎么回事？'无法理解"换成了"'那么这个能量是怎么回事？'无法理解"，表达了要想得到这么个来无影去无踪的粒子有多么困难[1]。

就在查德维克发现中子后不久，费米发现了β衰变的机制，并计算了发生β衰变的概率。一个中子可以衰变为一个质子、一个电子和一个反中微子（中微子的反物质粒子）。或是反过来，一个质子可以变成一个中子、一个正电子和一个中微子。他总结出一个公式，叫作"费米黄金定则"，可以计算这两种变化发生的概率。

费米相信，泡利的假设是正确的，尽管现在还没有中微子存在的实验证据。由于中微子非常轻（费米假定中微子没有质量）且呈电中性，没有人会觉得很容易就能发现中微子。这些粒子完全可以像穿过纸巾一样毫无痕迹地穿过整个地球。

费米的模型虽然很有新意，但还是有几个重要缺陷。首先，他并没有完整给出β衰变的过程。光子是电磁相互作用的

1. Léon Rosenfeld, "La Plainte du Neutrino", Journal of Jocular Physics, vol. 1, p. 35.

中介。电荷之间同性相斥异性相吸，就是因为两个电荷之间会交换光子。数十年后，物理学家史蒂文·温伯格（Steven Weinberg）、阿卜杜勒·萨拉姆（Abdus Salam）和谢尔登·格拉肖（Sheldon Glashow）将费米的模型拓展为关于电弱相互作用的完整理论：电磁力和弱相互作用的结合，继而由弱相互作用将β衰变过程扩大为包含大量的涉及多个粒子的衰变。这种相互作用的中介，是三种交换玻色子——W+和W−（涉及两种不同类型的β衰变）以及$Z^0$（电中性的弱相互作用交换玻色子）——之一。

164

费米模型及其灵感来源即泡利假说另一块缺失的地方是，没能确认真正的中微子。提出一种新的自然机制是一回事，检验是否其所有组分都符合预期则是另一回事。虽然多才多艺的费米也很擅长做实验，但他的兴趣很快转向了别的核物理过程。在第二次世界大战期间，核裂变中的链式反应就是他提出来的。

而泡利几乎从来没有受邀去实验室检验自己假说的机会。他跟实验可没有水乳交融。正好相反，因为所谓的"泡利效应"，他进入任何实验设施都会扰乱其中的设备，甚至打附近路过都会如此，而且也因此名声在外。机器会出故障，仪器会失灵，混乱也会随之而来。至少有一位研究者，就是奥托·施特恩（Otto Stern）想禁止泡利踏进他的研究所。物理学家乔治·伽莫夫（George Gamow）是这样描述的：

据说理论物理学家的地位可以通过仅仅碰一下就

> 能弄坏精密设备的能力来衡量。按照这个标准，沃尔
> 夫冈·泡利肯定是非常优秀的理论物理学家；他就算
> 只是走进实验室，里面的仪器都会倒下、断开、裂开
> 或是烧掉。[1]

最臭名远扬的例子有好几个，其一发生在1950年2月，就是泡利有一次到访普林斯顿大学的时候。位于帕尔默物理实验室地下室的强大的回旋加速器（环形粒子加速器）起火了，烧了整整6个多小时，整栋楼都给熏黑了。泡利并不在现场，只是在附近逗留，但这事儿到底还是怪到了他头上。

还有一次，泡利恰好路过哥廷根。他的火车停在站里的时候，哥廷根大学的仪器突然无缘无故爆炸了。这个效应反过来也是成立的：刻意触发这一效应的尝试好像也都注定会失败。有一回泡利在意大利开会的时候，学生们试着弄了个系统，想让一盏枝形吊灯在他开门时落在他身上。结果绳子卡住了，什么都没发生。这个反向的例子把他给逗乐了[2]。

物理学家斯坦利·德塞尔（Stanley Deser）20世纪50年代在哥本哈根逗留过一段时间，他回忆说，他就亲历过泡利变身无敌破坏王的时候："我被派去玻尔研究所接他去个地方，他简

---

1. George Gamow, 见 Lakeland Ledger, May 26, 1998, p. D3.
2. Barbara Lovett Cline, The Questioners: Physicists and the Quantum Theory (New York: Crowell, 1965), p. 143.

直毁了我那时候的那辆跑车。常规泡利效应。"[1]

　　1956年，中微子终于被发现了。物理学家克莱德·考恩（Clyde Cowan）和弗雷德里克·莱茵斯（Frederick Reines）探测到了中微子，证实了泡利的假说，及费米模型的某些方面。除了β衰变涉及的"电子中微子"外，接下来几十年还发现了另外两种中微子：μ中微子和τ中微子，分别对应跟电子相似但质量更大的两种粒子，μ子和τ子。

　　电子、μ子、τ子和上述几种中微子都属于"轻子"（对强相互作用没有反应的粒子）。相对地，质子和中子就是"强子"，会参与强相互作用——正是这种作用力让这些粒子粘合为原子核。20世纪60年代，美国物理学家默里·盖尔曼（Murray Gell-Mann）将证明，强子由一种更小的成分组成，叫作"夸克"。

## 纠缠的线

　　粒子物理学还有很多方面的突破也都是因为考虑到对称性而得到的。例如狄拉克方程——作为费米子的薛定谔方程变体建立起来的，考虑了费米子的半整数自旋——提供了两个不同的解，能量看起来刚好相反：一个是正的，一个是负的。对后面这个解，狄拉克解释为无限能量海洋中带正电的"空穴"，代表着电子出现的地方。他的构想有点儿太复杂，后来出现了一种

---

1. 斯坦利·德塞尔写给作者的信，2019年2月23日。

更好的解释，带来了正电子以及笼统的反物质的概念。

　　事实证明，反物质在某些方面是普通物质的镜像，在另一些方面则是复写本。带电粒子对应的反物质带有相反的电荷，比如说带负电的电子的反物质就是带正电的电子。如果两者相遇，就会湮灭，产生不带电的光子，带走能量。物理学家定义了一个守恒量，叫作"轻子数"，对轻子比如说电子和中微子取正值，对这些轻子对应的近等效反物质则取负值。在电子和正电子湮灭的过程中，电子的正轻子数（+1）加上正电子的负轻子数（-1）就得到了 0，也就是光子的轻子数（因为光子并非轻子）。

166

　　β衰变就展现了轻子数守恒的威力。中子衰变为质子时，还一起形成了一个电子和一个反中微子（轻子数为 -1）并互相平衡。这样总的轻子数仍然保持不变。

　　反物质粒子和普通物质尽管轻子数和所带电荷不一样，但有些方面还是一样的 —— 例如质量，及对万有引力的响应方式。物理学家已经能够在实验室中制造并分离出反物质原子。然而反物质通常都很短命，因为它们太容易跟普通物质发生反应了。

　　很多对称性的思想都最好用抽象的希尔伯特空间中的旋转来表示。这些都可以通过叫作"群论"的数学工具来理解，自旋就是这样一个例子。自旋状态可以通过有点像转动刻度盘的方式，从"自旋向上"和"自旋向下"的叠加，变成要么"自旋向上"要么"自旋向下"的纯态，所反映的也许是外部磁场的影响。

自旋状态的变化最好用向量的一种变体来表示，我们叫作"旋量"。而旋量又可以表示为叫作"泡利自旋矩阵"的2×2数组。包括单位矩阵（相当于数字1）在内一共有四种不同类型的泡利矩阵，与由四个数学实体组成的叫作"四元数"的系统密切相关，这是爱尔兰数学家威廉·哈密顿（William Hamilton）的发明。四元数是复数（实数和虚数组合在一起）的延伸，在量子力学和很多别的领域中都有应用。

用抽象空间中的旋转来表示的对称性还有一种叫作"同位旋"（原本叫作"同位素自旋"），是海森伯在1932年提出的质子和中子之间假定存在的近似对称性。这个想法是这样的：一种粒子可以在抽象空间中经旋转变成另一种粒子，只要这个抽象空间中这两种可能性都包括。盖尔曼后来将同位旋扩大为一个更大的对称群，包括了质量更大的粒子，并称之为"八正法"，得名于一组佛教教义。

167

自然界中确立的原则一旦新的证据出现可能就会被修改乃至废除。就在非定域性相互作用因为牛顿万有引力的失败似乎正要被扔进历史的垃圾堆时，量子力学让这个概念复活了——并非因为作用力本身，而是因为相关性质。两个粒子可以远程关联，只要两者的状态是相关的。

薛定谔造了"纠缠"这个词来描述这种情形。如果一个量子态包含了有两个或更多个粒子的一个系统，例如氦原子中处于基态（最低能级）的两个电子，而且每个粒子的某些属性都跟其他粒子的这些属性有关联，我们就把这种情形叫作纠缠。非常奇怪，纠缠似乎不考虑物理距离。一个个实验让纠缠量子系统能达到的距离极限不断扩大：并非仅限于原子尺度，而是能够挟山超海，甚至抵达太空。纠缠一点儿都不抽象，反而非常有用，因为能在原本都不会出现的材料中形成组织。例子包括超流体，就是流动起来绝对顺滑的无摩擦流体，及超导体，没有任何电阻的完美导体，不过这两个例子都要在某个临界温度下才能实现。

## 抵制超自然

爱因斯坦物理学有个基本特征是"定域性原理"：认为自然现象是由与其紧邻的客观物理条件决定的。我们可以把这个原理分解为两个概念：定域性和客观性。定域性意味着任何物理相互作用都不能直接跨过距离，而是需要一个叫作"场"的中介。前面我们曾讨论过，场就是逐点描述某种作用力会如何影响物体的一张地图，就好像一张天气图能够告诉你某地区内任何地方的风速和风向一样。把粒子扔进场里的指定位置，你就能知道粒子会有什么表现。

牛顿将万有引力描述为有质量的物体之间的一种看不见的关联，我们拿牛顿的描述跟定域性条件比较一下。在牛顿物理学中，行星和太阳之间没有任何东西来传递万有引力，两者就这么穿过真空远远关联了起来：超距作用。牛顿自己也对这个理论中的逻辑空白大伤脑筋，很想找个中介出来。（实际上，后

来物理学家将牛顿物理学改写成了一种场论 —— 用一个定域性
的引力场来在各个点传递作用力。）

　　在爱因斯坦看来，客观性要求物理条件先于测量存在，而
且测量不会对其产生影响。牛顿的理论明显以客观确定的属性
为基础，比如质量、速度等等。从这个角度来说，爱因斯坦不过
取其成法。他坚持认为，客观性中的任何物理学理论都必定不
完备，是缺乏认识的人造物。

　　有个老掉牙的哲学问题是，如果森林中有棵树倒下了，但
没有人在林中听到，那么究竟发生了什么？这棵树仍然发出声
音了吗？[1] 鉴于声音来自分子空气的颤动，爱因斯坦会说"是的，
有声音"。如果后来有位伐木工人在森林的地面上发现了这棵倒
下的树，他也许能够算出这棵树倒下的时候有多少能量传给了
周围的空气分子，还能估计出到底弄出了多大动静。而巨细靡
遗的计算机模型也许能追踪所有被扰动了的空气分子从倒下的
瞬间开始在任一时刻的位置和速度。

　　爱因斯坦的杰作，广义相对论，当然符合定域性原理。广
义相对论断言，时空中任何事件实际上都自成一体，由与其紧
邻的客观条件决定，也就是时空本身在这个区域是什么"形状"。

---

1. 这个问题肇始于乔治·贝克莱（George Berkeley）的《人类知识原理》，提出于18世纪，
　但历史上人们更多地是从科学角度探讨此问题（物理学、神经学），哲学角度的探讨倒少
　一些（认识论与本体论）。现代有个类似问题是爱因斯坦提出的，但旨在引发对量子力
　学的思考："你是否相信，月亮只有在看着它的时候才真正存在？"在中文语境中，类似
　的思考可以王阳明的《传习录》为例："你未看此花时，此花与汝心同归于寂。你来看此
　花时，则此花颜色一时明白起来。"—— 译注

只有将每一块都与附近的每一块像宇宙百衲衣一样连缀起来，宇宙的总体模式才能显现出来。

　　比如说我们来想想为什么地球会绕着太阳转。牛顿的观点是，万有引力就像一根看不见的杆一样把这两个天体直接连了起来，但爱因斯坦不这么看。他假定，太阳系的时空因为太阳的质量而局部扭曲了，任意一点的扭曲程度都由太阳的质量和能量客观决定。如果时空是平坦的，地球就会沿着完美的直线走下去。但是，因为时空弯曲了，地球的路径也弯折了。就像赛车场里的自行车一样，地球被迫沿着封闭轨道运行。一句话，是定域性的客观条件使地球围着太阳转。

　　在量子物理学家看来，两个物体无论相距多远，只要共享同一个量子态，两者之间产生纠缠就是合理合法的。然而，爱因斯坦认为，如果说一个粒子对另一个粒子的情况有所认识，那就跟心灵感应没什么两样。在爱因斯坦成长的那个年代，很多科学家都把通灵现象跟斯莱德之类的江湖骗子联系在一起（虽然也有少数人比如策尔纳就对斯莱德信以为真），所以对任何带有"读心术"味道的东西，爱因斯坦都会本能地表示怀疑。

　　加州理工学院的科学史学家戴安娜·科莫斯－布赫瓦尔德（Diana Kormos-Buchwald）是爱因斯坦论文项目的负责人兼总编。她说就她所知，已经搜集到的爱因斯坦文档中没有任何地方"支持任何形式的通灵现象或神秘主义"[1]。

尽管如此，在20世纪30年代到访南加州期间，爱因斯坦还是碰到了一个意外的要求，叫他认同所谓"读心者"的功绩。由于他这人宽以待人，就算在批评所谓的通灵现象时他都仍然很温和。因此，他尴尬而不失礼貌的微笑有时也会被误解为友好的支持。

例如1930年的时候，著名作家厄普顿·辛克莱（Upton Sinclair，代表作为《屠场》）写了一部《心灵电台》为心灵感应的可能性鼓与呼，并恳请自己的朋友爱因斯坦帮忙宣传一下。辛克莱描述说，他妻子似乎有找到他弄丢的各种东西的神秘技能，还有很多别的丰功伟绩，但这种非常不科学的论述看起来可不像是爱因斯坦会推荐的著作。然而，明显是出于盛情难却，他还是照做了。在《心灵电台》的序言中，爱因斯坦写道：

> 本书悉心分析、清晰阐述的这些心灵感应实验的结果，肯定远远超出了自然研究者所认为能够想象的范围。但是，要说像厄普顿·辛克莱这样尽职尽责的观察者和作家会有意欺骗读者，那显然是不可能的。他的诚意，他的可靠，都毋庸置疑。因此，如果这里阐述的这些事实不知怎的并非以心灵感应为基础，而是以人与人之间某种无意识的催眠影响为基础，也仍

---

1. 戴安娜·科莫斯－布赫瓦尔德写给作者的信，2019年2月21日。

170    然会有很高的心理学价值。[1]

然后是1932年3月，《新共和》杂志刊登了一篇报道，说爱因斯坦支持吉妮·丹尼斯（Gene Dennis），她这人很有争议，自称能够未卜先知。爱因斯坦在加州棕榈泉度假时，她跟爱因斯坦可能是搭过同一辆车，算是见过面，然后她就声称爱因斯坦对她未卜先知的能力很是认同。但是，爱因斯坦可能仍然只是出于礼貌。那篇讲到他们之间所谓联系的文章的标题是《爱因斯坦博士，这是为什么！》。辛克莱挺身而出为爱因斯坦辩护，但他的解释是错上加错，爱因斯坦本人恐怕不会乐见其成："爱因斯坦教授很久以来一直在关注通灵现象，已经在这个领域做过一些研究。"[2]

可以想见，爱因斯坦对跟任何所谓通灵现象有关的事物都不屑一顾，这肯定会进一步加强他反对量子力学中远程、非因果关联的态度。在让所有联系都变得清晰明了的努力中，他发现自己是在孤军奋战。到最后，他对不受观测影响的客观现实171 的坚持，逐渐让他在物理学圈子里门庭冷落，无人问津。

---

1. Albert Einstein, " Preface ", in Upton Sinclair, Mental Radio (Springfield, IL: Charles Thomas Publisher, 1930).
2. C. Hartley Grattan, " Why, Dr. Einstein! " New Republic, March 9, 1932, https://newrepublic.com/article/ 119292 /controversy-einsteins-endorsement-psychic-upton-sinclair-defends.

# 第 7 章
# 走向共时性：荣格和泡利的对话

> 我有好几次招待爱因斯坦教授吃晚饭⋯⋯那还是很早的时候，爱因斯坦正在创立他的第一个相对论⋯⋯最重要的是，他作为思想家的天赋简单而直接，给我留下了极为深刻的印象，也对我的脑力工作产生了持久影响。正是爱因斯坦让我开始思考，时间和空间可能是相对的，也可能会受到超自然的制约。三十多年后，仍然是这些思考激励了我跟物理学家沃夫冈・泡利教授建立联系，让我写出了关于超自然共时性的作品。
>
> ——卡尔・荣格写给卡尔・西利格（Carl Seelig）的信，1953 年 2 月 25 日

爱因斯坦认为，废除牛顿的"超距作用"，是他的重要成就。给信息交流规定了一个速度上限之后，相对论解决了很多不好解决的情形，比方说按照牛顿力学，如果恒星爆炸了，其行星就会在爆炸时的光线有机会抵达行星之前立即改变自身的运动。爱因斯坦想，天体的行为有客观定义的特征，只有通过因果性关联才能改变，而因果关联是通过空间在不同地点之间传递的；

173　粒子的行为难道不应该像天体一样吗？爱因斯坦得出的结论是，尽管量子力学给出了正确的预测，但如果对其可观测特征缺乏定域、客观的说明，量子力学就是不完备的。

爱因斯坦认为，需要一个更全面的理论，能以某种方式允许所有物理参数在测量前就有个取值。这些数值必须严格依赖于附近的其他物理量，就好像骑自行车的时候链条和齿轮环环相扣一样。在幕后驱动量子纠缠的因果律，其管线看不见也摸不着，这种可能性我们叫作"隐变量"。

尽管泡利跟爱因斯坦有很多共同的兴趣，比如都喜欢追求大自然的统一理论，但对量子力学，他的态度跟爱因斯坦截然不同。泡利觉得，那些全新的量子现象，比如互补性、不确定性原理和量子纠缠，代表了现实的真实面貌。这些现象为我们了解大自然如何通过对称性和其他数学关系彼此关联起来提供了绝佳机会。此外，量子测量理论将观察者放在中心位置，暗示着能解释万物的统一理论有可能既包含物理学，也有意识的一席之地。荣格对现代物理学非常着迷，嘴上也常常赞不绝口。他会遇到一个完美的脑力合作伙伴，跟他一起讨论心灵和物质之间可能存在的联系。这会让他进入奇妙的科学探索，比如去了解对称性在宇宙中的作用，及进入所谓心灵现象领域的奇特探险。泡利一般不会跟别的物理学家大肆宣扬自己对后者的兴趣（除了对自己的朋友帕斯夸尔·约尔丹，因为这方面他俩半斤八两）。在知道爱因斯坦对自然界中的客观性极为坚持之后，泡利更加谨慎。他并没有试图让爱因斯坦去考虑观测者在物理学中的作用。他也知道，说到接受量子力学的奇怪结论，没有谁能令爱因斯坦动摇分毫。

## 解开纠缠

由于量子纠缠是非定域性的，而且看起来并不完备（因为物理量在观测前都会保持未知状态），爱因斯坦深感困扰。1935年，爱因斯坦和两位助手，鲍里斯·波多尔斯基和内森·罗 [174]森，一起发表了一篇影响深远的文章，现在叫作"爱波罗"佯谬（EPR）。（结果表明波多尔斯基才是真正的作者。）他们这篇文章考虑的是涉及纠缠粒子的位置和动量的问题，而另一位物理学家戴维·玻姆（David Bohm），很快就用更简单的自旋把"爱波罗"佯谬重新表述了一遍。在玻姆版的"爱波罗"佯谬中，两个纠缠的电子（比如从氦原子的基态中能量满满地释放出来）在测量其中任何一个的自旋之前都先往相反方向发送，使之互相分开。在测量其中一个电子的自旋时，另一个的也马上就可以知道。比如说，如果其中一个自旋向下，那么另一个就必定自旋向上。其中一个电子的信息，是怎么马上被另一个知道的？

在著名的施特恩－格拉赫实验中，自旋状态只相对于跟用来测量的外部磁场的朝向有关的特定轴线——通常就是 $x$、$y$ 或 $z$ 轴——确定，而从实验结果中我们会看到更加离奇的事情。如果一个电子相对于 $z$ 轴的自旋是向上的或向下的，那么这个电子相对于 $x$ 轴和 $y$ 轴的自旋状态就无法确定。因此在玻姆演绎的"爱波罗"思想实验中，第二个电子恰好也"知道"第一个电子是沿着哪个轴去测的。

在爱因斯坦的推动下，玻姆也开始挑战量子力学的正统诠释。他以德布罗意的前期工作为基础，研究了实际粒子通过在背景中起作用、看不见的"导航波"的引导，从一个点运动到另一个点的可能性。这些波的动力学机制由类似于薛定谔方程的基于决定论的引擎驱动，可以当作量子纠缠背后的隐变量。但最终，尽管爱因斯坦很欣赏玻姆的独立思考，但对他的方法论并没那么喜欢。玻姆的构想虽然是决定论的，但不满足定域性原理，而爱因斯坦在晚年对定域性原理尤为看重。他在给玻姆的信中写道："（玻姆的）方法在我看来似乎太不费力气了。"[1]爱因斯坦反而认为，将广义相对论扩展为一个充分发展的统一场论，应该就能揭示量子现象背后看不见的动力学机制。

泡利对此就要严厉得多，他给玻姆的信里写的是："一派胡言…… 甚至都不是什么新鲜的一派胡言。"[2]他指的是德布罗意的早期版本，他也曾大张挞伐。

爱因斯坦尽管那么支持定域性理论，他也还是猜测，广义相对论中可能有一种情况会带来非定域性。1936年，他跟罗森一起推测，时空中或许会有一部分被物质和能量弯曲得太厉害，

---

1. 阿尔伯特·爱因斯坦致马克斯·玻恩，1952年。引自 Flavio del Santo，"Striving for Realism, Not for Determinism: Historical Misconceptions on Einstein and Bohm". APS News, vol. 28, no. 5 (May 2019), p. 8.
2. 沃尔夫冈·泡利。戴维·玻姆在1986年9月25日接受 Maurice Wilkins 采访时提及。见 American Institute of Physics Oral Histories, https://www.aip.org/history-programs/niels-bohr-library/oral-histories/32977-4.

于是跟另一个原本毫无瓜葛的时空区域连在了一起。这样一个连接就叫作爱因斯坦–罗森桥，也叫虫洞——后面这个名称是在说有一条穿过宇宙"苹果"的隧道，让表皮上的两部分可以通过其间的果肉直接相连。

爱因斯坦一直到生命尽头都始终坚持认为量子力学是不完备的。这场辩论旷日持久，发生在爱因斯坦和可以说是物理学界其他所有人之间。爱因斯坦没能说服自己的同行，于是热切希望通过完善一个统一场论，将广义相对论扩大到能将自然界中万事万物都包括进来，从而解决这些问题。他希望，这样一个终极理论能以某种方式将量子力学中那些机缘巧合都解释为奇特的数学性质，把这些刨开之后，这个理论就完美了——就像稳定流动的溪流中有时候自然就会产生一些湍急的旋涡一样。

用一种解释来统一所有的自然现象，这个想法可以说至少能追溯到毕达哥拉斯学派，他们相信自然界的基本组分是数字，尤其是前10个自然数。就现代来说，麦克斯韦将电和磁统一为电磁学，是统一进程的一大步。麦克斯韦自己也认识到，电磁学和万有引力之间有其共性，可以想象这也许为统一理论指明了方向——但他自己从来没有尝试过。

爱因斯坦在发表广义相对论之后没多久，就意识到可以尝试用三种办法把广义相对论拓展到能够把电磁学容纳进来。第一种由赫尔曼·外尔（Hermann Weyl，诺特在哥廷根大学的同事和朋友）提出，设想着修改一下四维等效长度的定义，方法是加入一个叫作"规范"的可变因子。外尔寻找统一理论的尝试并没有成功，但后来他成功把规范思想应用到了量子场论中——展现了能量场可以有任意的内部因子，表现得就像旋转的刻度盘随机指向任何方向一样。

另一个想法是爱丁顿提出来的。他修改了向量在弯曲时空中移动的方式，从而将与电磁力有关的一个额外因子也包括了进来。最后的第三种假说来自数学家西奥多·卡鲁扎（Theodor Kaluza），设想着向四维时空中加入第五个、无法探测到的维度，目的是为表达麦克斯韦的电磁关系开辟空间。

爱因斯坦对这些想法很感兴趣，晚年一直在尝试用爱丁顿和卡鲁扎的这两个办法的变体来解决问题。颇具讽刺意味的是，爱因斯坦也会探索用第五个维度来达到统一，尽管他本来就在批评量子力学不符合定域性原理。他似乎更喜欢普通的时空之幕背后的隐藏连接，而不是用完全抽象的希尔伯特空间来解释远距离关联。前者仍然符合决定论规则而且有连续性，这对爱因斯坦来说天差地别。

### 横鼻竖眼和离经叛道

泡利也同样很喜欢批判统一场论。他似乎很喜欢了解这样的理论，但目的是指出错误。爱因斯坦会把泡利当成"试音板[1]"，来看看他对各种假说的看法，而泡利会无一例外，把这些假说全都撕个粉碎。泡利曾经嘲笑爱因斯坦热衷于接二连三地抛出理论，他在一篇学术评论中写道：

对于这个问题，人们也许会在新的尝试再度出现时，把这句众所周知的历史警句改一改，惊呼道："爱因斯坦的旧理论已死。爱因斯坦的新理论万岁！"[2]

泡利另一个对统一理论横挑鼻子竖挑眼的例子是，生硬地告诉了瑞典物理学家奥斯卡·克莱因（Oskar Klein）有关卡鲁扎的早期工作的情况。当时克莱因正独立尝试用一个五维框架，以一种跟量子力学有关的方式来统一万有引力和电磁力。后来他说服克莱因放弃第五个维度，转而采用更传统的量子思路，比如狄拉克方程。有一天晚上，泡利和克莱因举杯庆祝第五维度寿终正寝，一起喝干了一瓶葡萄酒。[3] 过后没多久，泡利就冷冷地告诉克莱因："在我看来，发现新的自然定律，指明新的方向，可都算不上你的强项。"[4]

1. 原文为 sounding board，本指放置在讲坛、演讲台上方或后方，用来增强演讲者声音的装置，常为木制、抛物面形。用来指人时，该词表示在发表意见、做出决策前的征询对象，尤指会提出反面意见的对象。前一义常译为"增音板"，后一义常译为"决策征询人"。此处两义兼有，姑译为"试音板"。——译注
2. 沃尔夫冈·泡利，评论见 Ergebnisse der exakten Naturwissenschaften, 10, Band, die Naturwissenschaften 20, pp. 186–187. John Stachel 译，见 Einstein from 'B' to 'Z', p. 544.（"众所周知的历史警句"指"吾王驾崩，吾王万岁！"（The king is dead, long live the king!），历史上很多国家在旧君去世、新君随即继位时都会有这样的传统宣告。现代此句式已成为常用模板，用来说相继的或换代的主题。——译注
3. 托马斯·库恩和约翰·海尔布伦在哥本哈根对奥斯卡·克莱因的采访，1963年7月16日。
4. Abraham Pais, "Glimpses of Oskar Klein as Scientist and Thinker" in Ulf Lindström, ed., Proceedings of the Oskar Klein Centenary Symposium (Singapore: World Scientific, 1995), p. 14.

　　泡利老是嘲笑别的理论学家，鄙视他们的理论，这让他臭名远扬。有一次他对一个想法发表意见，说这个想法太糟糕了，"甚至都称不上错误"。他贬损一位年轻的研究员，"还这么年轻，就已经籍籍无名"。对自己的残忍他也心知肚明，有时候会在信上署名"可怕的泡利"或是"上帝之鞭[1]"。量子物理学家库尔特·戈特弗里德（Kurt Gottfried）在20世纪50年代至少见过泡利一面，据他回忆，"他这人出了名的没法相处[2]"。

　　理论学家斯坦利·德塞尔也有类似记忆，他们一起在普林斯顿高等研究院工作时，泡利经常在研讨会上大开杀戒。唯一的安慰是大家都知道他就是这么个人，也都只能做好心理准备。德塞尔回忆道：

> 　　泡利只要在附近就经常会杀人于无形。他会把这些人撕个粉碎，他们离开会议室的时候，都眼泪汪汪的。因为所有人都知道他会这样，所以也没人觉得特别糟糕——至少不会一直这么觉得。
> 　　［他］这人很伟大，但缺乏基本的礼貌。最近我发现了一封他很久以前写的信。我准备去哥本哈根的时候，觉得如果在苏黎世待一段时间也许会对我有所增益；他的回信是这么说的："没办法，我又不是瑞士领事，没法拒掉你的签证。你要真来了，我们也只能接

---

1. "上帝之鞭"（the scourge of God）本指公元5世纪的匈奴王阿提拉，他多次率领大军入侵东罗马帝国和西罗马帝国，甚至曾攻陷西罗马首都，为西方带来巨大威胁。他的名号在西方历史上已成为残暴无情、掠夺成性的象征。——译注
2. 库尔特·戈特弗里德与作者的电话交谈，2019年3月10日。

*受。"所以我到了没去。后来才有人告诉我，按照泡利*
*的标准，这已经是热情洋溢的欢迎词了。*[1]

深受泡利毒舌之害的人很少会想到，他也有内省、敏感和神秘的一面。尽管他总在批评别的物理学理论，对于数字命理学和超自然现象，他倒是抱持开放态度，而这方面的兴趣在他跟卡尔·古斯塔夫·荣格的互动中，也在日益增强。

178

## 心灵的秘密地形

1875年7月26日，荣格在瑞士的凯斯维尔村出生了。在巴塞尔大学拿了一个医学学位后，他又接着攻读了精神病学博士学位。他的学位论文的主题反映了他对神秘学的兴趣，是对各种各样意识发生改变的患者进行的研究，其中有位女患者对死人念念不忘，会梦游到墓地，还会对骷髅和灵魂产生幻觉。终其一生，他对神秘学经历都一直深深迷恋，兴趣有增无减。

荣格在苏黎世的精神病大学医院工作期间，导师是著名精神病学家尤金·布鲁勒（Eugen Bleuler），正是他创造了"精神分裂症"一词，并开创了深层心理学领域。荣格也很快崭露头角，有了优秀治疗师的美誉。他仪表堂堂，也很容易引起别人注意。他开创了更积极的治疗方式，是用文字之间的相互作用来揭开隐藏起来的问题。在用一个词做提示时让病人回答脑海中闪现

---

1. 斯坦利·德塞尔写给作者的信，2019年2月23日。

的第一个词，到现在实际上已经成了传统谈话疗法中老生常谈的元素。荣格还创造了"内向"和"外向"两个词，分别指那些以内心生活和外在生活为中心的人。总之，他是位相当有创新精神的心理治疗师。

荣格的成就引起了西格蒙德·弗洛伊德（Sigmund Freud）的注意，慢慢地，弗洛伊德开始想把荣格纳入麾下，使之成为方兴未艾的精神分析大潮中的一分子。1907年，他们在维也纳第一次碰面，在之后六年的密切合作中，他们发现自己都非常认同潜意识的重要性。1910年，弗洛伊德创建了国际精神分析学会，而荣格在他支持下成为学会首任会长。

但是到了1913年，荣格已经意识到弗洛伊德不容异己，于是决定跟他分道扬镳。弗洛伊德专注于儿童期性意识的发展对潜意识动机的影响，而荣格跟他不同，更为关注"集体无意识"的概念，也就是有共同起源但在不同个体身上会产生不同共鸣的文化模式，后来他称之为"原型"，例子包括童话、民间神话、禁忌、象征、宗教仪式和精神向往等。荣格认为，大多数时候这些文化原型对成年人生活的影响，要远远超过童年没有解决的问题。为了支撑自己的观点，荣格后来逐渐开始钻研炼金术师、诺斯替派、各种新柏拉图主义者、佛教徒和印度教圣人各色人等的神秘主义著作，并成了神话专家。在这些神秘主义信仰中他发现了很多共同元素，比如热爱超验真理，渴望与神性合而为一等等。为了探究个人情感与集体无意识之间的关系，荣格离开了维也纳的精神分析运动，创立了瑞士的分析心理学学派，跟深层心理学关联起来，成了精神分析之外的另一种选择。

跟弗洛伊德分道扬镳之后，荣格经历了一段情绪动荡的时期。他不只是从国际精神分析学会领导人的位子上退了下来，还辞去了在苏黎世大学的学术职位。他跟妻子艾玛·荣格-劳申巴赫（Emma Jung-Rauschenbach）是在1903年结的婚，现在虽然还维持着婚姻关系，但是也开始跟以前的病人和助手托尼·沃尔夫（Antonia "Toni" Wolff）有了婚外情。接下来40年间，沃尔夫有点像是他的另一位配偶。此外，他还开始经历清晰、强烈的梦境，引燃了他进一步探索潜意识的热情。他用手稿和插图按时间顺序记录了他这段时期内心的挣扎和幻觉，写成了一部辞藻华丽、富于想象力的著述——《红书》，直到荣格去世将近半个世纪之后，才于2009年首次出版。

在跟弗洛伊德决裂前几年，荣格跟爱因斯坦有过几次难忘的邂逅，当时爱因斯坦也住在苏黎世。后来，荣格说主要是因为这段经历，他才产生了将心理学和物理学结合为对心灵和肉体的统一描述的念头。这几次决定命运的会面，发生在爱因斯坦的学术生涯刚刚开始的时候，狭义相对论刚刚完成，而广义相对论还在酝酿之中。

爱因斯坦在离开瑞士专利局后的第一份学术职位是在苏黎世大学，开始于1909年10月。他招募了年轻的物理学家路德维希·霍普夫（Ludwig Hopf）做自己的研究助理，这位年轻人在阿诺德·索末菲的指导下刚刚拿到博士学位。霍普夫的学位论

180　文写的是湍流，但他对人类情感的湍流和旋涡也很感兴趣。他还非常喜欢弹钢琴，这让爱因斯坦喜出望外，因为爱因斯坦也很喜欢拉小提琴，所以在工作之余，他俩会不时合奏一曲，怡悦身心。

霍普夫对心理学的业余爱好，及对弗洛伊德理论的探索，让他对荣格非常熟悉。住在苏黎世的时候，他找到机会把荣格介绍给了爱因斯坦。于是荣格多次热情邀请爱因斯坦到家里共进晚餐、谈天说地，那时候爱因斯坦还说不上有多出名。有几次晚餐的时候布鲁勒也在，还有对精神分析理论很有兴趣的瑞士新教神学家阿道夫·凯勒（Adolf Keller）。

按照荣格的说法，爱因斯坦很想让这些人对自己的相对论时空理论有所了解。荣格觉得数学部分很让人头大，但也还是试着领会其中的要旨。后来爱因斯坦离开了苏黎世，先是去了布拉格，后来又去了柏林，他们就完全失去了联系。

然而，荣格对现代物理学的痴迷，这颗种子还是种下了。在量子纠缠的概念出现之前很多年，荣格就已经在思考非定域性影响。爱因斯坦的理论是定域性的，但是荣格有浓厚兴趣的是我们对客观现实的感知有其相对性。

### 共时性问世

在荣格所运用的心理学中，我们的大脑将"客观心理"局促地解读为代代相传、人人都有的无意识体验。全世界各种各样的宗教和信仰体系中的共性，都可以用这些通过基因传播的原始概念来解释。例如对母亲的崇拜，对蛇和黑暗的恐惧，还有像是谴责谋杀这样的道德观念，似乎全都是放之四海而皆准，因此荣格将其归因于这一共同核心。

在荣格看来，对男性来说，梦见"阿尼玛"，也就是代表他们女性一面的原型女性形象，似乎极为常见。在清醒的生活中，这方面可能会被压制，只有通过治疗才能得到释放。女性则经常会梦见"阿尼玛斯"，也就是男性原型。按照当时对性别的成见，荣格将阿尼玛跟原始情感联系在一起，而阿尼玛斯则是跟更精炼的知性联系在一起。他指出，两者之间的平衡对男性和女性来说都至关重要。 181

荣格在炼金术和其他神秘学的著作中确认了各式各样的原型和意象，并指出了这些原型和意象在他看来具备的普遍性。在梦境、幻觉和沉思中，个体心理也许能够进入集体心理，在不同情形下，给个人带来认识、希望或恐惧。在梦境中，个体的这一面由"自性"的原型表现为一个角色。

荣格模型中还有一种原型，叫作"阴影"，代表心理中阴暗的一面。这个原型体现了个人的某些方面，也许是好的也许是坏的方面，但都是个人在清醒的生活中不自知的，可能只有在梦的意象中才会以高度掩饰的方式出现。比如说有个女性小时候对自己的妹妹一直很残忍，但在长大之后就把自己的这一面压制住了。她也许会在梦中遇到一个邪恶的形象，象征着她刻意遗忘了的这一面。

需要注意的是，荣格的概念纯属推测，关于这些心理遗存，他并没有提供科学证据，只有从案例研究中得来的道听途说作为证据。不过从历史、哲学和文化的角度来看，他对心灵的思考仍然算得上引人入胜。

1923 年，荣格邀请汉学家理查德·威廉（Richard Wilhelm）到苏黎世心理学俱乐部发表演讲。这位汉学家颇有造诣，作为传教士来到中国后取了个中文名字叫卫礼贤，还把《易经》翻译成了德文。《易经》，或者叫"变易之书"，讲的是中国古时候的一种占卜方法，是通过得出叫作卦的象征性图案来预测未来。卦历来是通过以特定方式收集、排列一组蓍草来得到的，如果没有蓍草，也可以用竹签代替。一共有六十四个不同的卦，由按照不同顺序排列的水平短线和长线 —— 分别代表阴和阳，也就是道家思想中对立的两个元素 —— 组成，形成有点儿像摩尔斯电码的一种代码。排列出来的这些组合，据说能够跟现实生活中的各种可能性相匹配。根据这些组合，偶然选出来的选项据说就能让人认识到命运选择的道路。但是这个选择的过程也意味着，可能还有另外的世界，在那里我们做出了不同的选择。占卜方法和卦的含义都在这本书里。

把威廉的译本读通透了之后，荣格也花了大量时间在自己身上实验。他一遍又一遍找来蓍草，得出卦象，然后试着跟自己的梦境、幻觉和生活中的事情对应起来。在寻找有意义的巧合时他的目光变得越来越敏锐，但这未必意味着这种无巧不成书的事情会比偶然发生更加频繁。实际上，这只不过说明他高度敏感罢了。如果你一心要找到巧合，巧合就一定会发生，因为大脑有神奇的模式匹配能力。

我们可以举个简单的例子来说明为什么会这样。看看现在是几点钟，取个最近的整数。就说现在是六点钟吧，记住这个数，然后记下来你在日常生活中遇到的跟这个数字相符的事情有多少。例如，某个房间有六扇窗，某个抽屉有六个斗。你会惊讶万分地发现，随便哪个小时，都能出现那么多刚好对得上的事情。现在设想一下，如果你每天都这样，你可能就会得出结论，认为生活中充满了有意义的巧合。荣格的痴迷也让他得出了这个错误结论。

他在自传中是这么写的："整个夏天的假日里，我都一直在想一个问题 ——《易经》给出的答案到底有没有意义？如果有意义，那么心灵和事件的物理序列之间是如何产生关联的？我一次次遇到这种令人惊叹的巧合，这似乎是在说明，存在非因果的相似性（后来我称之为共时性）。"

荣格也在有些病人身上尝试了这个方法。如果《易经》的预测具有治疗意义，他就会记下来。比如他有个病人有"恋母情结"，担心自己打算娶的女孩子可能会像他妈妈一样让他不堪重负。他向荣格请教该怎么办。出于好奇，荣格给这位病人占了一卦，据说结果上面写着："女壮，勿用取女。"[1]

　　荣格越来越相信中国占卜的威力，也对汉学家威廉本人琴瑟友之，奉为上宾。荣格欣然为威廉的两部著作写了序。在荣格夫妇邀请下，威廉也经常造访他们位于苏黎世湖畔屈斯纳赫特镇上别有洞天的府邸，跟他们一起讨论道家和其他东方哲学。然而天有不测风云，有一次到访的时候，威廉患上了痢疾。他回到自己位于法兰克福的家中，住进了医院。没过几个月，到1930 年 3 月的时候，他去世了。

　　在 5 月举行的威廉的追思会上，荣格介绍了共时性这个词，用来表示一种非因果性的关联原则。他强调，有意义的巧合指向一种深层秩序，会以意想不到的方式显露出来。跟纯粹的因果关系和机械论的宇宙相反，在非因果关联中我们必须考虑超出了在时空中进行信息交流的通常限制的全局影响。他觉得道家思想也许能让西方人学会把心理互动定义为不只是人与其周围环境之间简单的相互作用，根据他们过去的经历来表述；而是每一个人的个体心理与整个人类的集体无意识（包括人类各种各样的文化原型和神话）之间的交流。因此他认为，梦境也许会跟客观事件恰好相符 —— 两者同时发生在不同地方。城里的一个女孩梦见一场大火的时候，说不定村里就有个男孩就在同一时间想要点燃谷仓里的一捆干草。这里没有直接的因果关联，只有因为跟普遍心理共同作用而产生的非因果关联。接下来几

1. C. G. Jung, Memories, Dreams, Reflections, pp. 373 – 377.（见《易经·下经·姤（卦四十四）》，周振甫译为："女子强壮而胜男子，不要娶这女子。"——译注）

十年荣格都在这个想法上面深耕细挖，最后发表在1952年出版的一部专著中，这就是《共时性：非因果性关联原则》。

在那个时代研究巧合有什么意义的思想家并不是只有荣格一个。他在一定程度上借鉴了奥地利生物学家保罗·卡默勒（Paul Kammerer）的研究成果，尽管卡默勒自己因为支持拉马克的后天适应可以遗传的进化论思想而颇有争议。卡默勒于1919年出版了一部《序列法则》[1]，讲述了数十种不太可能发生的事件序列，都是从各种地方收集起来的奇闻异事。然而卡默勒并没有像荣格一样将这种不太可能发生的事件序列与由于共同来源而产生的非因果性关联（比如集体无意识）联系起来，而是将这些事情归因于复杂系统中涌现出来的秩序[2]。就这一点来说他走在了时代前列，因为他预见了基于决定论的混沌理论的一个特性，而混沌理论主要是在20世纪70年代乃至之后才建立起来。此外他也指出，有模式比没有模式更容易记住。让人伤心的是，卡默勒于1926年自杀身亡，因此他从来没有机会对荣格的假说 184 提出自己的看法。

关于荣格的非因果性关联来源于共同背景的观点，我们可能马上会注意到这个观点跟量子纠缠的相似之处 —— 这个概

---

1. 此处所说的"序列"（Series）是指通常极为罕见的随机事件在相对较短的时间内（比凭直觉的平均等待时间短得多）发生了多次（至少两次），同时也没有显而易见的原因可以解释。在口语中，"序列法则"是指认为这种序列发生得比"纯属偶然"更频繁，也通常跟另一个看法有关，即认为这个"法则"背后有某种无法解释的物理作用力或统计规则在起作用。卡默勒是最早研究这一现象的科学家。——译注
2. Bernard D. Beitman, "Seriality vs Synchronicity: Kammerer vs Jung". Psychology Today blog, March 25, 2017, https://www.psychologytoday.com/us/blog/connecting-coincidence/201703/seriality-vs-synchronicity-kammerer-vs-jung.

念大概也是在这个时期逐渐成形的。量子纠缠表明，如果一个共同的量子态包含两个粒子，那么这两个粒子的属性就可能会远程相关。有个关键区别是，虽然荣格从来没有在更广大的心理学圈子面前证明自己的假说，让大家都心悦诚服，但量子纠缠得到了无数精心设计、意在消除任何漏洞的实验的广泛支持。至于说心灵这一块，神经科学中没有任何迹象表明，有这么个集体无意识是通过基因传播的。

然而，荣格泛泛而谈的这个见解 —— 自然界中远远不只是有定域性、因果性的关联 —— 肯定会在现代科学中引起反响，尤其是他还在不遗余力去跟物理学界产生交集。尽管这些兴趣始于他跟爱因斯坦共进晚餐时的高谈阔论，真正羽翼丰满搏击云天还是要等到他认识了泡利之后。

## 泡利的危机

到 1930 年年底，泡利作为理论物理学家的成就达到了顶峰，然而他的情感世界天崩地裂。之前的十年间他从索末菲门下的神童变成了最有成就也最受人爱戴的理论学家。具体来讲，不相容原理（通过第四个量子数也就是自旋的发现得到了证明）和中微子假说（虽然未经实验证实，但是已经提供了理解 β 衰变的一种方式）都让他天才的名声更加如雷贯耳。就在粒子世界开始变得越来越井然有序的时候，他自己的世界却在他周围土崩瓦解。

他的一连串麻烦是从三年前开始的。那时他深爱的母亲因父亲不忠而自杀身亡，年仅48岁。不到一年父亲再婚了，娶的是位不到30岁的艺术家，跟泡利那时候的年纪差不多。泡利对父亲的决定嗤之以鼻，管父亲的新婚妻子叫"恶毒后妈"[1]。

那时泡利的职业生涯因为被任命为苏黎世联邦理工学院的教授而走上巅峰，他却越来越觉得幻灭。1929年5月，他放弃了自己出生的宗教天主教，正式离开了教会，原因没有谁能完全说清楚。

泡利经常去柏林，爱因斯坦、薛定谔、普朗克（当时已经荣休，但仍然很活跃）等等学界耆宿让这个地方成了理论物理学的重要中心。有一次去柏林的时候，他认识了卡巴莱舞蹈家凯蒂·德普纳（Käthe Deppner），并开始跟她约会。当时德普纳还有另一个男朋友，是位化学家，但是对泡利的追求也来者不拒。泡利向她求婚，她出于某些原因居然答应了，虽然泡利与她的梦中情人相去甚远。1929年12月，他们结婚了。

这段婚姻从一开始就麻烦不断。德普纳对化学家仍然余情未了，也还在继续跟他见面。没过几周，德普纳就可以说已经把丈夫给忘了。接下来的一年泡利大部分时间都在苏黎世，而她留在了柏林。1930年11月，他俩离婚了。让泡利窝火的是，她最后跟化学家走到了一起。泡利悲叹："她就是找了个斗牛士我都

185

1. Misha Shifman, ed., Standing Together in Troubled Times: Unpublished Letters by Pauli, Einstein, Franck, and Others (Singapore: World Scientific, 2017), p. 4.

能想得通，可就这么个普普通通的化学家……"[1]

　　情感生活变得一团糟的泡利开始抽烟酗酒。苏黎世有家模仿美国地下酒吧风格的去处，叫作"玛丽旧时光酒吧"，泡利成了这里的常客。值得注意的是，他的中微子理论也大致是在这个时候出现的。就算生活里充满了危机，他也能足够专注，让自己保持年富力强的状态。

　　泡利的父亲决定介入，建议他去找荣格治疗一下。泡利对荣格的工作很熟悉，因为荣格经常在联邦理工学院办讲座。泡利接受了父亲的建议，联系荣格约了个时间。那时候，他不顾一切想让自己的内心生活回到正轨，希望治疗能够带来些变化。

　　虽然泡利指望分析心理学的开山祖师能够亲自治疗他，但荣格把他安排给了自己年轻的助手埃尔娜·罗森鲍姆（Erna Rosenbaum）。荣格解释说，考虑到泡利的问题出在跟女性之间，所以可能最好是先由一位女性治疗师来分析。罗森鲍姆那时候还是荣格的学生，没什么经验，但经验本来也不是必须的。她的角色就是把泡利的梦境写下来，直到泡利有足够信心自己来写为止。她对泡利的治疗从1932年2月开始，持续了大概5个月。随后泡利被要求自己掌舵，用有点儿相当于自我分析的方式记录下自己的梦境，记了大概3个月。终于，接下来荣格亲自接手了，给泡利当了两年的治疗师。到荣格开始直接治疗泡利的时

186

---

1. Wolfgang Pauli, 见 Charles P. Enz, Of Matter and Spirit: Selected Essays (Singapore: World Scientific, 2009), p. 153.

候，他已经有了300多个记录下来的梦可供分析，为他形成治疗意见提供了极大帮助。除了分享自己的梦境，泡利也坦承了自己情绪动荡、反复无常、酗酒成性，及和女性打交道的问题。

荣格位于瑞士屈斯纳赫特镇的定制房屋，空间宽敞，有进行心理分析治疗的房间，沃尔夫冈·泡利等很多病人就是在这里接受的治疗。保罗·哈尔彭摄。

　　荣格要研究的是集体无意识对心理的影响，其中也包括梦境和幻觉的作用，出于研究目的，他找出了带有清晰回忆的多个主题。他以爱因斯坦的动态时间和空间概念为基础建立起来的共时性概念，当然能够从一位物理学家的讲述中受益。因此，能够分析一位杰出的量子物理学家（不但做了很复杂的梦而且能很容易地记了下来），实在是得天独厚。

187 　　荣格意识到这位思想家既老于世故又麻烦缠身，他身上的信息很可能是座金矿，因此对他非常关切。荣格作为治疗师出了名的积极主动，跟病人互动起来比弗洛伊德平易近人得多，考虑到这些，荣格想让自己的同行没法指责自己篡改或干预病例。这也是他把泡利分配给罗森鲍姆，并叫她不要妨碍或影响泡利回忆梦境的另一个原因。到最后，荣格直接或间接记录了泡利的大约 1300 个梦，并利用这些梦来做自己的研究（同时对病人保密）。因此有位名叫贝弗利·扎布里斯基（Beverley Zabriskie）的学者不无讽刺地指出："就沃尔夫冈·泡利而言，比起他清醒时的人生和成就来，荣格的……读者对他的潜意识更为熟悉。"[1]

　　泡利怎么能把那么多梦都记得那么详细，实在是个未解之谜。真的，他的记忆力惊人，肯定用某种方法训练过自己。这些梦大大增加了荣格在构思自己理论时可资利用的资源。但是，这当然并非只是一个研究项目，荣格也真心想帮助泡利认识到自己被压制的情感。

　　荣格治疗的主旨是，让泡利知道他的以阿尼玛原型为象征的情感自性，是如何因为纯粹理性而受到压制的。泡利开始认识到自己的生活有多么不平衡。经过两年的治疗，他逐渐变得更加安定——至少有一段时间是这样。到最后他终于能够维

---

1. Beverley Zabriskie,"Jung and Pauli: A Meeting of Rare Minds"in Carl Jung and Wolfgang Pauli, Atom and Archetype — The Pauli/Jung Letters, 1932 — 1958, C. A. Meier 编，David Roscoe 译（Princeton, NJ: Princeton University Press, 2001), p. xxvii.

持一段成熟的关系，1934年，他在伦敦跟弗兰卡·博特拉姆（Franciska"Franca"Bertram）成婚。大概也是在这时候，他决定结束自己的私人疗程。他觉得自己情绪很稳定了，喝酒也比以前少多了——至少暂时如此。尽管不再是荣格的患者，泡利还是继续跟荣格保持着书信往来，包括分享自己的梦境，直到他去世前不久。他们会继续一起推测这些梦的含义，及跟原型有什么关系。

泡利拥有聪明绝顶的数学头脑，可以解决理论物理学中最深奥的问题，因此他的很多梦境中都有几何元素和抽象符号也就不足为奇了。梦中经常会出现圆和直线的对称排列，荣格则会用自己的原型概念来解释这一切。数学物理学滋养了泡利的幻象，而荣格又将其与古代的象征手法联系起来，因此最后在这两个领域之间，这两位思想家找到了有深刻比喻意义的关联。[188]

例如在1935年10月，泡利写信给荣格，说自己梦见有很多人参加了一次物理大会。在梦中他想到了很多代表极化（将一种东西分成两个对立面）的物理学实例的意象，比如电偶极子（正电荷和负电荷的平衡排列），还有原子谱线在外加磁场中的分裂。荣格回信说，这个梦的象征意义很可能代表了"一个（包含）男性和女性的自调节系统中的互补关系"[1]。

---

1. 卡尔·荣格致沃尔夫冈·泡利，1935年10月14日。见 Carl Jung and Wolfgang Pauli, Atom and Archetype — The Pauli/Jung Letters, 1932 — 1958, C. A. Meier 编, David Roscoe 译 (Princeton, NJ: Princeton University Press, 2001), p. 13.

据说弗洛伊德说过这么一句话："有时候雪茄就只是雪茄而已。"[1] 作为物理学家，泡利有时候会梦到跟物理有关的内容不是很自然吗？难道不是"有时候偶极子就只是偶极子而已"，而不是象征着男性和女性的结合？当然是。荣格跟弗洛伊德一样认识到了这种可能，也一般都会小心避免在得出结论时过于武断。

泡利的另一个梦里有一个古老的符号，叫作"衔尾蛇"：一条正在吞食自己尾巴的巨蛇盘绕成了一个圆圈。这个象征符号跟道家的阴阳图也有关系，反映永远都在毁灭和重生这样一个概念，包括季节轮替和自然元素的轮回。这样的图形也显示出泡利等人在研究量子力学的性质时用过的旋转对称。此外，借用东方哲学中的一个词来说，这个图形也形成了一种原始的曼荼罗。

荣格深入研究过东方哲学，曾为威廉翻译的道教内丹术著作《太乙金华宗旨》作注并撰写序言，因此对曼荼罗的概念非常熟悉：由代表整个宇宙的卵石、沙子和其他材料构成的对称的几何图案。荣格正确指出这个概念无处不在，跨越了印度教、佛教和耆那教等多种文化，就连多种美洲土著文化中都能找到类似的身影。曼荼罗为禅修提供了神圣空间，允许人们专心觉知超验真理而不是内心自说自话的纷乱局面。荣格曾这样描述曼荼罗的意义：

> ［曼荼罗］可以用来产生内在秩序——这也是为什么当曼荼罗成系列出现时，往往都跟在以冲突和焦

---

1. 据称为弗洛伊德所说，例如可参见 Arthur Asa Berger, Media Analysis Techniques (Thousand Oaks, CA: Sage Publications, 2005), p. 93.

虑为特征的混乱无序状态后面。曼荼罗代表着安全的　　189
避难所，代表着内心的和谐，也代表着完整。[1]

有一个曼荼罗的象征意义的例子就是泡利梦见的"世界时钟"。这个意象给泡利和荣格都留下了非常深刻的印象。荣格是这样描述的：

> 有一个竖直的圆，还有个水平的圆，圆心都是一样的。这就是世界时钟，由那只青鸟托着。
>
> 竖直圆是个蓝色的圆盘 …… 分为 …… 32个隔断。有个指针在上面转动。
>
> 水平圆由四种颜色组成。上面站着四个手持钟摆的小人，圆的外围放着那枚圆环，以前是黑色的，现在是金色的了……
>
> "时钟"有三种节奏或者说拍子：
>
> 1. 小拍子：蓝色竖直圆盘上的指针前进1/32。
>
> 2. 中拍子：指针完整走完一圈。与此同时，水平圆前进1/32。
>
> 3. 大拍子：32个中拍子相当于金色圆环的一整圈。[2]

---

1. Carl G. Jung, The Archetypes and the Collective Unconscious, R. F. C. Hull 译, (London: Routledge, 1959), p. 384.

2. Carl Jung. 见 Charles P. Enz, No Time to Be Brief — A Scientific Biography of Wolfgang Pauli (New York: Oxford University Press, 2002), p. 246.

泡利跟荣格描述说，他发现世界时钟的和谐有多抚慰人心。也许，世界时钟让他想起了他在描述原子机制时起到的重要作用。而对荣格来说，世界时钟是三维曼荼罗的一个独一无二的例子，展现了一个重要原型——平和禅修的象征符号——与现代物理学的时空概念之间的共性。这也让他怦然心动，想要进一步学习更多物理学知识。

泡利在很大程度上对自己的梦境分析讳莫如深。他允许荣格发表自己的梦境，但要求不得公布做梦的人是谁。（但是在泡利成为荣格的合著者之后，这层关系也就昭然若揭了。）这时候的泡利，同样也没有将自己对心灵与日俱增的兴趣广而告之。有个很重要的例外是他最密切的合作对象和朋友，帕斯夸尔·约尔丹，因为两人都有深入了解心灵世界的热望。

### 心灵学及怀疑者

约尔丹在数学方面非常有天分，在欧洲科学家圈子里也是位很有影响的人物。虽然因为明显的口吃而很难公开演讲，但他笔耕不辍，十分高产，著作跨越了从量子物理学到宇宙学的多个领域。

但在政治上，约尔丹并非总能做出正确的选择。1933年，他在德国加入了纳粹党。后来他声明，做出这个选择是出于职业目标而不是意识形态。纳粹党内支持爱因斯坦相对论的科学家为数不多，他是其中一个，希望能从内部改变党对这个问题的看法。第二次世界大战结束后，在西德的"去纳粹化"时期，泡利为他的品格担保，让他能继续进行自己的学术研究。

1936年，约尔丹写了一部量子理论的入门读物《量子理论浅说》。当时的读者可能会觉得这本书很让人震惊，因为最后一部分谈到了心灵感应实验是否有效[1]。从20世纪30年代开始，他对心灵学有了浓厚兴趣。这是个新兴领域但也颇有争议，研究的是所谓超自然的心理活动，由美国科学家约瑟夫·班克斯·莱因创立，虽说他本来学的是植物学。莱因还创造了"超感官知觉"这个名闻遐迩的词，一般简称ESP。

在1934年写给荣格的一封信中，泡利表示刚开始他对约尔丹拥护心灵学的动机持怀疑态度 —— 不过很奇怪地将其归咎于口吃给他带来的职业生涯上的挫折。泡利一如既往，冷冰冰地评论道：

> [约尔丹] 是个才华横溢、天赋异禀的理论物理学家，肯定也是值得认真对待的人。我不知道他是怎么跟心灵感应和相关现象扯上关系的。然而他对心灵现象和笼统的潜意识概念全神贯注，也很有可能是因为他的个人问题。这些问题尤其在言语缺陷（口吃）的症状中显露无疑，而这个缺陷让他差点儿没法追逐自

191

---

1. Don Howard, "Quantum Mechanics in Context: Pascual Jordan's 1936 Anschauliche Quantentheorie" in Massimiliano and Jaume Navarro, eds., Research and Pedagogy: A History of Quantum Physics Through Its Textbooks (2013), http://edition-open-access. de/studies/2/12/.

己的职业生涯，也可能已经让他的脑力活动有些支离
破碎。[1]

　　跟策尔纳在半个多世纪前对亨利·斯莱德所声称的四维成
绩深信不疑比起来，约尔丹对莱因这些实验的兴趣更加站得住
脚。首先，莱因是一位严肃认真的科学家。他虽然对通灵现象很
感兴趣，但也会在实验室条件下一丝不苟地尝试用严格实验来
证明（至少在他看来很严格）。虽然批评者可能会指出他的实验
技术有缺陷，但没有人能声称他是在试图欺骗轻信的公众——
大家都知道斯莱德可是在这么干。因此，对所谓心灵力量的研
究因为他而受到的尊重要多得多，就连疑神疑鬼的泡利最后也
对莱因的研究结果产生了兴趣。

　　莱因管自己的早期工作叫"超感官知觉的皮尔斯-普拉特
距离系列测试"，于1933年到1934年在心灵学实验室进行。实
验室位于北卡罗来纳州的杜克大学，由莱因和心理学家威
廉·麦独孤（William McDougall）一起创建，厄善顿·辛克莱
的著作《心灵电台》除了爱因斯坦写的序言之外还有一篇序言，
就是这位麦独孤写的。研究对象名叫休伯特·皮尔斯（Hubert
Pearce），是杜克神学院的学生，立志要成为一位牧师。他相信
自己的母亲有千里眼的超能力，还相信自己也继承了这样的能
力。这种可能性让他又是好奇又是紧张。他找到莱因，莱因向他

---

1. 沃尔夫冈·泡利致卡尔·荣格，1934年10月26日。见 Carl Jung and Wolfgang Pauli,
Atom and Archetype — The Pauli/Jung Letters, 1932 — 1958, C. A. Meier 编，David Ros-
coe 译 (Princeton, NJ: Princeton University Press, 2001), p. 5.

保证，可以在实验室条件下用安全方式检验他的能力。

　　莱因找来一名研究生约瑟夫·盖瑟·普拉特（Joseph Gaither Pratt），测试皮尔斯猜出特别设计的"超感官知觉卡片"上的符号的能力。这些卡片是从一副牌里抽出来的，选出来的符号都截然不同：星形、正方形、圆形、十字形和两条波浪线。普拉克选出一张卡片，只有他自己能看到，然后由离得很远的皮尔斯来试着猜一下是上述五个符号当中的哪一个。刚开始他俩坐得比较近，不过后来越离越远，最后他们俩是分别坐在校园里不同的楼里完成的实验：普拉特在物理系大楼里，皮尔斯在图书馆。如果单凭偶然，皮尔斯应该会猜对20%的卡片。但按照莱因的说法，皮尔斯猜中的概率超过30%。莱因声称这就是证明皮尔斯有超感官知觉的证据，并同样用希腊字母$\Psi$来表示。（说来也怪，可能也是无巧不成书，$\Psi$也是量子力学中用来表示波函数的符号。）

192

　　一般来讲，心理学实验并不是由一组研究人员测试一下一位研究对象就完事了的。（莱因在那段时间也测试过另外几位对象，但皮尔斯是最有前景的。）别的实验人员都没能得到同样的实验结果，就算是同样涉及皮尔斯的实验也是。因此，科学界有很多人都对莱因的实验结果半信半疑。莱因在漫长的职业生涯中继续进行着进一步的$\Psi$实验，也测试了大量其他被试。

　　1966年，英国心理学家查尔斯·爱德华·马克·汉塞尔（Charles Edward Mark Hansel）在自己的著作《超感官知觉：科学评估》中对莱因的实验过程提出了质疑。汉塞尔称皮尔斯如果想作弊也没那么难，比如迅速离开自己的桌子通过一扇窗户观察实验程序的各方面特征。但在回应汉塞尔的批评时，莱因、普拉特和皮尔斯全都否认，坚称他们这些实验没有任何地方弄虚作假。

美国作家马丁·加德纳（Martin Gardner）也无法相信心灵学，他同样指出，随着莱因为了回应对他的方法中可能存在的漏洞的各种批评而不断改进实验条件，他的实验结果在统计上也越来越不显著了。在1998年的一篇文章中，加德纳指出："莱因慢慢学会了如何加强控制，与此同时，他能证明 $\psi$ 的证据也越来越站不住脚。然而，除非实验能够由怀疑者重复出来，否则这些证据对其他心灵学家来说永远都没有说服力。到现在为止，还没有人出来做过这样的实验。"[1]

有一位著名科学家对莱因的实验非常认真，这就是精神病专家约翰·斯迈西斯（John R. Smythies），20世纪50年代他曾在伦敦女王医院工作。他主要因为研究致幻物质在治疗精神分裂症时的效果而出名，比如从仙人球中提取的致幻剂墨斯卡灵。1952年，斯迈西斯发表了一篇题为《心灵与更高维度》[2]的文章，称莱因的实验或许可以证明，意识是一种独立的物质，可以通过更高的空间维度相互作用。因此，集体无意识并非来自传承，而是一种更高维度的场，就像卡鲁扎-克莱因的统一理论一样。

---

1. Martin Gardner, in Kendrick Frazier, "A Mind at Play: An Interview with Martin Gardner", Skeptical Inquirer, March/April 1998, pp. 37–38.
2. John R. Smythies, "Minds and Higher Dimensions", Journal of the Society for Psychical Research, vol. 55, no. 812 (1952), pp. 150–156.

泡利注意到了斯迈西斯的文章。1952年3月，他写信给约尔丹："我 …… 听说在英国，关于莱因的实验，有一些数学角度（在很多个维度中）的疯狂猜测出现在心灵研究学会的会刊上。你知不知道点啥？"[1]

同年稍晚，斯迈西斯拜访了荣格。他回忆道："1952年，我在苏黎世和荣格一块待了一天。我们基本上都在讨论墨斯卡灵产生的幻觉和集体无意识。我想不起来他说到过对更高维度的看法。"[2]

荣格也跟莱因直接通信，他认为莱因的实验意义深远，认为这些实验结果可能是集体无意识的证据。在他看来，这些结果表明时间和空间之间的分野可以被打破。在1951年关于共时性的一次演讲中，荣格表示：

> 莱因实验的结果表明非因果现象，也就是所谓的奇迹，似乎是有可能的。有了这样的实验结果，就可以证明时间和空间，因此也就还有因果性，都是可以消除的因素。[3]

莱因一直活到了1980年，直到生命最后一刻都还在批评者面前为自己的研究辩护。而在那时，心理学领域在强调条件控

---

1. 沃尔夫冈·泡利致帕斯夸尔·约尔丹，1952年3月5日，见 Wolfgang Pauli, Wissenschaftlicher Briefwechsel (Scientific Correspondence), Volume IV, Part I, 1950 — 1952, A. Hermann, K. V. Meyenn, and V. F. Weisskopf 编 (Berlin: Springer, 1985), p. 568.
2. 约翰·斯迈西斯写给作者的信，2002年12月20日。
3. Carl Jung, "On Synchronicity", in Synchronicity: An Acausal Connecting Principle, R. F. C. Hull 译 (Princeton, NJ: Princeton University Press, 1973), p. 114.

制和严格的统计学方法时，要求已经严多了。

## 诺贝尔公民

　　第二次世界大战的暴风骤雨撕裂了物理学界，很多人都发现自己成了敌对阵营。跟加入了纳粹党的约尔丹不一样，海森伯强烈反对法西斯主义和反犹主义，极力保持政治中立。然而，他表示要忠于自己的祖国而不是刚好掌权的政党，所以还是决定留在德国，并成了德国核工程的科学带头人。

194　　　泡利出生时并非德国公民。但是在1938年"德奥合并"期间，德国吞并了奥地利，他的奥地利护照失效了。因为他的祖父母是犹太人，如果他申请德国护照，结果肯定会不堪设想。他试图获得瑞士公民身份，但申请了两次都被拒了。虽说作为重要人物，战争期间他很可能可以继续留在瑞士，但毕竟有些冒险。因此，他选择抓住机会前往普林斯顿高等研究院担任客座研究员，爱因斯坦从1933年起就一直在那里工作。这样在战争期间，他可以远离欧洲，保持安全。他在普林斯顿待了大概5年。

　　第二次世界大战在1945年夏天结束了。那年晚些时候，泡利很高兴得知，自己得了诺贝尔物理学奖。当时他已经开始申请美国公民身份，所以并不想离开美国，于是决定不去瑞典参加颁奖仪式。因此，他的同事们，包括爱因斯坦在内，在普林斯顿为他举行了庆祝活动。爱因斯坦起身对泡利大加赞扬时，泡利心花怒放。在泡利看来，爱因斯坦这是在选定他成为理论物理学王位的继任者。包括约翰·惠勒在内的一些本地物理学家还给他颁发了"诺贝尔啤酒奖"：一场非正式的啤酒聚会，用来庆祝他的成就。

对他的诺贝尔奖桂冠还有一项姗姗来迟的认可，就是1956年他受邀参加在德国巴伐利亚州林道赌场举办的第六届林道诺贝尔奖得主大会。在那次活动中，酒店送给他的礼物是一只巧克力金龟子，也叫五月虫，这份礼物让他又是意外又是好笑，因为这是他梦寐以求的那种奇品珍玩，可不是用来吃的 —— 他不同寻常的一生中的另一件奇事。

1946年年初，泡利终于拿到了美国公民身份。然而他跟弗兰卡决定返回苏黎世，继续在联邦理工学院任职。除了因为他更喜欢欧洲文化，也因为跟安静清幽、草木葱茏的普林斯顿比起来，苏黎世这个地方要热闹得多。

1946年年底，泡利安全回到苏黎世之后，开始对文艺复兴晚期两位构建宇宙模型的人，约翰内斯·开普勒和罗伯特·弗拉德的成果有了学术上的兴趣。我们还记得，开普勒和弗拉德提出了很有竞争力的太阳系模型，其中弗拉德把地球和太阳当作两个中心天体，其他行星都绕着这两个中心旋转，而上帝是第三个中心。泡利被他们这些神秘主义的考虑迷住了，尤其是开普勒的著作《宇宙的奥秘》中描述的数字和几何关系，及他对基督教中三位一体的相关解释，于是决定用类似荣格的方法来分析他们的作品。

在写给荣格的一封信中，泡利说自己最早的研究动机是因为一个奇怪的梦，梦见罗马宗教裁判所在迫害布鲁诺、伽利略等等天文学家。泡利发现自己也在受审，绝望地写了张便条，托一位信使带给弗兰卡。弗兰卡马上出现在宗教裁判所的法庭上，跟他抱怨道："你忘了跟我说晚安。"[1] 这下子，他不只是有宗教裁判所的麻烦，还多了他妻子的麻烦！

随着梦境继续，一个高个金发男子跟泡利解释，法官们不大理解自转和公转的概念，泡利应该跟他们解释一下。泡利对这些基本概念无比了然，而法官们的无知也许有助于解释为什么他们对这些天文学家的判决那么严苛。这个梦结束的时候，泡利对弗兰卡感叹这些天文学家真是不容易，也终于道了晚安。

泡利的解释是，男性思想家的妻子代表这个世界的阿尼玛，而在客观的现代科学兴起的过程中，男性思想家忽略了这个世界的阿尼玛，正如妻子被他们遗忘了一样。这个解释让他开始研究开普勒和弗拉德之间的区别。开普勒对三位一体的解释（如前所述，他是用球体的中心、表面和内部来说的）将精神呈现为机械系统的一部分，并试图把阿尼玛纳入有意识的体验（也就是对太阳系苦思冥想）。这样一来，自转的属性就从精神领域（三维曼荼罗，比如世界时钟）来到了物质领域（实体的太阳系）。这样一种角色分配，泡利称为"自转的具体化"。这也是

---

1. 沃尔夫冈·泡利致卡尔·荣格，1934年10月26日。见 Carl Jung and Wolfgang Pauli, Atom and Archetype — The Pauli/Jung Letters, 1932 — 1958, C. A. Meier 编, David Roscoe 译 (Princeton, NJ: Princeton University Press, 2001), p. 31.

为什么自转在梦里很靠不住。

弗拉德就不一样了，他给地球、太阳和上帝分配了不同的角色，这样就能对物质和精神之间的平衡有个更全面的了解。他的体系没有去把自转具体化，因为自转并不是这个体系的物理属性。因此，泡利认为，我们需要认真对待弗拉德神秘主义的评论，这样才能跟开普勒的纯粹理性保持均衡。 196

泡利也相信，量子力学最终会指出，我们需要一个将观测者和观测对象 —— 也就是心灵和物质 —— 都包括进来的统一理论。在泡利看来，从这个角度来说，开普勒尝试将精神世界几何化并容纳进来，这种努力可以说是一种倒退，而弗拉德早在量子力学问世好几百年前就在试图纠正这一点。（请注意，这基本上不可能是开普勒的目的，前面我们讨论他的科学贡献时已经能看到这一点，不过这还是形成了一个很有意思的对比。）

对于泡利的意识和物质需要一个统一理论的呼声，荣格打心底里认同。早在他跟爱因斯坦共进晚餐的时候，及在他跟威廉促膝长谈的时候，他就在希望能有这样一个理论。荣格给心灵和物质的统一也分配了一个术语Unus mundus，就是拉丁语中的"一个世界"。

## 研究所里发大水

1947年，荣格实现了自己的一个梦想 —— 成立一个心理学研究所。在创建这个位于瑞士的荣格研究所的过程中，他恳请（作为诺贝尔奖得主备受尊敬的）泡利成为研究所的赞助人。泡利本来就对荣格感激不尽，现在也很想进一步促进他们的合作，于是欣然应允，很热情地参与了进来。

　　荣格也邀请了泡利来心理学俱乐部做两次讲座，时间分别是 2 月 28 日和 3 月 6 日。泡利很高兴能有机会探讨他对开普勒、弗拉德和原型的看法。在科学界，讲座通常有助于各种想法在写成文章之前丰满起来。泡利已经在撰写一篇长文《原型概念对开普勒理论的影响》，并希望能以某种形式发表。

　　1948 年 4 月 24 日，荣格研究所成立了，开业典礼办得相当隆重。当然，泡利也是嘉宾之一。似乎一切都在按部就班顺利进行，表明这次活动会取得圆满成功。至少一开始是这样……

　　突然之间传来一声巨响。有个好端端放在架子上的精美的中国花瓶，似乎自行决定要去跳个伞，于是出乎意料地掉了下来。花瓶在地板上摔了个粉碎，里面的水也在房间的那个角落洒得到处都是。研究所遭到了这场大水的洗礼。

　　还记得"泡利效应"吗？泡利本人肯定是记得的——只是因为有他在场，实验室就会遭到破坏，这已经成了他的认证标志。他开始非常认真地对待这个事情，而不是仅仅当作一个玩笑。

瑞士苏黎世的心理学俱乐部，卡尔·荣格、沃尔夫冈·泡利等人都曾在此发表演讲。保罗·哈尔彭摄。

德语中"大水"这个词是Flut，其读音就跟弗拉德这个名字几乎一模一样。英语中的"大水"和"弗拉德"的发音也非常像。这个巧合让泡利有点儿瘆得慌，在这么小的一场"大水"和自己的研究之间，他看到了有意义的巧合。他开始相信，也许"泡利效应"真的是一种真实现象，跟荣格的非因果性关联理论有关，而并非只是个用来搞笑的主题。

泡利把自己关于开普勒、弗拉德和原型的想法都写了下来，

198　也思考着研究所开业典礼上的无巧不成书。与此同时，泡利鼓励荣格去完善、发展他自己关于共时性的想法并最终形诸文字，因为他认为，这个概念的应用价值非常广泛。

弗里曼·戴森在回忆起泡利在他生命中那段时间的兴趣和心情时写道：

> 1951年的夏天我是和泡利在苏黎世联邦理工学院一起度过的。我是唯一的访客，因此午饭后他经常邀请我一起在城里散步，他会一边散步一边谈论他感兴趣的所有话题，物理、心理学、文学、政治，无所不包。我们也经常会在一家咖啡店停下来吃冰激凌，虽然他的医生不许他吃。那个夏天，他的心情异常地宁静。[1]

诺贝尔奖在手的泡利并不需要再证明什么。尽管如此，他还是像爱因斯坦一样，渴望找到一种解释来把周围的世界统一起来。他继续跟荣格你来我往，就跟他的这个愿望有莫大关系。

**好事成双还翻番**

泡利和荣格之间的合作有一个方面很值得注意，就是在他们的讨论于20世纪50年代早期达到高潮时，他们的话语已经

---

1. 弗里曼·戴森写给作者的信，2019年2月22日。

开始趋于一致。因为泡利，荣格对量子物理学，包括其中偶然性的特点和观测者的作用，都变得了然于心；因为荣格，泡利深深沉浸在对神秘主义、数字命理学和古老的象征主义的研究中。

这对搭档开始对某些数字特别痴迷，就像毕达哥拉斯学派一样。他们关注的对象之一是数字2。两人都认为玻尔的互补性原理带来了一场革命，证明了大自然本质上就是对立面的联合统一：波和粒子，观测者和观测对象，等等。好玩的是，玻尔自己很可能是受到了丹麦哲学家索伦·克尔凯郭尔（Søren Kierkegaard）著作《非此即彼》中的二分法的影响，还在自己的家族纹章上加了个阴阳图。海森伯的不确定性原理也体现了自身的二元性：位置和动量，能量和存续时间，对其一了解越多，就意味着对同组另一个对象了解越少。[199]

在治疗期间，泡利逐渐开始拥护荣格二元性的原型思想。荣格认为，男性倾向于压制自己女性的一面（阿尼玛），女性则倾向于压制自己男性的一面（阿尼玛斯），泡利对此表示认同。荣格断言，他的很多梦境都有反映这种压制的象征符号，泡利也全盘接受。

最终，这些兴趣让泡利开始进一步研究物理学中的这类对称性，比如电荷共轭（交换正负电荷）、宇称（镜面反射）不变和时间反演对称。1954年在参加为庆祝次年玻尔的70岁生日而举办的活动时，泡利与另一些人共同提出了重要的正反共轭空间反射时间反演不变性，即CPT定理，又叫吕德斯－泡利定理或施温格－吕德斯－泡利定理。可以说，正是对这几种对称性的研究激发了他的灵感，因为CPT定理相当于将这三个操作结合在一起，形成单一、绝对的不变性。

　　在泡利和荣格的数字命理学词汇表中，还有个词比二元性更加重要，就是"四元数"：四种元素的结合。这个概念可以追溯到恩培多克勒的四元素（后来也成了炼金术的重要组成部分），及毕达哥拉斯学派的"圣十"符号（由前四个自然数组成的三角形）。正四面体是柏拉图立体中最简单的一个。在希伯来的神秘主义流派中，比如说卡巴拉派中，上帝神圣的名字不可以说出来，而只能说"四字神名"，也是有四个字母。曼荼罗一般都会有一个正方形位于中心，周围是一些对称图形。

　　物理学中也经常可以看到数字4的身影。回想一下，泡利的重要贡献中有一条就是一组四个的自旋矩阵（包括单位矩阵），相当于威廉·哈密顿的四元数；基本的相互作用有四种；时空有四个维度；广义相对论以黎曼张量等数学实体为基础，而黎曼张量有四个指标，等等。

　　除了对数字2和数字4的兴趣，泡利和另一些物理学圈子里的杰出成员同样共有的，还有将数学推理用于解释为什么基本常数都是这样的具体数值，而这些人包括爱丁顿、玻恩和狄拉克。这个思路的终极目标就是，能够从零开始把索末菲的精细结构常数（约等于素数137的倒数）给算出来。1929年，爱丁顿率先提出，大自然的基本常数，包括宇宙中质子的数量和精细结构常数，都彼此相关。他错误地认为精细结构常数刚好是1/137，并以这一假定事实为基础进行了一些计算。

根据科学史学家阿瑟·米勒（Arthur I. Miller）的记录，1934年，泡利在写给海森伯的一封信中，还有在苏黎世的一次演讲中提到，解决精细结构常数问题非常重要。米勒推测，"荣格的精神分析带来的影响让他开始关注神秘主义的胡思乱想"[1]，这可能是促使泡利开始考虑这个问题的因素之一。

无巧不成书，刚好是泡利的学生维克多·韦斯科普夫（Victor "Viki" Weisskopf）给137这个数字找到了一个神秘主义的解释。韦斯科普夫从著名宗教历史学家格尔肖姆·朔莱姆（Gershom Scholem）那里了解到，137这个数字在希伯来字母代码（希伯来数秘术）中刚好代表"卡巴拉"这个词[2]。泡利尽管对数字命理学和神秘主义也很感兴趣，但似乎他自己并没有对这个关系有多上心。

**非因果性关联原则**

1950年，荣格开始锤炼自己的共时性概念，准备就这个主

---

1. Arthur I. Miller, Deciphering the Cosmic Number: The Strange Friendship of Wolfgang Pauli and Carl Jung (New York: Norton, 2010), p. 252.（该书已有中文繁体译本。——编注）
2. Miller, p. 258.（希伯来字母代码是以希伯来语和希伯来字母为基础的一种数秘术，将希伯来字母与数字对应起来，也是卡巴拉派用来解经的一种方式。"卡巴拉"一词在希伯来语中的几个字母对应的数字分别是100、30、5、2，相加可以得出137。——译注）

题写成一部著作。在泡利的帮助下，他希望能将这个概念塑造为能得到心理学界公认的重要原则。作为目标之一，他也汲汲于开发自己的象征符号 —— 一个四元数 —— 来标记大自然是如何关联起来的。

201　　荣格计划就这个主题在心理俱乐部做一个分成两部分的讲座，时间分别是1951年1月20日和2月3日。1950年6月20日，在准备讲座时，他给泡利写了封信，里面有张四元数图，将因果关系和对应关系（指的是一种非因果性关联，跟赫尔墨斯派的对应原理类似）相提并论，也将时间和空间等量齐观[1]。这张图看起来长这样：

1950年11月24日，在有机会审视过荣格的图表之后，泡利对他将时间和空间分离为对立面的做法提出了批评。泡利指出，爱因斯坦的革命将时间和空间融合为单一的实体，叫作时空，而不是视为对立面。他继而建议将这张图修改一下（荣格继续稍作修改之后也接受了）：

1. 卡尔·荣格致沃尔夫冈·泡利，1950年6月20日。见 Carl Jung and Wolfgang Pauli, Atom and Archetype — The Pauli/Jung Letters, 1932 — 1958, C. A. Meier 编，David Roscoe 译 (Princeton, NJ: Princeton University Press, 2001), p. 45.

能量（守恒）

因果性 ——————— | ——————— 共时性

时空统一体

泡利将能量（以及动量）与时空对立起来，跟相对论版本的海森伯不确定性原理中的二分法倒是不谋而合。对时空的了解越多，对能量和动量（类似于相对论中的四维实体）的了解就会越少，反之亦然。

泡利的因果性概念叫作"统计因果性"，跟机械论的模型截然不同，后来荣格也采用了这个概念。泡利指出，既然某些类型的单次量子测量的结果是随机的（比如要确定一份放射性样品在特定时间范围内是否发生了一次衰变），那么关于因果关系的定律就需要把偶然和平均的概念也考虑进来。因此，只有研究人员对多次实验取平均值，实验结果才能说是可预测的。

在同一封信中，泡利也把共时性跟莱因的读心术研究联系了起来：

202

> 你自己也说，你的工作完全取决于莱因的实验。我也同样认为，实验背后基于经验的工作非常扎实。[1]

---

1. 沃尔夫冈·泡利致卡尔·荣格，1950年12月24日。见 Carl Jung and Wolfgang Pauli, Atom and Archetype — The Pauli/Jung Letters, 1932 — 1958, C. A. Meier 编，David Roscoe 译 (Princeton, NJ: Princeton University Press, 2001), p. 58.

　　泡利的建议让荣格热血沸腾。作为回应，他提出了一个大胆的假说，将共时性大而化之到将没有心理成分的非因果性也包括了进来 —— 也就是说完全只有物理性的相互作用。他并没有明确说到量子纠缠，但可以肯定也包含在这个扩展定义里。但是，荣格的推而广之其实让共时性的概念跟莱因的实验结果分道扬镳，这也恰好是在他和泡利开始支持莱因的时候，简直让人哭笑不得。广义的共时性等于在说所有非因果性关联原则，鼓励了人们去探索宇宙是怎么通过对称性和因果链之外的其他机制相互交织在一起的。

　　尽管有所保留，泡利还是看到了荣格的扩展定义的价值。他强调，对物理过程的任何扩展，都需要超越心理学术语的范畴，比如原型这种词就并不合适。1950 年 12 月 12 日，他给荣格写信道："更一般的问题似乎关系到自然界中各式各样的整体、非因果形式的井然有序，及这种现象出现的条件。可以是自发的，也可以是'诱发'的 —— 人类设计并执行实验得到的结果。"[1]

　　1952 年荣格和泡利的合作达到了顶峰，他们共同出版了一部著作，名为《对自然和心灵的诠释》。该书包括两部分，荣格的《共时性：非因果性关联原则》，和泡利的《原型概念对开普勒科学思想的影响》。对于任何仔细阅读过这部作品的人来说，

---

1. 沃尔夫冈·泡利致卡尔·荣格，1950 年 12 月 12 日，见 Carl Jung and Wolfgang Pauli, Atom and Archetype — The Pauli/Jung Letters, 1932 — 1958, C. A. Meier 编，David Roscoe 译 (Princeton, NJ: Princeton University Press, 2001), p. 64.

他们的合作实际上等于揭露了荣格那些梦境材料都是从泡利那里来的。数十年后，该书第一部分（荣格那部分）发行了大众平装本。荣格将"有意义的巧合"与共时性联系在一起，并举了个例子，就是他那个著名的圣甲虫的故事：

> 我正在治疗的一个女孩子在一个关键时刻做了个梦，梦见自己得到了一只金色的圣甲虫。在她跟我讲这个梦的时候，我背对紧闭的窗户坐着。突然我听到背后有一阵杂音，好像有什么东西在轻轻叩击。我转过身，看见一只飞虫正在外面敲着窗户玻璃。我打开窗，在这只生灵飞进来的时候抓住了它。这是在我们这个纬度能发现的跟金色圣甲虫最接近的东西了：金龟子甲虫……[1]

203

从科学角度来说，这种轶事证据并不能让荣格得出自己的观点。心理治疗师只要分析过多名病人的数千个梦，就都会在某个时候纯属偶然地注意到梦中的元素与现实生活中常见的一些事情（比如碰到昆虫）之间的巧合。实际上荣格自己也坦承，他讲述的每一个故事也都可以有别的解释——他只是想让读者注意其中的规律。更加强调他将物理的非因果性关联（例如量子纠缠和对称性等关系）也包括在内的大而化之的共时性定义，是可以给超越纯粹因果范畴的必要性提供更强有力的论据的。但现在的情况是，荣格将意外、梦境和神话一股脑放在一起，

---

1. Carl Jung and Wolfgang Pauli, The Interpretation of Nature and the Psyche, R. F. C. Hull and Priscilla Silz 译 (New York: Pantheon Books, 1955), p. 31.

除了泡利之外，好像并没赢得多少科学方面的拥趸。有位著名数学家匿名给这本书写了篇书评，得出的结论是："在透彻研读了他们的著作好几个月之后，我清清楚楚地发现，他俩全都彻头彻尾疯掉了。"[1]

## 对话结束

泡利和荣格的长期通信结束于两人1957年8月的书信往还。泡利在那个月写给荣格的信算得上是最长的一封，用长篇大论阐述了物理学中的对称性。在写这封信时，泡利正处于震惊状态。大自然的对称性之一，宇称不变性，本来被认为是不会改变的，结果却在某些弱衰变中被破坏了。唯一让他感到高兴的是，他没有把赌注全押在宇称守恒上。

泡利指出了这样一个出人意料的事实："上帝毕竟还是有点儿左撇子"，说的是某些粒子相对于自身运动只以一种方式盘旋，可以类比为单只的左手手套。尽管如此，泡利还是从另一个事实中得到了些许安慰："人人都认可CPT定理"[2]。尽管在大自然中有一种对称性似乎并不完美，他还是相信其他对称性不会遭到破坏。

204

---

1. 读者评注，Carl Jung and Wolfgang Pauli, The Interpretation of Nature and the Psyche, R. F. C. Hull and Priscilla Silz译 (New York: Pantheon Books, 1955); https://cds.cern.ch/record/2229568/?ln=en.
2. 沃尔夫冈·泡利致卡尔·荣格，1957年8月5日。见 Carl Jung and Wolfgang Pauli, Atom and Archetype — The Pauli/Jung Letters, 1932 — 1958, C. A. Meier编，David Roscoe译 (Princeton, NJ: Princeton University Press, 2001), p. 62.

在同一封信中，泡利讲述了1954年做的一个梦，是跟一个神秘女子在同一个房间里。他俩看了几个涉及反射的物理实验。由于某些原因，只有他俩知道镜像并非真实物体，其他人都认为那些反射图像是真的。他认为，这个梦是他痴迷于镜像的一个例子。

荣格带着极大兴趣给泡利回了信，将泡利提到的梦解释为象征着对立面的调和，比如身体和心灵。荣格提出，宇称对称在弱相互作用中被破坏就有点像仲裁人 —— 也叫"第三方"——在原本势均力敌的两个对立面之间裁决时偏袒其中一方。比如说，这个第三方说不定会略微偏向心灵而非身体，打破两者之间的对称。荣格这封信剩下的内容都在深入探讨他新近对"幽浮"（不明飞行物）产生的兴趣，他已经得出结论，那些不明飞行物要么真实存在（来自太空），要么就是自成其原型的一种新神话。

在那之后又过了一年多泡利的生命才走到终点，为什么他和荣格的长期通信会在这次书信往还中结束呢？个中原因，我们只能猜测了。就算是好朋友之间，鱼雁传书有时候也会中断几个月甚至几年。

再说，我们通过泡利对其他物理学家的态度也已经看到，他内心深处是一个怀疑论者。他会批判性地审视所有教条成规，就是荣格的也不例外。比如他就曾向玻尔抱怨，荣格的方法有些变幻莫测：

> 荣格学派的思想比弗洛伊德那一派要更能兼容并
> 包，但相应地也就没那么清晰。让我最不满意的似乎
> 是荣格对"心灵"这个概念的使用很情绪化也很模糊，
> 甚至在逻辑上都没法自圆其说。[1]

泡利也开始怀疑莱因的方法。他有一封写给莱因的信所署
日期是1957年2月25日，但直到他去世后莱因才收到。在信中
泡利向莱因问起一篇他听说过的对心灵学提出批评的文章。莱
因让这封信搞得很窝火，于是向荣格发牢骚，荣格试图找到这
篇批判性的文章，但一无所获[2]。

泡利跟荣格渐行渐远的另一个因素是，荣格对不明飞行
物太痴迷了。泡利对这个问题也有几分好奇，但没到愿意花多
少时间在这上头的程度，尽管荣格也许希望他能这么做。那段
时间泡利也正在跟海森伯就统一场论并肩奋战。此外，这也是
泡利被诊断为胰腺癌的前一年，此时他的体力已经开始下降。
因此，导致这场漫长而富有成效的对话结束的，有多方面的
原因[3]。

---

1. 沃尔夫冈·泡利致尼尔斯·玻尔，1955年2月15日，CERN (Pauli Archive), the Pauli Committee at CERN 授权引用。
2. 莱因致荣格，1959年4月24日，Jung Correspondence, ETH-Zürich Archives.
3. David P. Lindorff, Pauli and Jung — The Meeting of Two Great Minds (New York: Quest Books, 2004), p. 238.

# 第 8 章
# 错误映像：在大自然不完美的镜屋中漫步

> 现在的物理专业学生可能很难意识到过去最常见的忌讳……[那时候]无法想象会有人质疑"空间反转""电荷共轭"和"时间反演"下的对称性是否有效。通过实验来检验这么邪恶的想法都几乎可以说是在亵渎神明。我记得很清楚，在我和同事……在极化 $^{60}$Co 实验中观测到宇称破坏之后，我收到一封信，是泡利教授写来的。他认定我不会观测到我们打算观测的现象……那位伟大的物理学家理查德·费曼还公开打赌，说实验结果……将证明宇称没有被破坏……至于说泡利教授，他很高兴自己并没有在可能的结果上面下太大赌注。[1]
>
> ——吴健雄《宇称破坏》

纯粹以数学原理（比如说对称性）为基础建立起来的简洁的理论，就像珍贵的水晶花瓶。制作精美的玻璃器皿也许能用

---

1. Chien-Shiung Wu, " Parity Violation ", in Harvey B. Newman and Thomas Ypsilantis, eds., History of Original Ideas and Basic Discoveries in Particle Physics (New York: Plenum, 1996), pp. 381–382.

上很多年，因其对称的美感引人注目。这也是为刚刚剪下的花提供的一个华美的展示平台，有实打实的美学意义。但是，假如说器皿底部出现了一个小裂缝，能让水渗出来。虽然其对称性仍然几近完美，但其功用还是改变了。这个器皿最后可能会被放进捐赠箱甚至扔进垃圾桶，全都只是因为一个瑕疵而已。或者，也许我们能找到办法来修补一下，让这个器皿在审美上也许不再那么完美但是仍然有实际功用。与此类似，理论学家也经常面临这样的选择，是抛弃已经出现裂缝的结构，还是另外找个办法使之仍然可行。

有时候对于白璧微瑕的作品，制作工匠可能会试图否认作品有不完美之处。他们仍然沉迷于一开始对这件作品的想象，可能无法客观判断应该做什么。

例如薛定谔就一直坚持他对自己一手建立的波动方程最早的解释，认为这是描述物质脉动的动力学机制的一种方法，尽管已经有证据表明，量子测量还涉及一些额外步骤。马克斯·玻恩、约翰·冯·诺伊曼等人都想了些办法来让这个方程继续有效，比如修改方程的含义，将方程与实际观测联系起来使之增强等等，这也是帮了薛定谔一个大忙。虽说薛定谔因为波动方程荣获诺贝尔奖是实至名归，但这些还是让他很不是滋味。他的反对意见采取了演讲和论文的形式，比如他1952年有一篇文章叫《量子跃迁存在吗？》[1]，就在呼吁对量子状态的转换

---

1. Erwin Schrödinger, " Are There Quantum Jumps? " The British Journal for the Philosophy of Science, vol. 3, no. 10 (August 1952), pp. 109–123.

采取连续性的解释，而不是像玻尔和海森伯主张的那样用离散的跳跃来解释。

泡利也是诺贝尔奖得主，到晚年也会为自己所珍视的对大自然的想象严防死守。在对别人评头论足的时候，他会激动万分地坚持认为，是对称性在主宰这个宇宙。宇宙在某种意义上可以比喻成跷跷板，所有事物都必须保持平衡：自旋向上伴随着自旋向下，正电荷总是和负电荷并肩出现，共时性是因果性的对应物，时光倒流跟时间前行相映成趣，镜面反射则和原始图像秤不离砣。跟毕达哥拉斯、柏拉图和开普勒一脉相承，这就是他珍视的对称的世界 —— 毫无瑕疵、珍贵无比的水晶。

毕竟，这些跟守恒定律联系在一起的对称性有望带来自然界中最基本的远程关联，能够补充甚至超越大自然的机械论原则。对于在对称性的基础上建立一个万有理论的希望，泡利并不想放弃。实际上，就算在知道了宇称对称性在某些弱相互作用中已经破缺之后，他的第一反应都还是转而关注海森伯提出 208 的一种考虑了这些进展的统一理论，一直到其他物理学家纷纷指出这个理论的缺陷之后才终于放弃。

## 吴女士的信念

与理论物理学中梦寐以求的对称性形成鲜明对比的，是志向远大的女物理学家在职业发展上的不对称，这是她们的噩梦。20世纪大部分时间里，女性走上职业道路的障碍都可以说几乎无法逾越。如果要说有哪些杰出科学家刚好也是女性，我们脑子里第一个想到的多半是伟大的居里夫人，但是就连她都要面对性别歧视和打压。例如 1911 年，法国科学院拒绝她加入，理由是历史上一直只有男性成员。那时候她已经获得了诺贝尔物理学奖，随后不久还会获得诺贝尔化学奖。第二位获得诺贝尔物理学奖的女性是玛丽亚·格佩特·迈耶（Maria Goeppert Mayer），她也同样面临着歧视。她发现想要找份带薪工作十分困难，原因只不过是她丈夫已经是教授了。另外我们也已经看到，埃米·诺特想在哥廷根大学谋份教职时面临的障碍。

当然，对我们周围的世界充满好奇心的小女孩并非总能认识到这些艰难险阻，仍然会志存高远。有时候，她们也许会冲破阻碍，甚至打破虚假的对称。

1912 年 5 月 31 日在中国上海附近的一个小镇上出生的吴健雄（晚年人们常常称她为"吴女士"）十分幸运，因为她有一位认为男女平等的父亲。父亲创办了明德女子职业学校，这是当时少数几所招收女生的学校之一，吴健雄就在这里就读。完成学业后，她去了颇有声望的南京大学，并在那里获得了物理学学位，居里夫人以前的一位学生也在这所大学任教。

1936 年，吴健雄远渡重洋前往加州，并在那里进入加州大学伯克利分校就读。1940 年完成博士学位后，她一开始也没办法找到教授职位。她接受了几个讲师职位（对她来说完全是大材小用），又参与了曼哈顿计划，之后才终于在哥伦比亚大学得到一份教授职位。在那里她逐渐成为β衰变领域的知名专家，帮助验证了费米关于β衰变如何发生的理论。

209

实验物理学家吴健雄（右）和理论物理学家沃尔夫冈·泡利。吴健雄证明，在某些弱相互作用衰变中，宇称对称并不守恒。图片来自美国物理联合会，埃米利奥·赛格雷视觉材料档案馆。

20世纪50年代初，在宇宙线残骸中发现了很多新粒子，其中有两种介子（自旋为整数的特殊种类的强子）看起来几乎在所有方面都一模一样，只除了衰变方式有所不同。人们分别称为τ介子和θ介子，前者会衰变为三个π介子（另一种介子），后者则会衰变为两个π介子。两种衰变模式都有总电荷守恒，其他所有特征也都是如此，只除了空间分布有所不同。

1956年，李政道和杨振宁这两位青年物理学家共同发表了一篇开创性的论文《弱相互作用中的宇称守恒问题》，推测 τ 介子和 θ 介子其实是完全一样的粒子——现在叫作 K 介子或者 K 子。这两种行为模式的不同之处很简单，就是两者既不是互为复写本，也不是互为镜像反射。他们推测，宇称——镜面反射——在某些弱相互作用中并不守恒，尽管在电磁力和强相互作用中宇称明明都是守恒的。他们提出可以用衰变实验来检验他们的假说。

210

李政道在哥伦比亚大学工作。在撰写论文的过程中，他咨询了吴健雄的意见。吴健雄马上表示对检验宇称破坏的想法深感兴趣。跟李政道激烈讨论之后，吴健雄提出了将钴－60放射源极化（将自旋模式分开）的想法。吴健雄跟位于美国首都华盛顿的美国国家标准局的研究人员有密切合作，那里是进行这种高精度测量最理想的地方。

李政道和杨振宁的文章刚刚发表，检验他们这个假说的竞赛就争分夺秒地开始了。吴健雄夫妇本来计划回中国过圣诞节，已经为这趟长途旅行订了两张伊丽莎白女王号远洋客轮的票。但是，吴健雄确信李政道和杨振宁的结果非常重要，也担心别的团队会先她一步确认这个假说，于是取消了自己的计划，让丈夫独自登上客轮，自己坐火车南下去了美国国家统计局[1]。

---

1. Jennifer Ouellette," Madame Wu and the Holiday Experiment That Changed Physics Forever ", Gizmodo, December 2015, gizmodo.com/madame-wu-and-the-holiday-experiment-that-changed-physics-1749319896.

要将钴－60极化，就需要将样本冷却到接近绝对零度的低温，然后放在强磁场中。原子核的自旋状态（是原子核里的质子和中子状态的叠加态）通常会跟磁场的方向对齐，让总体能量降到最低。吴健雄和同事们随后比较了原子核通过放射性β衰变释放出来的电子有多少方向是朝上的，又有多少方向是朝下的。他们发现，这两个数字有显著差异，表明大自然偏爱其中一种衰变模式，对其镜像则冷若冰霜。

钴－60表现得就像是一个草坪洒水器，不知道出于什么原因，让草地的一边大水漫灌，另一边却只是洒了点毛毛雨——或是一位棒球投手尽管两只手都很灵巧，但还是更喜欢用左手投球。尽管样本在总体上是对称的，但样本发射的电子显然并不对称。李政道和杨振宁是对的。在某些类型的弱相互作用中，宇称破缺了。

吴健雄回到哥伦比亚大学，把这个消息告诉了李政道，李政道又兴奋地告诉了杨振宁。李政道在每周例行的中餐午餐会上提到了这个消息，而物理系的其他教员都会参加这个午餐会，其中就有里昂·莱德曼（Leon Lederman）。莱德曼马上想到了一个用回旋加速器产生的μ子（电子的质量更大的一位近[211]亲）来检验宇称破坏的办法。他跟以前的一位同事理查德·加文（Richard Garwin）和他的研究生马塞尔·魏因里希（Marcel Weinrich）一起进行了这样一个实验。作为第二支团队，他们同样发现了宇称破坏的证据。为了对吴健雄的团队公平起见，考虑到她对这一重要发现有优先权，是吴健雄先提交的论文，第二个团队随后才提交。然而，因为发现宇称破坏而颁发的诺贝尔奖还是只发给了李政道和杨振宁两位理论物理学家。吴健雄未能获此殊荣，这也是对女科学家有偏见的又一个例子，常有人为她鸣不平。尽管如此，她这一生还是获得了很多很高的荣誉，包括美国国家科学奖章，及当选为美国物理学会（APS）首位女性会长。

### 反手中微子

在这些团队得出结果后没多久，泡利就从吴健雄在美国国家标准局的一位同事乔治·泰默尔（Georges M. Temmer）那里知道了消息，因为他刚好在那个时候去了趟欧洲。在泰默尔告诉泡利宇称对称已经不再守恒之后，泡利的评论是："一派胡言！"泰默尔答道："我可以保证实验证明确实不守恒了。"泡利继续坚持说道："那这个实验必须能重复才行。"[1]

像镜面反射这么基本的对称性都不再完好无缺了，这对泡利对自然秩序的感觉来说是深深的创伤。他的偶像开普勒在面对行星的非圆周运动时，最后还是接受了科学方法得出的结论，泡利也是如此。随着大量实验接连证实弱相互作用中的宇称破坏，就连泡利也不得不信服了。

---

1. 乔治·泰默尔与 Ralph P. Hudson 的私下交谈，见 Ralph P. Hudson，" Reversal of the Parity Conservation Law in Nuclear Physics" . A Century of Excellence in Measurements, Standards, and Technology, David R. Lide 编 (Washington, DC: National Institute of Standards and Technology, 2001), p. 114.

而结果表明在这过程中厥功至伟的正是跟泡利关系最大的粒子中微子，这实在是让人哭笑不得。跟宇称有关的一个概念是手性，也就是"惯用手"。事实证明中微子都是左撇子，也就是口语中说的"反手"，也就是说中微子的自旋状态和运动方向是反相关的。与之相反，反中微子都是右利手，也就是"正手"。因此，在不同类型的β衰变中，及其他形式的弱衰变中，如果产生了中微子或反中微子，与之对立的手性却没有出现，自然界中的镜面反射对称就被打破了。 212

这种情况就像有一对一模一样的左撇子双胞胎姐妹面对面站在一个空框架的两边，假装是彼此的镜像。其中妹妹坚持要给自己戴上一只左手的棒球手套，并要求姐姐也找一只右手的手套戴在右手上，这样就能保持镜像的感觉。但她们一只右手的手套也没有。姐姐也戴上了一只左手的，宇称对称就被破坏了。就像跟中微子的相互作用一样，姐妹俩无法组成完美的镜像。

但是，电子以及其他大部分基本粒子都有左旋和右旋两种形式。为什么只会出现反手的中微子，这是一个真正的谜团，到现在还没有得到解决。

即使宇称对称在某些弱衰变中破缺了之后，当时很多物理学家都仍然相信，另一种与之相关的对称性，时间反演对称肯定还是完好无缺的。然而命运弄人，在瓦尔·菲奇（Val Fitch）和詹姆斯·克罗宁（James Cronin）于1964年进行的K介子衰变实验中，这个假设同样被证明是错误的。

时间反演对称性的概念历史非常悠久，可以追溯到经典物理学时期。牛顿的运动定律在时间上是完全对称的。也就是说，如果把经典粒子的微观相互作用拍摄下来，那么这段影片无论是正着放还是倒着放，看起来都是一样的。但是到了19世纪，熵增原理表明在宏观层面上，不断积累的废弃能量会对应一个明显的时间之箭。

量子力学的基本方程关注的是微观对象，同样也是时间反演不变的。然而测量过程会触发波函数坍缩，而坍缩在时间上有个更优先的方向。不过你也可能会说，时间之箭是在跟宏观观测者相互作用的时候产生的，因此你可能会猜测，大自然在最小的尺度上时间的方向不会带来区别，而宏观的时间之箭是因为我们的观测才产生的。

20世纪50年代早期，一些理论物理学家，包括泡利、朱利安・施温格（Julian Schwinger）、格哈特・吕德斯（Gerhart Lüders）和约翰・斯图尔特・贝尔（John Stewart Bell）在内，各自独立提出了CPT（即电荷共轭、宇称反射和时间反演）对称不变性。电荷共轭的意思是把正电荷变成负电荷，或是反过来把负电荷变成正电荷，这样电中性的物体仍然会保持电中性。CPT不变性需要连续执行这三种操作：电荷变换，宇称（镜像）变换和时间方向反转，这样就能回到初始状态。在正电子前往即将发生相互作用的地点的情形中我们可以看到，把这三种操作都做一遍，总是会得到等价描述。将正电子的电荷换成负电荷，将其沿相反方向发射出去，然后让时间倒转一下，就会得到时间反演的电子从发生相互作用的地方逃之夭夭的景象 —— 如前所述，这跟原来的正电子是等价的。

到目前为止，CPT不变性仍然是自然界的一种颠扑不破的对称性。然而组成CPT的操作，我们已经证明会有例外。CPT不变性表明，如果CP被破坏，T也必定会被破坏。1964年的菲奇·克罗宁实验证明确实如此，如果CP破缺了，那么T也必须同样破缺。啊，从雪花融化、向日葵枯萎到时间反演差异，大自然的完美对称不过是昙花一现。

## 超能力

并不是一定要去微观世界才能找到稀奇古怪的量子效应。大概也是在20世纪50年代中期，很多研究人员在探索量子对称性的奥妙时取得了相当大的进展，揭开了一些不同寻常的物质 —— 超导体和超流体 —— 关键的神秘之处，这些也都是一种所谓量子相干现象的例子。

超导体是一种在一定温度以下就会完全失去电阻的材料。在普通电阻中，比如老式灯泡的灯丝，电子会在电阻材料中的原子之间像弹球机一样弹来弹去，因此电流会受到阻碍。电子会失去能量，对灯丝的情形来说就是会让灯丝发光。但是在超导体中，电流会直接悄无声息地穿过去，就像中间没有任何阻碍一样。这是因为电子发现如果结成对子（叫作库珀对），从能量角度来说会更加有利，而这些电子对实际上会表现得就像玻

214 色子一样。在常见超导体的极低温度下，这些电子对会受到保护，因为将其拆开需要能量 —— 也就是说没有足够的热能来将每一对库珀对拆散。跟费米子不同，玻色子可以共享相同的量子态。因此，量子相干让这些结成对子的电子可以一起前进，基本上不受环境影响，就像久经沙场的士兵步调一致、毫不费力地穿过危险地带一样。

荷兰物理学家海克·卡默林·翁内斯（Heike Kamerlingh Onnes）早在1911年就已经在实验中发现了超导现象，但之后过了将近半个世纪，才出现完整的超导理论。里昂·库珀（Leon Cooper）的电子对概念跟约翰·巴丁（John Bardeen）、约翰·罗伯特·施里弗（J. Robert Schrieffer）的相关工作珠联璧合，造就了一篇开创性的合著论文。"BCS理论"发表于1957年，并于1972年让三位作者一起分享了当年的诺贝尔物理学奖。

跟超导现象密切相关的，还有一种很类似的低温超流性现象：粘度为零，也就是理想的流动。氦-4及其更稀有的同位素氦-3在液化时都会表现出这个特征。在这种超流体中通过搅拌形成的旋涡会永远存在下去，不会因为传统阻力的存在而消失[1]。这种效果同样是因为实际上形成了玻色子的材料原子聚集起来共享量子态才出现的。

---

1. 此处关于超流体特性的例子举得并不恰当，因为超流体是不可能通过搅拌形成旋涡的。超流性现象常用的例子是，在环状容器中形成的流动永远不会停下来，可以零阻力通过微管，还会形成"喷泉效应"（也叫"热机效应"）。——译注

值得注意的是，这种内聚状态在某些情况下可以无限大，在适当情况下甚至不只是在低温下出现，而是也可以发生在温度很高的时候。例如近年有天文学家推测，中子星（大质量恒星坍缩的内核，密度极高，由被压缩的原子核组成）尽管内部温度高达数亿度，都还是跟超流体很像。如果确实如此，这些中子星的内聚状态就可以绵延数千米之远。

超导体、超流体和相关现象中的量子相干表明，共时性关联——也就是泡利和荣格用共时性概念一股脑包括进来的那些——就跟因果关联一样，也是大自然的一部分。有时候，大自然喜欢用共享量子态而不是信号来协调。光在宇宙中的传播，只是宇宙的连接网络的一部分。

215

## 统一及其不满

超导体、超流体与相应的常见对应物质之间的变换都涉及相变——从一种有其对称性的排序形式突然变成另一种对称性较少的排序形式。任何相变都是在特定的临界温度下发生的，这个临界温度就代表着每个粒子（或每个粒子对）的平均热能足以用来打破初始对称性的时候。自然界中相变的常见例子俯拾即是，想找一个并不需要大费周章。冰块只要加热到熔点就会失去晶态对称性，变成一汪水。如果是炎热潮湿的天气突然变冷，我们就可能会被倾盆大雨浇个透湿。

从20世纪50年代开始，尤其是在60年代，对自然作用力终极理论的探索开始转向场论中对称破缺的概念。理论物理学家开始考虑这样的想法：早期炽热的宇宙在根本层面上比今天的宇宙状态要对称得多。但他们并没有把对称性的破缺当成坏事来看，而是开始接受，并探索是否可以用来解释，终极的均匀状态究竟是怎么演化成今天我们看到的由粒子和相互作用组成的复杂世界的。

例如在宇宙非常早期的时候，物质和反物质粒子的数量很可能是平衡的。某些对称破缺可能打破了这个平衡，于是我们在自然界中能观测到的大部分天体都是由物质而非反物质构成的。

在另一个对称破缺的例子中，自然界相互作用的统一理论很可能涉及了所有无质量的场。之后随着宇宙逐渐降温，有一些场获得了静止质量，另一些比如说光子则仍然是没有质量的。关于这一切究竟是如何发生的，具体细节是 20 世纪 60 年代初到中期由多个研究团队研究出来的，现在我们称之为希格斯机制，是以其中一位理论物理学家彼得·希格斯（Peter Higgs）的名字命名。在这个过程中，宇宙真空状态的变化会产生一个能量场，叫作希格斯场，一开始的对称性也会自发破缺。与此同时，这个场会跟很多基本粒子耦合，使这些粒子获得质量。

因此，虽然整齐划一在心理上很有吸引力，但正是对称破缺滋生的不均匀才让自然界有了关键变化。绝对的对称如果一直维持下去，就肯定不会出现适合生命的条件，像是自然相互作用彼此分道扬镳形成不同力度，及物质比反物质多得多等等。

我们之所以能够存在，还需要拜打破规则所赐。

也许统一理论在爱因斯坦于1955年4月去世后的数年中取得了长足进步并非巧合。在此之前，因为他的怪癖和瑕疵，统一理论也裹足不前。他试图统一两种自然作用力，但实际上忽略了核相互作用、量子过程以及不断壮大的基本粒子阵容等等。他的努力虽然跟唐·吉诃德有得一拼，但带来的只是惊讶和困惑，却没有多少信心。其他物理学家只有少数几位染指统一思想，其中最重要的莫如奥斯卡·克莱因、泡利和薛定谔，但是全都难免会被拿来跟爱因斯坦比较一番。因此在某种意义上，爱因斯坦逝世打开了新思想的大门。

1957年的海森伯对物理学界来说肯定算不上是新面孔了。但他最为人所知的仍然是不确定性原理，那还是大概30年前的成绩。在此期间，除了获得诺贝尔奖，他对科学最知名的贡献可能还是一项负面工作：领导了希特勒治下德国的核项目。虽然第二次世界大战结束后他一再坚称自己其实在拖拖拉拉，并没有为制造核弹做出任何努力，但国际物理学界还是有部分人怀疑故事不止如此，对他敬而远之。

从他的角度来看，这些批评并不公平。他从来都不是狂热分子，也不是纳粹党员，更不是反犹主义者。刚好相反，有些最教条主义的纳粹科学家，比如菲利普·莱纳德（Philipp Lenard）还曾在纳粹统治时期批评海森伯仍在支持爱因斯坦。战后他成了强烈的和平主义者，坚定支持国际合作，并支持创建了于

1954年成立的欧洲核子研究中心（CERN）。因为参与创建，他也去过CERN总部所在地日内瓦，在瑞士期间他也曾在苏黎世逗留过几次，向泡利咨询一些意见。

晚年的海森伯在自己的作品中变得越来越形而上。他利用年轻时读过的内容，开始借用古希腊人（尤其是亚里士多德和柏拉图）的语境，来表达自己对现实世界根本性质的探索。他超越了定域性原理和因果律，同时也在强调对称性这样的原则。通过这些，他开始将量子进程视为柏拉图的形式领域和完美的对称几何这些概念的延伸。

科学史学家戴维·卡西迪指出：

> 战后那些年，西德正在试图克服战败带来的混乱时，海森伯数次声称他早年曾经读过甚至深入讨论过柏拉图。他也指出，柏拉图的理想主义和亚里士多德的"物质"对战后的基本粒子物理学来说兴许有直接影响。也是在那段时期，他竭尽全力要将自己的物理学与古代哲学联系起来，但这样的联系非常牵强——更多成了公众的消遣，而不是能为自己立论。[1]

海森伯将亚里士多德和柏拉图的抽象概念与德谟克利特的经典原子论进行了对比。在他看来，后者是唯物主义和机械论

---

1. 戴维·卡西迪写给作者的信，2019年2月26日。

传统的滥觞，而量子物理学早已将其超越，因此不必理会。由此，他进入了科学家以各种形式涉猎新柏拉图主义的神圣传统。

海森伯在最后的作品中写道："现代物理学中的粒子，是对称群的代表，从这个意义上讲，也代表了柏拉图哲学的对称体。"[1]

海森伯希望能够取代的更近代的一位也勉强算"哲学家"的人物是爱因斯坦。海森伯对爱因斯坦的聪明才智一直钦佩有加，但是认为他对量子力学中的不确定性原理嗤之以鼻是受到了错误引导。尽管如此，爱因斯坦将自然定律统一起来的想法还是很有吸引力。海森伯开始考虑用扩展量子场论的方式来完成统一，而不是去另起炉灶。

爱因斯坦的主要目标之一是用纯几何的方式来表示所有已知粒子和相互作用，将这些都视为时空结构中的涟漪。海森 218 伯的注意力则集中在普适能量场的概念上。每一种粒子和相互作用都会表现为这个场因为测量而出现的一种特性。独立的粒子和场不会真的存在，都只能是同一个普适场的某些方面。来自各种相互作用的散射数据可以用来研究这个场的对称性及其他特征，不过这里需要借用一种数学表格，叫作"S矩阵"或散射矩阵。因此在量子传统中我们观测到的并不是最根本的现实，而只是现实的间接反映。

---

1. Werner Heisenberg, " The Nature of Elementary Particles ". Werner Heisenberg Collect-
ed Works (Berlin: Springer-Verlag, 1984 ), p. 924 .

很多量子场论都深受没有任何物理意义的无穷项困扰。消除这类弊病的标准方法是用叫作重整化的方法来消去这些项。但是，海森伯自己建立的场论结果是非线性的（也就是说方程包含平方项以及次数更高的项，使得两个解相加并不能得出另一个解），所以没法运用这个方法。因此，他只能转而人为设定一个最小空间尺度，防止除以零的情况出现，这样就不会有无穷大的项了。

海森伯决定跟泡利讨论讨论自己的想法。刚开始他们对能量场对称性特征的某些方面各持己见，不过到最后，他们还是达成了一致意见。

到 1957 年深秋，海森伯开始觉得更加自信了。在有一次去苏黎世拜访泡利时，他提出了一种非线性场论，将很多种对称性都放了进去，包括自旋、同位旋和洛伦兹（狭义相对论的对称性），同时也考虑了宇称对称破缺的可能性，跟李政道、杨振宁和吴健雄的成果保持一致。我们看到的粒子会凝结为这个场的特别结实的静态，就像湖水封冻时形成的冰块一样。自然界的相互作用会因为某些类型的变换发生的概率而出现。

尽管泡利经常对别人百般挑剔，但这次发现了这个方法中的一些优点，还帮助自己的老朋友从数学角度充实了这个想法，实在是很让人惊讶。他们齐心协力敲定了各种细节，与此同时，泡利越来越有信心，认为他们也许已经发现了爱因斯坦没能发现的万能公式。

## 相互作用的艺术

从20世纪10年代中期到20年代中期，广义相对论和量子力学的相继出现不过间隔了10年。在广义相对论中，时空是最主要的舞台，通过其弯曲从物理上控制着光和粒子的路径。而在量子力学中，尤其是根据海森伯提出的世界观，抽象的希尔伯特空间是最关键的游乐场。务实的科学家 —— 比如做实验的研究人员 —— 都承认有这两个场所，也认识到了这两个场所各自对理解物理学的重要性。因此，理论物理学有个重要领域是用时空弯曲来描述的量子场论 —— 实际上相当于通过将广义相对论和量子力学的规则都考虑进去，将两者合二为一了。将这两种理论结合起来，同时不需要任何理论做出妥协，这是秉承了玻尔的思想，他强烈主张观测者的经典世界（在诸如速度极快、有引力场等极端情况下符合相对论）在对原子领域进行测量时有特殊的重要意义。

然而搞大统一理论的那些人，比如爱因斯坦、海森伯和泡利，都在寻找一个全面的万有理论，只需要一些简单原则就能毫无困难地解释原子、日常和宇宙领域的一切。爱因斯坦试图用非量子方法（将经典的广义相对论延伸一下）来重现量子规则，而海森伯给自己下了个截然不同的任务：从希尔伯特空间中遵守某些对称群的能量场开始，设定某些限制，将自然界中各式各样的相互作用重现出来。

在爱因斯坦的世界里，宇宙是一大块冻在一起的时空。但在每一个点，我们都可以画出一个光锥，设定该点跟其他点之间的因果关联的上限。至少从局部来讲，没有什么信息能够传递得比光速还快。（只有在全局条件下才会出现例外，比如说时空结构中的扭曲和撕裂形成了虫洞的时候。）因此，因果律根植在现实的结构中。

海森伯和泡利依靠以希尔伯特空间中的能量场作为介质的关联，从某种共时性存在出发来构建理论。当然，他们的共时性存在跟荣格用集体无意识概念描述的共时性不是一回事，因为海森伯并不是荣格的信徒。但这个概念提供了某种永恒的背景，令人想起柏拉图的形式领域。这样一来，就需要通过让超光速相互作用极为不可能，把因果律强加进去。其间区别就有点儿像开车速度慢是因为道路太崎岖根本开不快还是因为交通规则这么强制规定之间的区别。其他形式的量子场论也会强加这类限制，因此这一部分并没有什么不同寻常的地方。

海森伯-泡利模型真正独特的地方在于单个费米子场的概念，所有物质、能量和自然相互作用都会从这个场中涌现出来成为特例。像是电子、质子或中微子这样的粒子不会独立存在，而是只有在这个普适场的条件有利于该粒子产生并存续时才会出现。电磁力和其他相互作用，都是因为这种临时出现的粒子之间概率极高的关联才出现的。因此，光只是因为这个普适场各元素之间的相互作用而产生的魅影，为人所知需要的时间延迟很可能跟已知的光速一致。根据诺特定理，场的对称性应该能保证这个场符合所有已知的守恒定律，而宇称对称阙如可以

强行施加在某些特例上。这样一来，"真实世界"就被证明只是
个终极幻影。

海森伯很高兴能够传达柏拉图的思想，带来关于形式领域
的最新想法。至于说泡利，这个理论对对称性、普遍性还有共时
性关联的强调让他漫卷诗书喜欲狂。还有个额外好处，是这个
理论声称提供了一种推导出索末菲精细结构常数的方法，也就
是神乎其神的数字137的倒数 —— 这个目标，泡利等人已经追
寻多年。

## 为统一狂

1958年1月，来自世界各地的物理学家，包括尼尔斯·玻尔
等诸多学界者宿齐聚纽约，参加一年一度的美国物理学会大会。
泡利和夫人弗兰卡已经准备在美国逗留一段时间，于是给哥伦
比亚大学物理系发了封电报，说泡利希望能就他跟海森伯一起
进行的研究工作来一场讲座。也许是因为感觉到有机会跟泡利
一起讨论物理学因为宇称破缺的发现而打开的新视野，吴健雄 221
马上向他发出了邀请，并组织了这次活动。

由于举办物理学会大会的地方离哥伦比亚大学无论地铁还
是打车都非常近，泡利的研讨会上济济一堂。挤在房间里的那
么多人里面就有玻尔。与会者回忆，泡利讲着讲着，就开始变得
好像越来越没有自信。他似乎并不相信自己正在讲的东西。不
知道是什么原因，反正这事儿他还没想通透。斯坦利·德塞尔

也在现场，他回忆说：

> ［泡利］短暂而悲惨的人生的最后一幕发生在1958年，他错误接受了海森伯疯狂的费米子模型，在美国物理学会的一场编外会议上谈及，然后慢慢意识到这个模型是在胡说八道。我们这些观众永远不会忘记这一幕！[1]

物理学家弗里曼·戴森和杰里米·伯恩斯坦（Jeremy Bernstein）也在与会者中。据伯恩斯坦说，戴森有一阵俯身对他说："就像看着一只高贵的动物就这么死了。"[2]

据说到演讲结束时，泡利告诉听众，这个理论可能很疯狂。他这么说也许是在暗指他早年有些想法最开始引起的反应，比如中微子（当时刚刚被发现）。玻尔似乎是因此才有如下回应："我们一致同意你的理论很疯狂。让我们出现分歧的问题是，是不是疯狂到了有可能正确的地步。"[3]

所有人都表示，事实证明这次研讨会是泡利职业生涯的悲惨结局。泡利对这个理论的热情开始降温。尽管理论中的对称性熠熠生辉，但不太能做出预测。如果不加以广泛、人为的限制，

---

1. 斯坦利·德塞尔写给作者的信，2019 年 2 月 23 日。
2. Freeman Dyson，见 Jeremy Bernstein，"King of the Quantum". New York Review of Books, September 26, 1991.
3. Niels Bohr，见 Jesse Cohen，"Science Friction". Los Angeles Times, July 13, 2008, https://www.latimes.com/archives/la-xpm-2008-jul-13-bk-susskind13-story.html.

这个理论就不能重现亚原子领域已知的那些特征。希格斯机制是自然产生质量的方式，但在那时候还没有被提出来。因此，泡利的理论几乎没办法解释，为什么有些粒子有质量，另一些则没有质量。

泡利肯定在想为什么自己没能看到这个理论中的缺陷。在他看来，这个理论肯定还没准备好发表。尽管如此，他还是同意海森伯发表这项工作的预印本（未出版的版本），只要说清楚这并不是最终版本就行。

海森伯回到德国之后仍然对这个题目兴奋不已。让泡利不安的是，海森伯急于广而告之的热情压倒了他。这年二月，就在他把预印本发给世界顶尖物理学家之后不久，他在哥廷根大学 222 就这个理论做了一次演讲。听众里面刚好有位记者，听完演讲就上了头。报纸上很快出现了关于"世界公式"的报导，其中一篇说道："海森伯教授和他的助手沃尔夫冈·泡利发现了宇宙的基本公式。"[1]

泡利可是曾经指导过海森伯的人，被描述成海森伯的"助手"让他恼羞成怒。在他听到海森伯在广播里发表的关于这一理论的演讲，声称万事俱备只欠"技术细节"之后，他更加愤怒了。泡利感到震惊的是，他们一起进行的工作才刚刚开了个头，却被错误地描述为接近完工。

---

1. 引自 David C. Cassidy, Uncertainty: The Life and Science of Werner Heisenberg (San Francisco: W. H. Freeman & Co., 1991), p. 542.

　　泡利给自己的学生查尔斯·恩泽（Charles Enz）写道：
"你……听说过海森伯在广播和报纸上大张旗鼓的宣传了吗？
把自己当成超级爱因斯坦、超级浮士德和超级英雄那样的主
角？他对宣传的热情可真是永无止境啊。"[1]

　　也算是某种意义上的报复，泡利拿出一块画板，画了个长
方形，看着就像一个空相框。然后他在下面写了这样的说明文
字："这是为了向全世界证明我可以画得像提香一样好。只欠技
术细节。"他油印了这幅图，发给了很多顶尖物理学家，其中就
有乔治·伽莫夫[2]。他还更正式地给海森伯发了预印本的所有物
理学家都写了封信，撤回自己对这个理论的支持。

　　这年7月，泡利要主持欧洲核子研究中心研讨会中的一次
会议，而海森伯是这次会议的演讲人之一，这让两位合作者
之间的关系更加紧张。在海森伯讲话前，泡利做了一番尖刻
的介绍："这次会议叫作场论中的'根本思想'，但是……你
们将听到的是根本思想的替补，完完全全就像我是报告人的
替补一样。所以你们也会看到有两种无知，严谨的无知和更
拙劣的无知。"[3]

---

1. 沃尔夫冈·泡利致查尔斯·恩泽，1958年3月4日，引自 查尔斯·恩泽译文，No Time to Be Brief — A Scientific Biography of Wolfgang Pauli (New York: Oxford University Press, 2002), p. 528.
2. 沃尔夫冈·泡利致乔治·伽莫夫，1958年3月1日，见 Arthur I. Miller, Deciphering the Cosmic Number: The Strange Friendship of Wolfgang Pauli and Carl Jung (New York: Norton, 2010), p. 263.
3. Wolfgang Pauli, Proceedings of the 1958 Annual International Conference on High Energy Physics at CERN, edited by B. Ferretti (Geneva: CERN, 1958).

失和给他们之间的友谊蒙上了阴影。造化弄人，没过几个月，泡利就因为癌症过早去世了。而海森伯这人非常敏感，在那之后的很长时间里都仍然对泡利的批评耿耿于怀。

泡利没有活到1958年结束。12月5日是个周五，他在一个每周例行的研讨会上发言时开始感到胃部剧痛。他回到家，准备休息一下，但剧痛并没有止息，一直痛到了第二天早上。他住进苏黎世的红十字会医院以便接受治疗，分到了一个房间。

跟荣格打交道的经历让他对数字符号特别敏锐，他注意到自己的房间号码是137，也刚好是索末菲精细结构常数倒数的近似值[1]。他也许把这个巧合看成了一场失败的追寻即将结束的预兆，因此心里有些不安。直到今天，尽管多方尝试，还是没有人找到原因，解释为什么精细结构常数跟一个相当常见的整数的倒数如此接近。

泡利被诊断为晚期胰腺癌，预后非常糟糕。可以理解，他感到非常忧虑。尽管如此，他挖苦人的本事还是不减当年。他告诉来访的恩泽，他估计海森伯很快就会跟加麦尔·阿卜杜勒·纳赛尔（Gamal Abdel Nasser）大讲特讲自己的统一理论，埃及这位泛阿拉伯主义新总统势焰熏天，因为统一了埃及和叙利亚而成了新闻中的大热门。据说泡利还联系了荣格的秘书，希望跟这位在他生命中扮演了那么重要的角色的精神分析学家再见一

223

---

1. Charles P. Enz, No Time to Be Brief — A Scientific Biography of Wolfgang Pauli (New York: Oxford University Press, 2002), p. 533.

面，然而最后这次会面没能发生。

12月13日周六，外科医生尝试切除吞噬泡利胰腺的巨大肿瘤，但最后只能得出无法手术的结论。他去世于两天后的12月15日上午，12月20日火化。物理学界突然之间痛失巨擘，大为震动。海森伯仍然对泡利这年早些时候的举动深感不满，甚至都没去参加这位老朋友的葬礼。

泡利去世的时候才刚刚人到中年，因此他生命中很多重要人物都活得比他久。1961年6月6日，泡利死后不到三年，卡尔·荣格在自己靠近瑞士苏黎世的家中因心脏衰竭去世，享年85岁。1976年2月1日，海森伯死于肾癌和胆囊癌。弗兰卡比已故丈夫多活了将近30年，通过帮忙整理他的文稿为历史学家提供了极大帮助，最后于1987年7月离世。

泡利的遗产主要集中在物理学界，因为不相容原理、中微 224 子等等至关重要的贡献而名垂千古。但是很奇怪，公众对泡利知之甚少。泡利目睹过海森伯、薛定谔、玻尔尤其是爱因斯坦的理论如何被新闻媒体大张旗鼓、言过其实地宣传，也许是他谨慎从事的性格让他对媒体都敬而远之。他始终更喜欢同僚真正的欣赏，而不是媒体上误导人的画像。而且尽管他总是牢骚满 225 腹，大家也确实真正敬重他，直到今天也仍然如是。

# 第9章
# 现实世界擂台赛：与量子纠缠、量子跃迁和虫洞过招

> 除了哲学家在尝试解释量子纠缠的时候造成的迷
> 雾之外，量子纠缠本身并没有什么神秘之处。[1]
>
> —— 弗里曼·戴森（给作者的评论）

沃尔夫冈·泡利没能再多活个几十年，这着实有些不幸，因为他身后那几十年所取得的科学进步很可能会给他留下极为深刻的印象。在他不幸英年早逝之后，尤其是20世纪60年代到80年代，粒子物理、量子场论、量子测量理论和一些相关领域都出现了极为重大的突破。有些由他开创的重要思想，比如对称性在物理学中的作用，及（跟荣格一起提出的）全面描述非因果关联的需要，都来到了物理学论述的中心舞台，其中后者的关注焦点是试验量子纠缠的极限和可能性。

很久以来，泡利就一直梦想着能建立起一种基于对称性考虑的统一场论。尽管对全部四种自然相互作用 —— 电磁力、弱力、强力和万有引力 —— 的完整、令人满意的解释还有待提出，

---

1. 弗里曼·戴森写给作者的信，2019年2月22日。

227 但前两种已经完整统一为电弱理论。强力也可以用类似的语言来描述，再跟电弱理论结合起来，就成了所谓的标准模型。这个模型里到处都是对称，但也通过其中各项内在的不平衡，巧妙地将某些类型的弱相互作用中的宇称和CP对称性的破坏也考虑了进去。但是，能被物理学界广泛接受的量子引力理论仍然有如镜花水月，也就是说，万有引力仍然茕茕孑立，古怪得很。

用模型来解释强相互作用的早期尝试将振动的高能链的概念（称为"弦"）视为为玻色子建立模型的一种方式，而（能感受到强相互作用的）强子型费米子对之间的相互作用就是靠玻色子来传递的。由默里·盖尔曼等人建立的量子色动力学最终取代了玻色弦的想法，但是到了20世纪70年代初，物理学家皮埃尔·雷蒙德（Pierre Ramond）、安德烈·内沃（André Neveu）和约翰·施瓦茨（John Schwarz）展示了如何定义费米弦并将其与玻色弦结合起来形成一种新的对称，并称之为超对称。有了超对称，我们就可以用同一种数学构想来描述遵循泡利不相容原理的费米子和不遵守这个原理的玻色子。最终超对称性也催生了超引力、超弦理论和M理论，在这些尝试中，人们努力将万有引力和其他自然作用力都结合在一起，成为一个统一的量子场论，同时也希望能将此前在早期尝试中阴魂不散的无穷大项排除在外。虽然大型强子对撞机和其他地方的实验都还没有出现超对称性的迹象，但是很多理论物理学家都还是很乐观，主要就是因为这个想法从数学角度来讲太优美了。

## 约翰·贝尔的量子试金石

自泡利去世以后，粒子物理学和场论都取得了非同凡响的进步，与此同时，人们对量子过程的总体理解也取得了极为出色的进展。其中最为重大的理论进展之一于1964年取得，这就是物理学家约翰·斯图尔特·贝尔的数学试金石，通过将诸如德布罗意－玻姆导航波诠释这样的隐变量理论与标准量子预测区分开，来判断量子纠缠的非定域性。贝尔的理论也使得构建实验来区分符合定域性原理的量子模型（爱因斯坦的最爱）和能够远程展现某些特征、取决于测量过程的量子模型（玻尔的立场）第一次成为可能。 228

量子理论物理学家约翰·斯图尔特·贝尔（1928—1990）及其妻玛丽·贝尔（Mary Bell）在美国马萨诸塞州阿默斯特，1990年夏天。图片来自美国物理联合会，埃米利奥·赛格雷视觉材料档案馆，库尔特·戈特弗里德摄并许可使用。

没有严格的实验验证，可靠的科学假说和肤浅的玄学臆说往往无法区分。过往的很多例子都证明了这一点，从毕达哥拉斯主张存在一个看不见的"反地球"，到泰特认为灵魂由以太组成，从斯莱德所谓的四维操作，到辛克莱声称他妻子在心灵方面的丰功伟绩，都是由于科学上的不严谨导致了荒谬的信念。就连莱因的实验别的实验室也无法复制，包括那些对他的工作至关重要的实验，所以让人心生疑窦。因此，单凭量子纠缠由科学家提出而没有一种颠扑不破的方法来探究其虚实就认为这是科学的，这么做还是有很大风险。好在贝尔及时出现，提供了一种评估其真实性的方法。

1928年7月28日，贝尔出生于北爱尔兰的贝尔法斯特。他从小就对科学的运转机制非常着迷。才11岁他就参加了中考而且成绩优异，成了贝尔法斯特技术高中的一名学生。毕业后他先是当了一年技术员，之后又继续到贝尔法斯特女王大学就读。在那里，他开始了解量子力学的怪异之处，比如海森伯的不确定性原理，不过他觉得这个原理的表述很不到位。在贝尔看来，他的导师、物理学家罗伯特·斯隆（Robert Sloane）表达这个定理的方式听着就好像是，你可以随意设定位置和动量的范围，只要这两者都服从海森伯的方程式就行。贝尔认为，肯定有一个以实验室设备为基础的、更专业的解释。斯隆开始为海森伯的表达方法辩护时，贝尔跟他吵得脸红脖子粗，指责他"不诚实"。

在接受杰里米·伯恩斯坦采访时，贝尔回忆道："我不敢相信（这个理论）有可能是错的，但我知道它很差劲。也就是说，就算里边儿真有什么真理，你也必须找到某种合适的方式才能表达出来。"[1]

出于实际原因，贝尔改进量子理论的志向需要过一段时间才能实现。1949年拿到本科学位后，他决定为英国原子能管理局工作，其中一个技术中心在哈威尔。在那里他遇到了自己的人生伴侣玛丽·罗斯（Mary Ross），她很聪明，也是一位很有成就的科学家，跟他在很多项目上展开了合作。1954年，他们结婚了。

1951年，贝尔离开哈威尔，开始在伯明翰大学做理论研究，而他进行的项目最后让他在1956年拿到了博士学位。在完成博士研究时，他也独立提出了CPT定理，但吕德斯和泡利都先于他发表，也得到了最大范围的认可。1960年，他和玛丽加入了欧洲核子研究中心的研究团队，他这一生的主要成就基本上是在那里做出来的。

物理学家库尔特·戈特弗里德曾在欧洲核子研究中心与贝尔共事多年，也非常了解贝尔。他回忆道：

> 他非常喜欢寻根究底，思考问题也总是很深入。[2]

1. John Bell, 见 Jeremy Bernstein, Quantum Profiles (Princeton, NJ: Princeton University Press, 1991), pp. 50–51.
2. 库尔特·戈特弗里德与作者的电话交谈，2019年3月10日。

贝尔在理论研究中属于少数派，对于量子力学的正统观点，也就是由玻尔、海森伯、玻恩、约翰·冯·诺伊曼等人代表的观点，他们这个少数派阵营持尖锐的批判态度。他认为爱因斯坦的批评很中肯，量子力学确实需要更完整的描述。

1952年，戴维·玻姆用自旋状态表述了"爱波罗"实验，并发展了自己包括隐变量理论在内的"导航波"理论（德布罗意亦有贡献）。得知这些进展后，贝尔欣喜若狂。他相信，终于有了一种能够展现量子纠缠如何真正起作用的最根本机制了。那时候的他以为，自然界中的决定论和定域性原理，也终于可以东山再起了。

关于玻姆的诠释，有个很大的谜团是为什么冯·诺伊曼早年提出的一个意在否决隐变量理论的定理，并没有认为玻姆的理论无效而予以否决。冯·诺伊曼是当世最伟大的数学天才，因此玻尔等人认定他是对的。然而贝尔发现，冯·诺伊曼的理论远远称不上完整，并给出了各种各样的反例。因此，玻姆隐变量理论是否有效，只能通过别的方法来判断。贝尔的初衷就是要得出这样一种试金石测试。

在描述贝尔提出的定理之前，让我们先来好好看看玻姆用自旋状态阐述的"爱波罗"思想实验。大家应该还记得，这个思路就是将处于量子纠缠状态、自旋为1/2的一对粒子（比如电子），向相反方向发射出去，而且这两个粒子的初始自旋状态都是未知的。因此如果未经测量，这对粒子的总自旋态就是两种可能性（"向上—向下"和"向下—向上"）的等量叠加（组合）。也就是说，两个粒子的自旋状态是反相关的，但我们并不知道究竟是哪种方式。因为泡利不相容原理不允许两个电子处于完全相同的状态，所以另外两种可能性——"向上—向上"和"向下—向下"——被否决了。

现在我们假设用跟前面描述过的施特恩–格拉赫实验中用到的类似的磁场测量一下这对粒子当中的第一个。这个磁场的朝向有非常大的选择范围：沿着$x$轴、$y$轴、$z$轴或是这些轴线的某种组合（比如说$x-y$对角线方向）。因为自旋的三个分量——分别沿着$x$、$y$、$z$轴的$S_x$、$S_y$和$S_z$——是非交换算符（也就是说算符的应用顺序会带来差别：$S_xS_y$跟$S_yS_x$并不是一回事），所以海森伯的不确定性原理仍然成立。这就意味着如果沿某给定方向的自旋值完全已知（无论是自旋向上还是向下），另外两个与之垂直的方向上的自旋值就会完全无法确定。

231

值得注意的地方就在这里：如果某位实验人员决定了一个磁场朝向，并观测了第一个电子的自旋值（比如说结果为相对这个方向自旋向上），那么第二个电子就会马上"知道"要在同一个方向上取刚好相反的值。如果有第二个研究人员将第二个磁场设置为跟第一个磁场完全相同的方向，这位仁兄得到的自旋值就会是个确定的结果，跟第一个结果反相关。但是，如果这位仁兄别出心裁一把，将第二个磁场设定为跟第一个磁场垂直的方向——比如说如果第一个磁场是$x$轴方向，就将第二个设为$y$轴方向，他就会得到两个自旋值的随机组合中的一个——

在该方向上要么自旋向上要么自旋向下，概率是一样的，就好像第一个电子的自旋值根本就无关紧要一样。所以玻姆就纳闷了，第二个电子怎么知道，第一位实验人员的磁场是怎么设置的，对第一个电子的测量又是什么结果？所以玻姆认为，按照爱因斯坦自己关于定域性原理的观点，这两个电子之间需要传递额外信息 —— 也就是说，存在隐变量。

在认真思考过玻姆的诠释后，贝尔很快排除了量子纠缠在起作用时可能需要满足"定域性"的想法。既然两个粒子在其状态沿着由实验人员后来才决定的方向被测量之前可能已经彼此相距无穷远，而两者又能立即得出同样的结果，那么这种影响就不可能是定域性的 —— 除非信息交换的速度比光速还快。在1964年发表的一篇论文中，贝尔指出："正是定域性的要求，或者更准确地说，对一个系统的测量结果要不受对一个极为遥远的系统的操作的影响（尽管过去这两个系统彼此相关），正是这样的要求，带来了根本的困难。"

但是，贝尔仍然对存在隐变量的可能性，也就是第二个电子对任意朝向的磁场，能想得到的结果都可以预先描述出来的这种可能性，抱持非常开放的态度 —— 因此定域性原理和决定论还是可以保留。为了将这种可能性跟传统的量子力学区分开，他构想出一种计数系统，能够记录并比较旋转磁场朝向后不同情形下的结果会有什么不同。有了隐变量理论，所有信息都应该已经表示出来，也就是说沿着 $x$ 轴方向测量自旋的结果应该会包含自旋沿 $y$ 轴方向的两种可能性：向上和向下。换句话说，结

果是可以相加的。如果存在隐变量，这样加起来就可以得出贝尔
不等式 —— 沿不同方向测量记录下来的结果之间的对比。

对于定域性原理（手头有额外信息，就算也许没有用到）和
量子纠缠的即时反相关（借助非定域性实现共享量子态，产生
仅仅取决于测量过程的特定结果）之间的区别，贝尔定理给出
了一种进行详细实验以做出区分的方法。后面那种情形看起来
简直是魔法，然而贝尔定理一直在肯定这种可能性，这跟贝尔
本人的喜好背道而驰。而且也没有一种隐变量理论能够经受住
量子试金石的考验，这让贝尔大失所望。

## 光线玩转反话日

利用电子的自旋值来设计实验在实践中有其局限。我们需
要找出两个相互纠缠的电子 —— 比如处于基态的氦原子的两个
电子 —— 并保证在将这两个电子分开并发往两个不同的测量设
备时不受任何电磁场或其他类型的干扰源影响。这样完全与世
隔绝的状态理论上可行，但并不怎么实际，尤其是因为我们还
有更好的办法来测试量子纠缠。

用相互纠缠的光子，也就是光的粒子来做这个实验就要简
单得多。光子的自旋值由光子的偏振状态表示，要么是顺时针
要么是逆时针，就好像有两种不同的螺丝要往不同方向拧紧一
样，这两个方向分别就对应着沿某特定轴线的"自旋向上"和
"自旋向下"。跟中微子不一样，光子可以是左旋的，也可以是右

旋的，非偏振光则是两种类型的等量混合。通过偏振可以将顺时针状态和逆时针状态分开，或者也可以说，将沿某个方向的水平偏振和竖直偏振分开。让光变成偏振光也挺容易，只需要戴上一副偏光太阳镜，光的强度就会减少50%，然后你就可以看到偏振光了。

在用光子进行的"爱波罗"实验中，非偏振光以不同方向发送到两个不同的分析器，这样可以测量其偏振状态。如果这两个光子在同一条线上，分析器必定会记录到相反的偏振状态——例如其一如果记录到逆时针方向，也就是"自旋向上"，另一个马上就知道了自己得是顺时针，也就是"自旋向下"。但通常情况下，分析器会彼此成一定角度摆放，而且旋转分析器还可以改变空间中的这个角度。因此，贝尔不等式必须表示为随角度变化的连续形式，并允许混合状态存在，而不是只有前面提到的 $x$、$y$、$z$ 三个离散的分量。贝尔也确实提出了一个连续的表达式，并借此区分了隐变量理论和量子纠缠理论，很容易就能将其应用到光子实验中。尤其是如果标准量子理论是对的，那么跟隐变量假说成立的情况相比，自旋方向的相关性会明显依赖于角度。

实践才能出真知，就算在科学中也是如此，所以早期的光子纠缠实验远远算不上是斩钉截铁的结论。因此，人们在对贝尔定理的验证中找到的第一个漏洞是，测量总是会出现一定程度的实验误差。没有什么实验仪器称得上是完美的。因此，1969年，物理学家约翰·克劳泽（John F. Clauser）、迈克尔·霍恩

（Michael A. Horne）、阿布纳·希莫尼（Abner Shimony）和理查德·霍尔特（Richard A. Holt）针对实际的实验条件，提出了贝尔定理的一种推广形式，并称之为CHSH不等式，此后就经常被用来代替贝尔不等式。1974年，克劳泽和斯图尔特·弗里德曼（Stuart Freedman）一起，以贝尔不等式的另一种变体为基础，进行了验证隐变量理论和非定域性纠缠究竟哪个是正确的第一次试验。实验结果对量子解释更有利，但实验团队收集到的数据并不足以得出明确结论。

物理学家考虑到的另一个漏洞是，关于探测器角度方向的信息可能会在实际测量读取之前就到达探测器。比如说，如果探测器的方向在空间中是固定的，就有可能会出现这种情况。就这么说吧，这种提前获知的信息可以让光子知道自己会如何被测量，于是相应地提前规划好相互之间的自旋关系，从而破坏整个计划。也可以打这么个比方，就说有两位主持人提前好几周就互相确认了对方会在奥斯卡金像奖颁奖典礼上穿什么衣服，等到在节目中面对镜头的时候却声称纯属巧合。要排除这种可能性，实验设置就必须快速变来变去。甚至早在提出贝尔不等式的那篇论文发表之前，玻姆和以色列物理学家亚基尔·阿哈罗诺夫（Yakir Aharonov）就有一篇发表于1957年的文章强调指出，需要快速改变实验设置。

234

最后，贝尔等人还提出了一个"自由选择"漏洞，实验人员的规划可以通过这个漏洞彻底破坏区分隐变量理论和真正的量子纠缠的目标。如果研究人员不够小心，其选择就可能会影响实验结果。举一个极端的例子，如果两个探测器在特定的角度取值之间周期性地切换，这个模式可能就会在数据中产生相关性，从而让人错误地认为自然界中存在隐藏规律。为了解决这个问题，实验人员需要用随机数生成器，以一种不可预测的方式改变实验设置。

法国物理学家阿兰·阿斯佩（1947—　 ），其因量子纠缠实验而知名。图片来自美国物理联合会，埃米利奥·赛格雷视觉材料料案馆，兰德尔·胡勒特（Randy Hulet）许可使用。

在考虑了所有这些注意事项之后，1982 年，物理学家阿兰·阿斯佩（Alain Aspect）在巴黎第十一大学的奥赛实验室设计并进行了第一次重大的贝尔测试。实验使用了激光、偏振器和光缆，还有一种被设计成可以快速变换方向的灵活设备，从统计上确认了非定域性量子纠缠假说才是正确的，排除了隐变量理论，因而广受赞誉。但是，尽管阿斯佩的实验设计得非常巧妙，还是有研究人员很快指出，这个实验也并非天衣无缝。具体来讲就[235]是，并非所有光子都被测量到了，所以还是有"探测漏洞"。从那时候起，阿斯佩仍在继续用漏洞越来越少的仪器设计更新的贝尔测试，他的实验结果也成为证明爱因斯坦所谓的"瘆人的超距作用"是一种真实效应，而非隐变量的结果的关键证据。

奥地利量子物理学家安东·蔡林格（1945 — ），在量子信息、量子瞬移及相关领域进行了很多开创性实验。格尔德·克里策克（Gerd Krizek）摄，量子光学与量子信息研究所（IQOQI）维也纳分所供图。

## 宇宙贝尔测试

用实验来检验量子基础的另一位先驱是奥地利物理学家安东·蔡林格（Anton Zeilinger）。在很多重要的量子瞬移实验中，及在贝尔测试中，他都留下了自己的声名。量子瞬移是指远程重现量子态——绝对不是传递真实的物质材料，更不用说能不能传递活物了，不过也还是非常引人入胜。因为他以及他的同时代人的研究，维也纳在19世纪和20世纪取得了很多重要的科学成就，再次成为物理学的重要圣地。

　　蔡林格出生于1945年，年少时就对科学很感兴趣，这来自他父亲，一位生物化学家的激励。他上学时遇到了一位很能催人奋进的科学老师，因此数学和物理都表现相当出色。维也纳大学的物理学课程非常灵活，进入该校后他一开始并没有学量子力学，直到需要通过一场综合性考试的时候才临时抱佛脚，自己学起了这门课，结果一发不可收拾。他自己回忆道：

> 读着那些教科书，我马上被量子理论在数学方面的壮美深深打动了。但我能感觉到真正最根本的问题并没有解决，这反而让我越发好奇。[1]

　　近年来蔡林格参与了很多项目，其中之一就是利用恒星和类星体等发出的星体光源进行无漏洞的量子非定域性测试。这类实验叫作宇宙贝尔测试，是出于麻省理工的物理学家安德鲁·弗里德曼（Andrew S. Friedman）、艾伦·古斯（Alan Guth）和戴维·凯泽（David Kaiser）等人的推动，蔡林格跟他们一起讨论了如何利用古老的光线来进行现代实验。

---

1. Anton Zeilinger, " Light for the Quantum. Entangled Photons and Their Applications: A Very Personal Perspective ". Physica Scripta, vol. 92 (2017), p. 072501.

蔡林格及其合作者领导的一个团队，包括维也纳大学的博士生约翰尼斯·汉德斯坦纳（Johannes Handsteiner）、多米尼克·劳赫（Dominik Rauch）等，做了一些开创性的实验。2017年在奥地利进行的一个项目中，有两台望远镜放在相距1.6千米的地方，分别瞄准两颗不同的恒星。从每颗恒星的光线中提取出来的颜色——红色和蓝色——被用来设置贝尔实验中偏振器的条件。因为这些光都是几百年前就发出来的，而且是由彼此距离非常遥远的恒星产生，所以人类的自由选择和实验条件都绝对没有任何可能影响实验结果。实验结果完全背离了贝尔不等式，也就比以往任何时候都更严格地排除了隐变量理论。随后还有一项影响更加深远的实验，用的是数十亿光年外的类星体发出的光。在这个实验中，贝尔不等式再次被明显背离，表明就算早期宇宙似乎也在玻尔与爱因斯坦之争中更偏向玻尔。

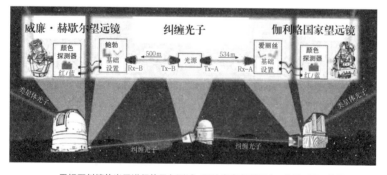

用相互纠缠的光子进行的贝尔测试。图片来自多米尼克·劳赫，量子光学与量子信息研究所维也纳分所。

2017年，中国的墨子号量子科学卫星经过奥地利格拉茨的一个光学地面站。
图片来自约翰尼斯·汉德斯坦纳，量子光学与量子信息研究所维也纳分所。

　　蔡林格的研究团队有很多研究生和博士后，在其他很多项目中也都很活跃。汉德斯坦纳的博士论文就有一部分涉及的项目跟中国科学院发射的一颗名为墨子号的卫星有关。墨子号是为量子密码学设计的，利用来自太空的光子来创建基本上不可能破解的密码。这个项目表明，量子纠缠在实际应用中正越来越大显身手，比如说可以用来为咖啡因等分子建模。

### 利用量子技术

　　毫无疑问，对量子世界的很多充满想象力的探险都是由咖啡因推动的。有谁知道在维也纳的咖啡馆里，有多少创新的思想是在又浓又香的深色咖啡中孕育出来的呢？有些物理学家觉

得是时候还这个人情了，用量子计算机为咖啡因分子建个模也
正当其时。

包含数个量子比特的超导量子比特芯片，可以用作量子计算机的处理器。
图片来自迈克尔·方（Michael Fang），加州大学圣巴巴拉分校马丁尼斯实验室。

实际上，量子纠缠除了因为神秘莫测让人烧脑，还可以在
强大的计算机中得到实际应用，具有极大潜力。咖啡因分子由
24个原子通过化学键连接而成，为这样的分子建模听起来好像
挺简单 —— 特别是在喝了几杯特别浓的咖啡之后，毕竟这种分
子就是因为这种饮料而得名的。然而，由于分子结构是个量子
系统，如果想用经典计算机模拟其特征，会有点儿力不能胜。

理查德·费曼在1981年一次题为《用计算机模拟物理》的

演讲中，描述了在理想情况下，量子系统 —— 及其各种各样的细微之处，比如叠加态和量子纠缠 —— 可以用量子计算机来实现。量子计算机里信息的储存和处理用的不是普通计算机里的比特，那些0啊1啊什么的，而是比特的量子对应，我们称之为量子比特。量子比特是有两个状态的量子单位（通常都是粒子，比如电子或光子），一直到测量之前，都处于两种可能性 —— 向上和向下的叠加态。基本思想是量子计算机可以同时并行处理239 多种可能性，保持量子相干状态，直到操作者要求就某个特定问题给出答案时所进行的操作引发量子坍缩。

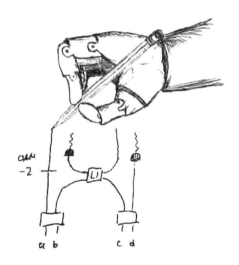

量子计算机自我复制的想象图。图片来自罗伯特·菲克勒（Robert Fickler），量子光学与量子信息研究所维也纳分所。

一直以来，量子比特大量生产的目标是在商业量子计算机中用于编码、解码、预测和建模。例如，研究人员估计，为咖啡因分子建模需要一台有160个量子比特的计算机[1]。听起来好像也不是多么大的数目，但目前量子比特非常昂贵，还必须保持非常低的温度才能正常操作。然而，想想普通的计算机芯片就已经取得了这么惊人的进步，未来量子计算会带来什么样的进步，谁又能想象得到呢？

　　未来的进步可能会通过用量子计算机自己设计自己的下一代而不断加快。毕竟，要模拟有分层属性（例如叠加态和相干）的量子系统的话，用其他量子设备来模拟可能是最简单的。不过在这些量子计算机自个儿编程的时候，它们不需要一杯杯滚烫的饮料作为燃料，而是需要冰冷的液氦（至少对现在我们能掌握的量子比特来说）——然而不幸得很，这可得费很多钱。

　　原子理论中最经久不衰的一个概念可以追溯到1913年的玻尔模型，说的是电子可以从一个能级突然跳跃到另一个能级，这个过程瞬时发生，不会在两个能级之间的空间中留下任何痕迹。这就有点儿像乘坐红眼航班从纽约飞往伦敦的旅客，他们确实跨越了大西洋，但他们也肯定没给大西洋上任何一条船上的乘客留下任何印象。

　　海森伯的矩阵力学收编了玻尔的瞬间跃迁的概念。薛定谔提出的波动力学则是一种更容易理解的选择，其中的电子可以

1. Andy Extance," Industry Adopts Quantum Computing, Qubit by Qubit ". Chemistry World, June 12, 2019, https://www.chemistryworld.com/news/industry-adopts-quantum-com-puting-qubit-by-qubit-/3010591.article.

不慌不忙地爬上爬下，而不是只凭一时冲动 —— 更像一个乖孩子而不是淘气包。然而，随后玻恩用薛定谔波函数的一种盖然性版本进行了反驳，重新确立了瞬间跃迁的可能性，薛定谔对此表示抗议，但没起到什么作用。到20世纪50年代，对于薛定谔方程的诠释，薛定谔本人心不甘情不愿地退守到少数派的阵营中。其中一个问题是，当时的技术还无法验证，量子跃迁究竟是不是突然、瞬间发生的。直到20世纪80年代才第一次直接观测到量子跃迁，但就算那时也还无法准确追踪其轨迹。

快进到2019年，有个在兹拉特科·米涅夫（Zlatko Minev）领导下的研究团队跟耶鲁大学物理学家米歇尔·德沃雷（Michel Devoret）实验室的科学家合作，通过跟踪电子在不同能级之间的跃迁，并在飞行中途使之倒转，证明了薛定谔的直觉是对的。有一种思想叫作"量子轨迹理论"，认为可以绘制出量子状态改变的过程，就像可以用全球定位系统来跟踪高速公路上的行车轨迹一样，而上述团队的结论就跟这一思想不谋而合。在研究团队写给《自然》杂志的信中，声称他们的发现"证明了每一次完整的跃迁，其演变过程都是连续、一致和确定的"[1]。

然而还有一个悬而未决的问题，就是如果这个量子跃迁的过程没有被盯着，会出现什么情况。在量子力学中，观测往往会带来很大的不同。也就是说，如果我们眼看着某个事件发生，那

---

1. Z. K. Minev, et al., "To Catch and Reverse a Quantum Jump Mid-flight". Nature, vol. 570, June 3, 2019, https://www.nature.com/articles/s 41586 - 019 - 1287 - z.

么其结果可能会跟自发发生的同类事件大异其趣。因此对于量子跃迁是否有最快速度这个问题，仍然没有定论。

说来有些讽刺，尽管爱因斯坦对即时相互作用的概念嗤之以鼻，他自己的广义相对论中却蕴含了这一可能性的种子。狭义相对论严格规定了传输和信息交流速度的上限，但广义相对论与之不同，包含了动态的时空结构，相比之下要灵活得多。例如奥地利数学家库尔特·哥德尔（Kurt Gödel）就证明，旋转的宇宙允许存在闭合类时曲线（CTC），也就是可以在时间上退回起点的环路。

241

爱因斯坦 1935 年有篇文章是跟内森·罗森一起发表的，题为《广义相对论中的粒子问题》，有时也叫作"爱罗"论文，以示跟同一年发表的还包括波多尔斯基在内的"爱波罗"论文相区别。在这篇论文中，爱因斯坦提出了太空中原本迥然不同的空间之间存在关联的可能性。但是，这种爱因斯坦–罗森桥，后来约翰·惠勒还另外起了个名字叫作"虫洞"，并不能通航。尽管如此，后来在 20 世纪 80 年代末，基普·索恩（Kip Thorne）和他的学生迈克尔·莫里斯（Michael Morris）提出了一种能通行的版本。索恩和他在加州理工的团队后来也证明，如果以某种特定方式建造可通行的虫洞，那么可以想见这个虫洞也能成为闭合类时曲线，允许时光倒流。在特定条件下，这种时空结构甚至可能允许后向因果关系，也就是果在前因在后的因果关系。

惠勒本人很久以来都一直支持后向因果关系，他指出，麦克斯韦的电磁学方程和很多其他自然定律在时间上都完全是可逆的。他认为，玻尔的互补原理不仅可以发生在未来，也完全可以直接发生在过去 —— 他提出可以用他所谓的"延迟选择"实验来验证这个论断。今天的一位观测者甚至可以通过观测来引发过去的量子坍缩，他认为，这样也可以影响到宇宙的早期历史。

2012年，出生于澳大利亚的剑桥大学哲学家休·普莱斯（Huw Price）提出，后向因果关系从逻辑上讲可以是量子物理学的一个特征 —— 是量子物理学内在的时间对称性的题中应有之意。他认为，虽然我们在经典世界中从来没看到过因果律倒转（尽管经典世界的微观方程在时间上是对称的），但是在解释量子力学某些费解的特征，比如明显的非定域性时，可能必须要用到后向因果关系。

2017年，加州查普曼大学的马修·莱费尔（Matthew Leifer）和加拿大圆周理论物理研究所的马修·普西（Matthew Pusey）这两位学者发扬了普莱斯的假说，构建了一种利用后向因果关系来重新确立量子纠缠中的定域性描述的方法。这样一来就不用假设量子态之间有即时的非定域性关联，可以直接说信息在时间中以跟观测相符的方式既可以向前传送也可以向后传送。这两位学者认为，在广义相对论的块状宇宙中，时空是统一的结构，量子力学需要无缝涵盖过去、现在和未来。将量子理论跟爱因斯坦在对宇宙的描述中描绘的永恒现实协调起来，就有可能实现这个结果。

大自然最根本的理论会将量子场论和广义相对论无缝衔接起来，形成完美结合。然而，让这些各不相干的构想融合在一起，在某些方面可能类似于新婚燕尔的小夫妻刚搬到一起住需要进行的磨合，并非双方所有方面都能原封不动。

两个单身男女各自的生活方式和对生活的期待一开始可能会风马牛不相及。其中一个可能想住在鹤立鸡群的高楼大厦中的公寓里，从家里就能看到让人惊叹的景色；另一个人可能想的是住个牧场小屋，周围目力所及都是绵延起伏的大地。其中一个期待的度假可能是海阔天空任我游弋，而另一个人可能更期待去安第斯山里的羊驼养殖场做一段时间义工。但是，如果他俩决定一起生活，他们恐怕需要做些妥协。

与此类似，量子力学和广义相对论要想融合成关于大自然的完整统一的描述，也需要一套全新的基本定律。比如说，这个统一理论的基础应该是普通空间还是抽象的希尔伯特空间？现实世界必须以我们观察到和能测量的物理维度为基础吗？或许也有可能，希尔伯特空间，也就是量子态的状态空间，是不是在某种意义上更加根本？

我们就从广义相对论描述的物理时空是真实存在的这个假设开始好了。但这样的话，要怎么解释量子纠缠这样的超距关联呢？可以延展的时空，加上还有可能走类似虫洞这样的捷径，这些因素能够形成一个隐藏关联的网络吗？

　　2013年，两位著名物理学家，斯坦福大学的伦纳德·萨斯坎德（Leonard Susskind）和普林斯顿高等研究院的胡安·马尔达西那（Juan Maldacena）推测，"爱罗"和"爱波罗"也许是有关联的，也就是说，虫洞说不定能够以某种方式充当量子纠缠的通道。尽管爱因斯坦自己从来没得出过这样的结论，但将他1935年的两大重要贡献紧密相连，这样的想法还是很让人欲罢不能。

　　萨斯坎德和马尔达西那还设想过用穿过虫洞的波函数来解释量子瞬移和量子纠缠这样的关联是如何实现的。他们推测，宇宙中也许布满了无数个普朗克尺度的虫洞，因为太小而无法被观测到，但通过这些关联，可以解释各种各样的量子现象。这种想法当然也非常引人入胜。

　　还有一些理论物理学家反其道而行之，尝试单纯从希尔伯特空间出发，由此产生物理时空。按照这个概念，量子纠缠就成了最基本的、实际的物理关联，包括广义相对论在内，反而成了派生出来的。爱因斯坦要是还活着，在知道量子物理学家试图将广义相对论纳入他们的理论之后，肯定会大惊失色，虽然他也尝试过将他们的理论纳入自己的广义相对论，不过并没有成功。

　　维也纳大学量子物理学家查斯拉夫·布鲁克纳指出：

*我觉得粗粒化的可观测量和对称性也许表明，有*

些"几何"概念也许可以从抽象的量子理论中衍生中来。仅仅从探测器上探测到的咔哒声出发，就有可能得出远近和空间的概念，并进一步得出涉及这些概念的一些理论，比如相对论、量子场论和基本粒子理论吗？还是说我们必须先假定这些概念，然后才能构建物理理论？在我看来，这是当代量子力学基础领域中最亟待解决的问题。[1]

确实，从恩培多克勒和毕达哥拉斯的时代以来，甚至也可以说从爱因斯坦和玻尔的时代以来，我们人类对宇宙如何关联起来的理解要深入多了。然而有些关联的传递有速度上限，另一些关联却似乎是瞬间起作用的，要解释为什么会这样，还有很多工作有待完成。泡利和荣格的对话虽然并非完全是科学，但他们确实发现了自然界中一个重要的二元对立：因果关联和共时性关联之间的区别。如果能有一个统一的原则同时解释这两种关联，那肯定是概念上的巨大飞跃。

244

---

1. 查斯拉夫·布鲁克纳写给作者的信，2019年3月11日。

# 结语
# 解开缠结的宇宙

　　我们站在这里，站在一颗小小的行星上，环绕着一颗中等大小的恒星运动。这颗恒星好像一支点燃的蜡烛，在银河系吊灯的外围旋转，而这样的吊灯有无数盏，分布在一片广袤到无法想象的黑暗中。我们显然非常孤单。不仅在空间中形单影只，就是在浩瀚的时间长河中我们也同样只是浪花一朵。跟大爆炸以来的138亿年相比，我们在地球上的停留时间极其有限，只能算是白驹过隙。但尽管有种种局限，我们仍然胆大包天，妄想在我们人类的能力范围内，尽可能多地探寻现实世界的广阔领域。

　　从远古的时候开始我们就在仰望星空，寻找智慧和关联。在荷马英雄的时代，我们想象着天上的神仙和我们人间的凡俗之间有充满活力的互动。几千年后，伽利略的望远镜让我们得以窥见天地之间的遥远距离。伽利略推想，光的传播速度虽然很快但毕竟是有限的，也就是说太阳光需要一段时间才能来到我们身边，星光就更是如此了。迈克耳孙的测量确定了光速之后，爱因斯坦又接着证明了这个速度也是传统空间中信息交流的速度上限，这样一来，我们面对的山长水阔就更加显而易见了。爱因斯坦的广义相对论预示着数学宇宙学时代的到来，展现在我们面前的，是一个已经极大而且还在不断扩大的宇宙 —— 可观测范围就纵横数百亿光年。想想早年间我们还认为，天上的神灵可以跟我们互动，真是要多天真有多天真 —— 比如[245]说我们会想象着仙女座星座，也就是以整整一个星系（M31，也叫仙女座星系）为中心（从我们的视角来看，但从该星座中的恒星来看远非如此）的那个星座，按照希腊神话的说法，就曾经是一位被锁在海岸边岩石上的埃塞俄比亚公主。

古典科学通过接受因果关系 —— 现实就像一串接连倒下的多米诺骨牌，每一块都会压在下一块上面并使之倒地 —— 取得了长足的进步。然而量子物理学却向我们证明，机械因果论尽管看起来再自然不过，但是并不足以解释宇宙中的所有现象。

## 理性的极限

就解谜这事儿来说，人类堪称行家里手。我们的大脑一直在寻找我们周围世界中的规律。我们通过感官和仪器，把自己浸泡在信息中。我们处理收集到的数据，自然而然地就会想从中找出某些特定的关联。理想情况下，我们在脑子里建立的联系能帮助我们预见前方的危险和机遇，让我们能够做出更好的选择。

但是，我们识别出来的规律并非总能准确代表现实。感觉联合有很大一部分都没有任何意义，只不过是两条信息刚好同一时间到达产生的偶然关联。例如，假设我们走在一栋旧办公楼的走廊上，刚好注意到风管也在哐啷作响。我们可能就会开始设想风管的哐啷声跟我们脚步的节拍在以某种奇怪的和谐节奏合拍。或者是我们走在同一道走廊中，正注意着脚下，不让自己被凹凸不平、地毯破烂不堪的地板绊倒，却刚好闻到一股霉味扑鼻而来。

一次次回到这栋大楼会让这些关联一遍遍得到巩固。只要我们一走进那栋楼，我们的大脑就会全神贯注，去寻找特定的景象、声音和气味。尽管如此，这些反应也有可能是似是而非的关联 —— 事物看似彼此关联，实则不然。比如说，那股霉味也许是因为附近一家工厂的有害气体从窗户里飘了进来，而并非来自地面。也有可能是因为我们走到那个叫人害怕的鼓包时已经战战兢兢汗如雨下，也已经准备好闻到不寻常的气味，于是就感觉到了我们自己的恐惧产生的结果。在反馈循环中我们也许会过度关注我们害怕的事情，这实在是糟透了。

为什么我们的大脑很擅长联想？有时候，能不能活下来就取决于我们建立关联的能力。腐臭食物的味道会让我们避之唯恐不及，汽车刺耳的鸣笛声也会激得我们撒腿就跑，这些反应能救我们的命，所以也不用奇怪我们的大脑为什么总是在形成这样的关联了。

让人不快的感觉可能会让我们想逃避，但愉快的感觉也可能会带来很多让人开心的回报。很多百货商店和购物中心都在利用这个原则，往空气中喷香水，播放欢快的音乐，希望能带来惠顾和销量。我们把装得满满当当的购物袋塞进汽车的后备箱时可能并没有意识到，是那些节奏欢快的音乐和薰衣草的气味让我们做好了挥金如土的准备。

科学要能够找到真实、有意义、可重复的关联才能发挥作用，而并不是只要有巧合就够了。为了正确预测未来，我们建立了能够区分真实关系和虚假关联的模型。仅凭"直觉"就认为某两件事情有关联，往往会产生误导。可能有效的药物总是需要跟安慰剂一起进行试验才能保证真的有效，就是这个道理。就因为有人认为某个产物会以应该这样起作用的方式起作用，并不意味着真的就会这样起作用。与此类似，关于犯罪的统计数据总是比新闻里读到的让人坐立不安的故事以及据此得出的关于安全威胁的无端结论要靠谱得多，是更好的衡量标准，也是这个原因。我们的大脑就是用来寻找规律的，而有时候也会在本来没有规律的地方生造出规律来。在探索宇宙的奥秘时，我们要牢牢记住，这种幻想很危险。

心理学研究表明，如果被试预期存在某种规律，那么在看到随机数据时，他们也往往会从中看出规律来。例如约翰·赖特（John Wright）在1962年做过这样一个实验，要求被试在由16个按键组成的圆形面板上以"正确"顺序按那些按键，按对了就会得到奖励。实际情况是无论怎么按他们都会随机得到奖励，并没有任何节奏或原因。但是，只要被试得到奖励的频率很高（比如说80%的时候都能中奖），他们往往就会钟情于某种顺

247　序[1]。也就是说，他们对某种按键顺序产生了"迷信"，认为这样按就能让自己赢得奖励。还有一个心理学实验是哈罗德·海克（Harold Hake）和雷·海曼（Ray Hyman）在1953年做的，同样证明了被试喜欢在随机过程中寻找规律。在这个实验中，要求被试猜测一组灯泡是会水平出现还是垂直出现，虽然实际上是随机的，但如果之前猜对了，被试对下一组灯泡朝向的预测会受到很大影响[2]。从这些实验中我们可以学到的一个教训是，辨识规律的技能既能让我们进行真正的科学研究，也能让我们得出毫无根据的结论，甚至走向迷信。

　　最近，普林斯顿大学天体物理学家莱曼·佩奇（Lyman Page）发表了一场演讲，说的是威尔金森微波各向异性探测器（WMAP）收集到的宇宙微波背景辐射数据。在将这些信息在天空中的分布做成图像时，他偶然发现在一个本来毫不起眼的角落里竟然嵌入了两个大写字母S和H。佩奇开玩笑说，这个编排是剑桥大学物理学家斯蒂芬·霍金（Stephen Hawking）在太空中留下的印迹[3]。不过接下来他马上澄清，在任何数据中人类大脑都必然会发现一些毫无意义的模式。好的统计数据（例如以英国统计学家托马斯·贝叶斯（Thomas Bayes）的研究结果为基础建立的模型）应当致力于消除这样的先入之见，为真正

1. John C. Wright, "Consistency and Complexity of Response Sequences as a Function of Schedules of Noncontingent Reward". Journal of Experimental Psychology, vol. 63, no. 6 (1962), pp. 601–609.

2. Harold W. Hake and Ray Hyman. "Perception of the Statistical Structure of a Random Series of Binary Symbols". Journal of Experimental Psychology, vol. 45, no. 1 (1953), pp. 64–74.

3. 莱曼·佩奇在普林斯顿大学与作者的交谈，2018年4月12日。

的关联廓清道路。

自然界中最让我们感到震撼的现象也许莫过于闪电和雷声了。经历过电闪雷鸣的人都知道，雷声通常都是在闪电之后出现的。我们知道，光波的速度比声波要快太多了，前者是每秒约30万千米，而后者每秒才能走1千米的三分之一。跟声速比起来，光速才真的是迅雷不及掩耳。不过科学家也早就清楚地证明了，光速虽然惊人，也毕竟是有上限的。

在面对风暴时，我们寻找规律的本能展现出了自己的效用。科学告诉我们，测量一下闪电和雷声之间延迟了多长时间，我们就能算出一场雷暴跟我们的距离有多近。如果两个信号之间的间隔特别短，就表明听得到的雷声不需要走多远就能到我们这里，也就是说风暴跟我们非常近，也非常危险。比如说如果从闪电到雷鸣的间隔不到30秒的话，就说明雷电活动距离我们不到10千米，那我们立刻赶紧找个能够遮风挡雨的地方才是上策。总之，关于闪电和雷鸣之间的关联，这个清晰的科学模型让我 248 们更有可能保证安全。

但是，雷电也会带来情绪反应，并可能产生错误的结论。就算雷电并非真的有威胁，也可能会非常吓人，给我们带来无端的焦虑。突如其来的坏天气会给我们带来非常原始的恐惧感，因此好些恐怖片都拿这个来说事儿，也就不用奇怪古时候人们为什么会认为这是凶兆了。在有些文化中，雷电象征着众神的愤怒。在光速和雷电的本质被确证之前，那些不幸的芸芸众生总会担心一场雷暴突如其来 —— 由像是雷神这样的神灵突然爆发出来的雷霆之怒。就算是现在，雷电似乎也还是会引发一些本能的感觉，让人以为可能会发生什么可怕的事情。

把闪电、雷声和电关联起来是科学，但认为这些东西是邪恶的事情即将发生的预兆（劈倒大树、让人触电等等直接的物理结果除外）就是伪科学了。将现代的统计学方法应用到暴风雨天气和霉运当头的相关数据上，就能把真正有效的关联和错误的直觉区分开。

但是，理性并非总能战胜情感。如果一位妇人恰好在一场令人难忘的雷雨之后收到了自己丈夫死于一场很反常的事故的消息，而两年后的另一场暴风雨之后她又马上听到了儿子因为一场可怕的摩托车车祸而殒命的消息，她可能就会开始相信，这种气象事件就预示着厄运到来。统计学家要想说服她不这么认为恐怕会非常困难。这就是我们个人出于偶然的联想，尤其是那些极为情绪化的联想有多冥顽不灵的例子。

我们建立关联的能力 —— 这种能力总是会自动出现，而且会跟强烈的情感有深度关联 —— 显然既能让我们得出科学上有效的结论，也可能会让我们误入歧途。这种能力可以提供真实可信的预测，比如估摸一场雷暴有多近的时候，就能够让我们得以避开真实的危险，或是在其他方面改善我们的生活。但是，这种能力也有可能会带来迷信和恐惧症，有些无伤大雅，但也有一些会造成严重伤害。什么关联会被认为是真实的（可以用

科学方法证明），什么关联会被认为是超自然的（灵异的，基于 249
信仰的，乃至伪科学，因人而异），这两者之间的界限在有据可
查的历史长河中发生了极为重大的变化。例如从远古时代到历
史上还算很切近的年代，占星术和天文学这两个领域都一直紧
密交织在一起。圣贤般的观星者既能带来关于行星和星座运动
的预测，也可以提供星象占卜的服务。大权在握的人物也会根
据这样的占星术预测来规划自己的世俗生活。

　　已故天文学家卡尔·萨根（Carl Sagan）以前经常说，相信
星体排列会影响人的性格，真是非蠢即坏。他指出，跟射手座之
类的遥远星体相比，母亲分娩时聚集在她身边的医疗人员对婴
儿的万有引力影响可要大得多 —— 尽管仍然微乎其微。如果是
夜间，医院也不是露天的话，那些星体的微弱光线就不可能穿
过墙体影响到新生儿。如果是白天（而且没有日食），无论是星
光还是其他行星反射的光，都会因为明晃晃的太阳而消遁于无
形。因此，认为在孩子出生时出现的恒星和行星的特定排列决
定了孩子的命运，或是认为星体会对任何一个人的命运产生影
响，都是毫无逻辑的无稽之谈。

　　对理性的思想家来说，天文学和占星术开始分道扬镳，是
在17世纪英国物理学家艾萨克·牛顿提出对物理现实极为准
确的描述前后，因为他的描述将天文学和占星术明确区分开来。
他用一套强大的力学定律，解释了行星轨道和各种各样范围极
其广泛的自然现象。与此同时，牛顿的运动定律和万有引力定
律还表明，物体之间真正的影响 —— 物理作用力 —— 即使跨过

广袤的空间也能发挥作用，带来可预测的行为。牛顿力学可以极为精确地定位天文事件发生的时间地点，比如水星和金星在环绕太阳的轨道上隔一段固定的时间就要对齐一回。牛顿力学认为，有个因果关系的网络——数学上定义得很精确——将宇宙中的万事万物都关联了起来。相比之下，没有任何可重复的模型能够证明，在那些行星在天空中彼此靠得最近的时候出250 生的小孩，会带着特定的性格长大。因此，在那些对科学能够证明的关联视如珍宝，对纯属臆想的影响不屑一顾的理性思想家中，对天文学的兴趣蓬勃发展起来，对占星术的热情则日薄西山。

为什么我们没有早点发现运动定律呢？表面原因是，作用力起作用的真实机制一点儿也不明显。我们大部分人在婴幼儿时期就能得到的对作用力的基本认识，并非自然而然地就会跟牛顿提出的更丰富多彩的情景合拍。

8个月大的时候，大部分婴儿就已经有了这样的感觉，知道推或者拉物体能让物体移动。在发育早期的不同阶段，婴儿会开始注意到，他们以及其他人可以通过施加作用力来影响运动，或是有意为之，或为无心插柳。接下来在想淘气的时候，很多婴儿都会把食物从他们的高脚椅上推下来，看着这些食物落到地板上变成一片狼藉，并观察他们父母的表情是惊慌还是自豪，又或是两者兼而有之。这样他们就学会了，推或者拉会产生反应。

布鲁克纳曾经论及，儿童发育的这个阶段跟他们认识到因果关系，产生有因必有果的概念相对应：

> 在一个孩子意识到可以通过对附近的物体施加作用力使之按照自己的意愿移动起来时，他心里就会自然而然地产生关于因果的想法。通过观察到如果一个给定参数（孩子的意愿）能够从这个世界上单独分离出来并自由选择，那么世界上会发生什么事情（例如这个孩子关心的对象会怎么样），因果关系得到了展现。[1]

如果所有科学现象都是因果性的，那么对于任何没有因果机制的现象，我们就都可以弃如敝履了。但是，像量子纠缠这样的量子现象显然是另一个门类。从能够重复和可以精确预测的意义上讲，这些现象是科学的，但明显也是非因果的。我们从小就有的本能会让我们误入歧途。为了尽可能多地了解量子世界的奥秘，我们必须摆脱从小养成的信念，重新思考。

大自然确实是个诡计多端的玩家。其运作机制既有简单、直接的规则，也有微妙、隐藏的关联，不一而足。要能对付大自然的高招，我们人类不得不也像高手一样思考。长达数千年的追寻竞赛中，大自然一直都很擅长让无数的哲学家、神学家、科学家等等各路思想家保持朝乾夕惕。但说来很让人灰心丧气，似

251

---

1. Časlav Brukner," Quantum Causality ". Nature Physics, vol. 10 (April 2014), p. 259.

乎对不同类型的过程和不同的尺度，规则手册也有所不同。会不会有那么一天，科学能够找到一本通用的攻略手册，让从极小到极大的万事万物都得到解释，这仍然是个无法回答的问题。与此同时，由于各路思想家都在努力诠释各种各样的新发现，要想取得进展，关键还是要足够灵活。各种游戏都玩的人通常会有一系列各不相同的成功策略，久经沙场的玩家能够学会如何适应不同追寻的不同规则。科学家们发现，他们也需要如法炮制。

人类渴望着探索宇宙。如果试着去设想太阳系以外的太空飞行任务会是什么样子，我们会因为涉及的距离过于遥远而遇到无法逾越的障碍。如果所有的信息交流和传输都可以瞬时发生，对外太空的探索也不是什么大问题。但是在光速限制下，探索前景让人感到气馁。要取得进步，我们就必须灵活思考，努力找到解决距离问题的方案。

## 超越因果关系的光速上限

尽管爱因斯坦的狭义相对论认为，光在真空中的速度给相互作用设定了一个绝对上限，但是他随后提出的广义相对论给出了一个重要漏洞：时空是可以延展的，这说起来似乎有些自相矛盾。另外，量子力学此后不久的发展也在这个天花板上凿开了另一道裂缝：非因果的关联（或者说反相关）也许会发生得比因果关系的速度上限更快。同时，时空可以弯折变形，这个性质再加上量子纠缠、量子相干这样的远程量子关联，这些给我

们带来的前景是，未来的星际文明也许能找到绕过光速上限的
方法。

就连更影响深远的设想，比如存在快子或更高维度，都有
可能为超光速的相互作用提供更多途径。虽然这些想法听起来
就像天方夜谭，但在欧洲核子研究中心和另外一些实验室里的
科学家都对此非常认真。很多理论物理学家都觉得这些设想从
数学角度来看太诱人了，根本就欲罢不能。然而，验证这些假说 252
的无数实验无不得出了无效结果，到最后，还是会免不了粉碎
所有希望。

高维猜想有个很重要的分支，就是"膜世界"假说。关于
膜世界的设想最早是由尼玛·阿尔卡尼-哈米德（Nima Arkani-
Hamed）、萨瓦斯·季莫普洛斯（Savas Dimopoulos）、格奥尔
基·德瓦利（Gia Dvali）、伊格纳迪奥斯·安东尼亚迪（Ignatios
Antoniadis）、丽莎·兰德尔（Lisa Randall）和拉曼·桑德拉姆
（Raman Sundrum）等人于20世纪90年代末，作为弦理论和M
理论这些统一模型的变体提出来的[1]。这类模型将点状粒子换成
振动的弦、圈和能量层，存在并相互作用于高维流形中，而所谓
高维流形，不过是四维时空向更高维度的推广而已。这些维度
中，有三个是我们已经很熟悉的空间维度，一个是时间，剩下
的据说都卷曲成了非常紧的球或者结，因此实际上无法观测到。
但是在膜世界场景中，其中一个额外维度足够大，有可能会被

1. Roy Maartens,"Brane-World Gravity". Living Reviews in Relativity, vol. 7, no. 7 (2004),
https://arxiv.org/abs/1004.3962.

探测到。这就让人们有了在场论中利用这个额外维度来解决某些一直悬而未决的问题的想法，其中有个问题就是，为什么万有引力跟所有其他作用力比起来都要弱得多。

　　兰德尔–桑德拉姆膜世界场景是这么解释万有引力为什么那么弱的。我们能观测到的宇宙被限制在一张三维的空间膜上，但引力子（传递万有引力的交换玻色子 —— 跟传递电磁力的光子类似）能够泄露到这张膜之外的额外维度中，我们把额外维度的区域叫作"块"。其他作用力和粒子全都不能进入这个额外维度，就好像粘在膜（我们的三维膜）上了一般。万有引力是因为引力子泄露了所以才那么弱，就好像从水槽里接出来好几个水龙头往外放水，但连着其中一个水龙头的水管漏水，那么这根水管流出来的水的水压可能就会比别的水管低得多。与此类似，跟强力、弱力和电磁力这三种相互作用相比，引力子进入块中就稀释了万有引力，而其他三种作用力都只能老老实实待在膜上。

　　从2015年起我们就知道了，引力波是真有其事。也是从那时候起，激光干涉引力波天文台（LIGO）的探测器就一直在忙着探测发生在遥远太空中的灾难性事件发出的信号，比如黑洞碰撞。可以想见，如果膜世界场景是真的，那么在非常遥远的未来，更先进的文明就可能会找到一种调整引力波脉冲的方法，甚至为引力波脉冲找到一种走捷径穿过太空中遥远距离的办法。就好像虫洞的例子，可以想象虫洞也许会让超光速的信息交流成为可能。

最后要说的是一种越发异想天开的设想，就是认为时空本身甚至都有可能不是最基本的。在有些设想中，抽象的希尔伯特空间才是最基本的，几何空间则会从中涌现。如果是这样，光速上限就会只是个次要性质，是因为量子规则的影响，也许是通过对一系列能想象到的跃迁进行优化而出现的。也就是说，在希尔伯特空间中可能发生的有些过程可以跟我们在普通空间中叫作粒子相互作用的过程对应起来，而在所有这样的过程中，也许那些以光速发生的就具有某种优势。在传统时空中我们已经知道这种优势是什么 —— 光线以一种让旅行所花时间最优的方式穿过了空间，也就是说，光线走了能让时间最短的路径。在希尔伯特空间中，我们需要找到一个能产生同样效果的类似原因。如果能够找到，就表明在希尔伯特空间中，也许对有些区域可以证明，在时空中进行速度更快的信息交流才是最优的。如果是这样，也许我们可以利用这样的替代方案，让超光速的信息交流和旅行成为可能。

所有这些听起来都非常抽象，简直叫人不知所云。但是，在泡利的出生地维也纳，量子光学与量子信息研究所的研究人员，包括蔡林格、布鲁克纳等人在内，在努力理解量子系统中的因果关系和信息传输的本质方面取得了相当大的进展。泡利通过强调量子力学的非因果关系（同时还有基于决定论的方程式）和观测者至关重要的作用，努力展现了量子力学跟纯粹机械论的经典理论有何不同，而蔡林格等人的研究如果说是在向泡利的毕生心血致敬，倒也恰如其分。

## 泡利荣格对话录的遗产

把对称原理引入物理学的思想家绝非只有泡利一个，诺特、希尔伯特和外尔 —— 这些都是哥廷根绝顶聪明的人物 —— 也都功不可没。海森伯在1932年引入的同位旋的概念也在很大程度上促进了他们提出这个思想，再往后来，还有匈牙利物理学家尤金·维格纳（Eugene Wigner）和美国物理学家默里·盖尔曼等人继续发扬光大。

强调观测者在量子力学中的关键作用的物理学家同样也并非只有泡利一个。在这一点上，他借鉴了玻尔的看法，而后来最力主探索有意识的观测者和被测量的量子系统之间的共生关系的，是约翰·惠勒。

但在泡利的鼎盛时期，只有泡利赢得了同时代人的极大尊重 —— 很多人都认为，对任何问题他都可以成为最后的仲裁者，就连爱因斯坦都会征询他的意见。如果说爱因斯坦是备受尊敬的国王，那么泡利就是有无上权威的最高法院大法官。在随便哪个学术研讨会上，如果他对演讲人表示首肯，演讲人都会如释重负，大松一口气。而如果他对某个想法嗤之以鼻，他的批评也很可能是对的（不过他一开始不予考虑量子自旋的想法是个罕见的例外）。泡利支持用最新的基本原理（比如CPT不变性，及对称群的其他应用）来重构现代物理学的想法，也一直主张将自然界中的几种作用力都统一起来 —— 但同时又谨言慎行，十分注意不去大张旗鼓地大肆宣扬这些努力 —— 引起了整个物理学界的共鸣，也为未来的大业确立了先例。泡利去世后的几十年，是将对称原理应用于统一理论的最具创新性的时期，粒子物理学的标准模型也应运而生。

在所有这一切成就中，荣格的作用也绝不应该被低估。确实，他的关于原型和集体无意识的理论虽然很有创造性也很让人信服，但从未得到科学证明。绝对没有任何证据能够证明，梦中的象征符号跟某种可以遗传的原始模式有关系。如果有人在研究东方哲学、炼金术和神秘学，那么这些领域的某些符号，比如说曼荼罗和炼金术符号，因为日有所思而更有可能出现在夜有所梦中，不也是很自然的吗？就算这样的符号没在梦中出现，清醒时的头脑也可能会重新解读这些意象，从而形成这样的关联。而对那些收藏漫画书成痴的人来说情况可能也同样如此，他们可能会梦见超级英雄和大反派。但是，在分析泡利的沉思时，荣格还是在大自然的组织原则中掺进去了大量令人叫绝的推测。他的分析可以看成是一个反馈循环，帮助强化了泡利 255 的想法，但同时也增强了他自己关于大自然如何联接起来的原始臆测。

荣格的共时性思想经过泡利进一步加工后，可能就不只是在心理学背景下有意义了。在心理学领域中，共时性的证据完全只是道听途说，因此并非有效地受控科学研究；而在这个领域之外，共时性同样也可以看成是一种呼吁，呼吁面对用新的方式来理解宇宙如何联接的量子力学带来的革命性变化。在绝对的因果关系和纯粹的偶然性之外，还有大片未知的领地：宇宙非因果性的关联网络。泡利和荣格将共时性的概念和因果关系相提并论，正确指出了关于现实世界的统一理论必须既能够解释包括对称性考虑的非因果关系，也能够解释决定论的规则，也就是说，最终这两个方面都要能得其所哉。

## 机缘巧合与科学

为了让流行文化更容易消化，让人头大的科学和哲学概念有时候会裹上一层糖衣。很多时候这么做并没有听起来那么糟糕 —— 并非人人都会觉得纯粹的数学和哲学论述十分可口。撒上一点甜味剂也许会让事实性的解释变得更有趣一些。但是，光吃甜食也并不是特别健康 —— 对我们这里来说就是会把真正的非因果关联跟常见的机缘巧合混为一谈，而后者本来完全可以用事出偶然和选择性记忆来解释。

实际上，共时性已经进入了大众文化的词典，不过是作为同时出现或至少是紧接着发生的意料之外的相关事件的象征。在口语中，当两个朋友同时脱口而出类似的事情时，或是在刚好同时给对方发了一封主题几乎完全一样的电子邮件时，共时性这个词就有可能会出现。如果只是两个同班同学去参加舞会时都穿了蓝色衣服，就不算是荣格意义上的共时性，奇迹般的事情就更不用说了，这些都只不过是凑巧而已。不过人们仍然可能会称之为共时性，用来表达对不谋而合的惊讶。

"共时性"一词得到广泛普及是在20世纪70年代，那时候出现了很多著作，比如英国作家阿瑟·凯斯特勒（Arthur Koestler）的《巧合的根源》（*The Roots of Coincidence*），在心灵学背景下讨论了荣格的理论。他提到了量子力学的非定域性特征，并试图为科学认识超感官知觉和超自然现象提供依据。然而，这部著作也因为未能体现出真正的科学及严谨的科学方法与伪科学之间的区别而饱受诟病。沃尔夫·梅斯（Wolfe Mays）为这部著作写了篇书评发表在《英国现象学学会会刊》上，其中写道：

> 凯斯特勒完全没有把超感官知觉和量子物理学联系起来的打算，最多也就是展示了两者都必须用到对常识和牛顿物理学来说都很陌生的概念……

> 亚原子物理学中讨论的那些现象，比如说物理粒子在云室中的行为，跟心灵学现象的一个本质区别是，前者可以根据数学理论做出预测，而且随便哪位合格的物理学家都可以用实验来验证这些预测。[1]

凯斯特勒在自己的著作中提出了一种"过滤理论"，用来解释为什么如果心灵感应是真的，我们还是经常会屏蔽别人的想法，只关心自己心里想的事情。这么推测确实非常牵强，完全没有神经科学的依据。这个想法我们倒过来想可能更加合理，就

256

---

1. Wolfe Mays, " Book Review: The Roots of Coincidence. By Arthur Koestler ". Journal of British Society of Phenomenology, vol. 4, no. 2 (1973), pp. 188 –189.

是将看似有意义的巧合解释为因为我们心里往往会过滤掉未能形成我们能记住的模式的信息，因此如果同学们来到舞会时穿的衣服全都颜色各异，那可能也跟大家全都碰巧穿了同样的颜色一样让人难忘。

　　举个例子，很多经常出门远行的人都有在异国他乡的机场候机厅或火车站偶遇邻居或朋友的经历。他们回忆起这种意想不到的巧合的可能性，比他们想到自己每次都是跟随机遇到的陌生人一起坐在候机厅的可能性要大得多。所有这些没有规律的信息都会被过滤掉，这就产生了竟能他乡遇故知这种事情老在发生的错觉。

　　1987年，跟玻姆有密切合作的英国物理学家戴维·匹特（F. David Peat）就共时性写了一本书和几篇文章，推动了这个概念进一步流行，尤其是在跟量子物理学的关系上。在那之前玻姆提出过一个概念，说的是大自然中的隐藏关联背后的网络，他称之为"隐序"。匹特在作品中展现的是，玻姆的想法与共时性有共同之处。

　　1983年，时不时会借用一下哲学主题的英国摇滚乐队（"警察"乐队）发行了一张名为《共时性》的专辑并登上排行榜榜首，可以说这是共时性概念最引人注目的公开演绎了。专辑中有两首歌分别叫《共时性I》和《共时性II》，前者是对这个概念的一首颂歌，后者则是一首朗朗上口的劲爆金曲，用了尼斯湖水怪来比喻在关键时刻产生的那种没顶的感觉。后面这首歌到现在仍有相当大的播放量，乐队主唱兼词曲创作戈登·萨姆纳（Gordon Sumner），江湖人称史汀（Sting），解释了他写这首歌的动机："这首歌试图把郊区一家人互相之间渐行渐远的故事跟发生在很遥远的地方的象征性事件联系起来，比如说苏格兰的湖里冒出的水怪，或是国内的一部情节剧。我是想把荣格关于有意义的巧合的理论戏剧化，但不管怎么说，这总归是一首摇滚歌曲！"[1]

这位萨姆纳是个博览群书的主儿，在成为摇滚乐队主唱大红大紫之前读的是师范学校。他进一步解释说，他是从凯斯特勒的解读中读到的荣格的作品。《共时性》成了警察乐队最后一张录音室专辑，因为深入探究了非因果性关联的概念，得到了摇滚乐评论家的高度赞扬。克里斯托弗·康纳利（Christopher Connelly）在《滚石》杂志上写道：

> 实际上，这张专辑本身就是共时性的明确表达：已经相互关联起来的事物不需要有直接的因果关系；我们也并不需要把那些将我们分开的区别以一种重要方式联系起来。史汀在《共时性I》中唱道："一个关联原则／与不可见的联系在一起……"而这个关联原则等同于人类的意愿和智慧：容忍差异，甚至为差异鼓与呼的能力，同时又努力实现团结和理解。[2]

---

1. Sting, Lyrics (New York: The Dial Press, 2007), p. 82.
2. Christopher Connelly, " The Police: Alone at the Top ". Rolling Stone, March 1, 1984.

## 谨慎接受非因果性

尽管要避免假定所有巧合都代表真正的非因果关联这样的选择偏误，我们也不必完全反其道而行之，对所有科学都只承认纯粹机械论、因果论的解释。贝尔不等式和量子测量理论中的现代方法展现了如何科学地探究远程非因果关联。虫洞以及广义相对论中时空的复杂联通则表明，就算是在非量子物理学的领域中，我们也必须面对系统性背离因果律的想法的可能性。

稳扎稳打、小心翼翼向前推进的物理学家或许在渴望着能制定既包含因果关系又能容纳非因果关系的普遍原则 —— 也许是以量子纠缠为工具重写广义相对论，或者是反过来，以某种方式利用广义相对论的可延展性来解释量子纠缠。爱因斯坦、海森伯、泡利等人对自然界统一理论的追寻也许有一天会实现，只不过实现的方式也许21世纪的科学根本都无法想见。

所以，要是你发现自己乘坐着超导磁悬浮列车在轨道上方飞驰，日本或别的什么地方的美景在你身边飞速掠过，你打了会儿瞌睡，梦见了禅宗的象征符号，结果你一睁开眼睛就看到车厢里也有一个这样的设计元素，你也许会脱口而出："共时性！"我想告诉你，这跟你的梦境无关，只不过是个巧合罢了。共时性不在你的梦境中，而是在无数的库珀电子对中，这些电子对排成相干的量子态，形成磁性斥力，显著减小了列车受到的摩擦力。把这些讲给你的邻座听，他们肯定会对你另眼相看。

　　毫无疑问，现代物理学很是奇怪。但是，只要现代物理学得出的结果仍然是可重复的，那么这门学科带给我们的就仍然是一座宏伟的知识宝库，高高盘踞在我们祖先仅仅出于猜测的结果之上。

259

# 致谢

我要感谢费城科学大学的教职员工和管理人员的大力支持，尤其是保罗·卡茨（Paul Katz）、埃利亚·埃斯凯纳济（Elia Eschenazi）、沃伊斯拉娃·波普赫里斯蒂奇（Vojislava Pophristic）、伊丽莎白·莫利诺（Elisabeth Morlino）、格蕾丝·法伯（Grace Farber）、让-弗朗索瓦·雅丝明（Jean-Francois Jasmin）、菲利斯·布伦伯格（Phyllis Blumberg）、查尔斯·迈尔斯（Charles Myers）、莱斯利·鲍曼（Leslie Bowman）、马修·加拉格尔（Matthew Gallagher）、乔纳森·德鲁克（Jon Drucker）、彼得·米勒（Peter Miller）、苏珊·墨菲（Suzanne Murphy）、特里西娅·珀塞尔（Tricia Purcell）、萨姆·塔尔科特（Sam Talcott）、凯文·墨菲（Kevin Murphy）、莉娅·沃什（Lia Vas）、萨拉尔·阿尔萨德利（Salar Alsardary）、埃德温·赖默斯（Ed Reimers）、迈克尔·罗伯特（Michael Robert）、埃米·凯姆楚克（Amy Kimchuk）、卡尔·瓦罗瑟克（Carl Walasek）、劳拉·蓬蒂贾（Laura Pontiggia）、彼得·金（Peter Kim）、阿布法齐·萨加菲（Abolfazi Saghafi）、塔洛克·奥罗拉（Tarlok Aurora）、伯纳德·布伦纳（Bernard Brunner）、塞尔吉奥·弗莱雷（Sergio Freire）、杰西·泰勒（Jessie Taylor）和罗伯托·拉

莫斯（Roberto Ramos）。非常感谢我优秀的编辑凯莱赫（T.J. Kelleher），他的编辑意见对我有莫大帮助，也要感谢我出色的经纪人贾尔斯·安德森（Giles Anderson）对我的支持。对于美国物理研究所物理学史中心的优质资源，包括极为珍贵的口述史资料，及美国物理学会的物理学史论坛、历史遗址委员会、美国哲学学会以及科学史研究所的支持，我也都十分感激。

对弗里曼·戴森、斯坦利·德塞尔、库尔特·戈特弗里德、艾伦·乔多斯、戴维·卡西迪、阿尔贝托·马丁内斯、查斯拉夫·布鲁克纳、戴安娜·科莫斯−布赫瓦尔德、卡尔·冯·迈恩（Karl von Meyenn）、约翰·多诺霍（John Donoghue）和已故的约翰·斯迈西斯，我要致以衷心的感谢，他们跟我分享了引人入胜的见解、历史资料和回忆。

布林莫尔学院图书馆、加州大学圣巴巴拉分校、美国物理联合会埃米利奥·赛格雷视觉材料档案馆、兰德尔·胡勒特、约亨·海森伯、库尔特·戈特弗里德、安东·蔡林格以及量子光学与量子信息研究所维也纳分所慷慨提供了本书所用图片并授权使用，对此我也非常感谢。同样也要感谢安妮塔·霍利尔（Anita Hollier）和欧洲核子研究中心档案馆，及苏黎世瑞士联邦理工学院图书档案馆的克劳迪娅·布里尔曼（Claudia Briellmann）允许我查看泡利、荣格等人的信件，每次前去拜访我都收获满满。

我非常看重物理学史和科学史作家群体的支持，他们包括格雷戈里·古德（Gregory Good）、约瑟夫·马丁（Joseph Martin）、罗伯特·克雷斯（Robert Crease）、彼得·佩希奇（Peter Pesic）、卡梅隆·里德（Cameron Reed）、凯瑟琳·韦斯特福尔（Catherine Westfall）、罗杰·斯图尔（Roger Stuewer）、杰拉德·霍顿（Gerald Holton）、斯蒂芬·布鲁什（Stephen Brush）、约翰·海尔布伦（John Heilbron）、弗吉尼亚·特林布尔（Virginia Trimble）、保罗·卡登–齐曼斯基（Paul Cadden-Zimansky）、米哈尔·迈耶（Michal Meyer）、马克·沃尔弗顿（Mark Wolverton）、阿曼达·盖夫特（Amanda Gefter）、戴夫·戈德伯格（Dave Goldberg）、科马克·奥拉菲尔泰（Cormac O'Raifeartaigh）、康拉德·克林克内赫特（Konrad Kleinknecht）、托尼·克里斯蒂（Thony Christie）、阿什·约格卡尔（Ash Jogalekar）、劳塔罗·韦尔加拉（Lautaro Vergara）、戴维·施瓦茨（David Schwartz）、尼古拉斯·布斯（Nicholas Booth）、弗兰克·克罗斯（Frank Cross）、马库斯·乔恩（Marcus Chown）、格雷厄姆·法梅洛（Graham Farmelo）、科特妮·布格拉（Cortney Bougher）、凯思琳·达米亚尼（Kathleen Damiani）等等。

我非常感激海登·桑多（Hayden Sando）、约书亚·克罗尔（Joshua Kroll）、帕特里克·范（Patrick Pham）、乔纳森·考伊（Jonathan Caughey）、伊丽莎白·沙恩菲尔德（Elizabeth Shanefield）、本杰明·霍夫曼（Benjamin Hoffmann）等人对我的热情指导，是他们帮助我在不同的探寻中保持专注、获得创造力。

　　同样也要感谢我的家人和朋友，包括迈克尔·埃利希（Michael Erlich）、弗雷德·舒普菲尔（Fred Schuepfer）、帕姆·奎克（Pam Quick）、西蒙·泽里奇（Simone Zelitch）、道格·布赫霍尔茨（Doug Buchholz）、本·海纳菲尔德（Ben Hinerfeld）、鲍勃·詹特森（Bob Jantzen）、丽莎·丹增-多尔玛（Lisa Tenzin-Dolma）、米切尔（Mitchell）和温迪·卡尔茨（Wendy Kaltz）伉俪、马克·辛格（Mark Singer）、尼基·麦盖里（Nikki McGeary）、斯科特·维格伯格（Scott Veggeberg）、玛西·格里克斯曼（Marcie Glicksman）、卡尔（Karl）和多里·米德曼（Dori Middleman）伉俪、杰夫·舒本（Jeff Shuben）、梅格（Meg）和伍迪·卡斯基-威尔逊（Woody Carsky-Wilson）伉俪、黛布拉·德鲁伊（Debra DeRuyver）、丹·托博克曼（Dan Tobocman）、鲍勃（Bob）和卡伦·休伯（Karen Huber）伉俪、克里斯·奥尔森（Kris Olson）、莎拉·埃文斯（Shara Evans）、莱恩·哈雷维茨（Lane Hurewitz）、吉尔·伯恩斯坦（Jill Bernstein）、杰里·安特纳（Jerry Antner）、肖恩（Shawn）和夏洛特·威廉姆斯（Charlotte Williams）伉俪、理查德（Richard）和安妮塔·哈尔彭（Anita Halpern）夫妇、杰克·哈尔彭（Jake Halpern）、埃米莉·哈尔彭（Emily Halpern）、艾伦（Alan）和贝丝·哈尔彭（Beth Halpern）夫妇、特莎·哈尔彭（Tessa Halpern）、肯·哈尔彭（Ken Halpern）、阿伦·斯坦伯勒（Aaron Stanbro）、色萨利·麦克福尔（Thessaly McFall）、阿琳（Arlene）和约瑟夫·芬斯顿（Joseph Finston）夫妇、斯坦利·哈尔彭（Stanley Halpern），此外尤其是我的爱妻费利西娅（Felicia）和犬子亚丁（Aden）、伊莱（Eli），多年来，他们都向我提出过很多很有帮助的想法和见解。

# 延伸阅读

Ananthaswamy, Anil, *Through Two Doors at Once: The Elegant Experiment That Captures the Enigma of Our Quantum Reality* (New York: Dutton, 2018).

Baggott, Jim, *The Quantum Cookbook: Mathematical Recipes of the Foundations for Quantum Mechanics* (New York: Oxford University Press, 2020).

——, The Quantum Story: A History in 40 Moments (New York: Oxford University Press, 2011).（中文版《量子通史》已出版。）

Ball, Philip, *Beyond Weird: Why Everything You Thought You Knew About Quantum Physics Is Different* (Chicago: University of Chicago Press, 2018).（中文版《量子力学怪也不怪》已出版。）

Becker, Adam, *What Is Real? The Unfinished Quest for the Meaning of Quantum Physics* (New York: Basic Books, 2018).

Bernstein, Jeremy, Quantum Profiles (Princeton: Princeton University Press, 1991).

Byrne, Peter, *The Many Worlds of Hugh Everett III: Multiple Universes, Mutual Assured Destruction, and the Meltdown of a Nuclear Family* (New York: Oxford University Press, 2013).

Carroll, Sean M., *Something Deeply Hidden: The Unspeakable Implications of Quantum Reality, from Spooky Action to Many Worlds* (New York: Dutton, 2019).（中文版《隐藏的宇宙》已由湖南科学技术出版社出版。）

Cassidy, David, *Beyond Uncertainty: Heisenberg, Quantum Physics, and the Bomb* (New York: Bellevue Literary Press, 2009).（中文版《维尔纳·海森伯传：超越不确定性》已由湖南科学技术出版社出版。）

——, Uncertainty: The Life and Science of Werner Heisenberg (San Francisco: W. H. Freeman & Co., 1991).

Clegg, Brian, *Light Years and Time Travel—An Exploration of Mankind's Enduring Fascination with Light* (Hoboken, NJ: Wiley, 2001).（该作者有数本中译本出版，包括《超感官：科学揭示心灵感应、超能力》，重庆出版社。）

Close, Frank, *The Infinity Puzzle: Quantum Field Theory and the Hunt for an Orderly Universe* (New York: Basic Books, 2013).

Crease, Robert P., and Alfred S. Goldhaber, *The Quantum Moment: How Planck, Bohr, Einstein, and Heisenberg Taught Us to Love Uncertainty* (New York: W. W. Norton & Co., 2015).

Crease, Robert P., and Charles C. Mann, The Second Creation: Makers of the Revolution in Twentieth-Century Physics (New Brunswick, NJ: Rutgers University Press, 1996).

Davies, Paul, The Cosmic Blueprint (New York: Simon and Schuster, 1988).

Enz, Charles P., No Time to Be Brief—A Scientific Biography of Wolfgang Pauli (New York: Oxford University Press,

2002).
-
Farmelo, Graham, *The Strangest Man: The Hidden Life of Paul Dirac, Mystic of the Atom* (New York: Basic Books, 2009).
-
———, *The Universe Speaks in Numbers: How Modern Math Reveals Nature's Deepest Secrets* (New York: Basic Books, 2019).
-
Feynman, Richard P., QED: The Strange Theory of Light and Matter (Princeton, NJ: Princeton University Press, 1985).
-
Fine, Arthur, The Shaky Game: Einstein, Realism and the Quantum Theory (Chicago: University of Chicago Press, 1986).
-
Gieser, Suzanne, *The Innermost Kernel—Depth Psychology and Quantum Physics: Wolfgang Pauli's Dialogue with C.G. Jung* (Berlin: Springer, 2005).

Greenblatt, Stephen, The Swerve: How the World Became Modern (New York: Norton, 2011).
-
Halliwell, J. J., J. Perez-Mercader, and W. H. Zurek, eds., The Physical Origins of Time-Asymmetry (Cambridge: Cambridge University Press, 1996).

Halpern, Paul, *Einstein's Dice and Schrödinger's Cat: How Two Great Minds Battled Quantum Randomness to Create a Unified Theory of Physics* (New York: Basic Books, 2015).（中文版《爱因斯坦的骰子和薛定谔的猫》已由湖南科学技术出版社出版。）
-
———, *The Pursuit of Destiny: A History of Prediction* (Cambridge, MA: Perseus, 2000).
-
———, *The Quantum Labyrinth: How Richard Feynman and John Wheeler Revolutionized Time and Reality* (New York: Basic Books, 2017).（中文版《量子迷宫》已出版。）
-
———, *Time Journeys: A Search for Cosmic Destiny and Meaning* (New York: McGraw-Hill, 1990).
-
Herbert, Nick, *Faster Than Light: Superluminal Loopholes in Physics* (New York: Dutton, 1988).
-
Hossenfelder, Sabine, Lost in Math: How Beauty Leads Physics Astray (New York: Basic Books, 2018).（中文版《迷失》已由湖南科学技术出版社出版。）
-
Jung, Carl, Synchronicity: An Acausal Connecting Principle, translated by R. F. C. Hull (Princeton: Princeton University Press, 1973).
-
Jung, Carl, and Wolfgang Pauli, Atom and Archetype—The Pauli/Jung Letters, 1932—1958, edited by C. A. Meier, translated by David Roscoe (Princeton, NJ: Princeton University Press, 2001).
-
———, The Interpretation of Nature and the Psyche, translated by Priscilla Silz (New York: Pantheon Books, 1955).
-
Kennefick, Daniel, *No Shadow of a Doubt: The 1919 Eclipse That Confirmed Einstein's Theory of Relativity* (Princeton, NJ: Princeton University Press, 2019).
-
Kleinknecht, Konrad, *Einstein and Heisenberg: The Controversy over Quantum Physics* (New York: Springer, 2019).
-

Kragh, Helge, *Quantum Generations: A History of Physics in the Twentieth Century* (Princeton, NJ: Princeton University Press, 1999).

-

Kumar, Manjit, *Quantum: Einstein, Bohr, and the Great Debate About the Nature of Reality* (New York: W. W. Norton & Co., 2011).

-

Laurikainen, Kalervo Vihtori, *Beyond the Atom—The Philosophical Thought of Wolfgang Pauli* (New York: Springer Verlag, 1988).

-

Lindorff, David P., *Pauli and Jung—The Meeting of Two Great Minds* (New York: Quest Books, 2004). （中文版《当泡利遇上荣格：心灵、物质和共时性》已由湖南科学技术出版社出版。）

-

Magueijo, Joao, *Faster Than the Speed of Light: The Story of a Scientific Speculation* (Cambridge, MA: Perseus, 2003).

-

Martinez, Alberto, *Burned Alive: Bruno, Galileo, and the Inquisition* (London: Reaktion Books, 2018).

-

Miller, Arthur I., *Deciphering the Cosmic Number—The Strange Friendship of Wolfgang Pauli and Carl Jung* (New York: Norton, 2009). （繁体中文版《数字与梦：荣格心理学对一个物理学家的梦之分析》已由台湾八旗文化出版。）

-

Orzel, Chad, *Breakfast with Einstein: The Exotic Physics of Everyday Objects* (Dallas: BenBella Books, 2018).

-

Peat, F. David, *Synchronicity: The Bridge Between Matter and Mind* (New York: Bantam, 1987).

-

Schwartz, David, *The Last Man Who Knew Everything: The Life and Times of Enrico Fermi, Father of the Nuclear Age* (New York: Basic Books, 2017).

-

Seeger, Raymond J., *Galileo Galilei, His Life and His Works* (London: Pergamon Press, 1966).

-

Smolin, Lee, *Einstein's Unfinished Revolution: The Search for What Lies Beyond the Quantum* (London: Allen Lane, 2019).

-

Stachel, John, *Einstein from 'B' to 'Z'* (Boston: Birkhäuser, 2002).

-

Stewart, Ian, *Do Dice Play God? The Mathematics of Uncertainty* (New York: Basic Books, 2019). （繁体中文版《骰子能扮演上帝吗？》已由台湾商周出版公司出版。）

-

Strogatz, Steven, *Sync: How Order Emerges from Chaos in the Universe, Nature, and Daily Life* (New York: Hyperion, 2003).

-

Thirring, Walter, *Cosmic Impressions: Traces of God in the Laws of Nature*, translated by Margaret A. Schellenberg (Philadelphia: Templeton Foundation Press, 2007).

-

Wilbur, James B., *The Worlds of the Early Greek Philosophers* (Buffalo, NY: Prometheus Books, 1979).

-

Woit, Peter, *Not Even Wrong: The Failure of String Theory and the Search for Unity in Physical Law* (New York: Basic Books, 2007).

-

Yourgrau, Palle, *A World Without Time: The Forgotten Legacy of Gödel and Einstein* (New York: Basic Books, 2004).

-

Zeilinger, Anton, *Dance of the Photons: From Einstein to Quantum Teleportation* (New York: Farrar, Straus and Giroux, 2010).

# 索引

（条目中页码为英文原书页码，即本书边码。）

# B

# C

# E

# F

# G

**I**

# J

# K

# L

# N

# O

# P

# R

# S

# T

# U

**图书在版编目（CIP）数据**

共时性：因果的量子本性 / （美）保罗·哈尔彭著；舍其译 . — 长沙：湖南科学技术出版社，2022.12
（2024.4 重印）
（第一推动丛书）
书名原文：Synchronicity
ISBN 978-7-5710-1850-4

Ⅰ . ①共… Ⅱ . ①保… ②舍… Ⅲ . ①量子—普及读物 Ⅳ . ① 04-49

中国版本图书馆 CIP 数据核字 (2022) 第 193169 号

*Synchronicity*
Copyright © 2020 by Paul Halpern
All Rights Reserved

湖南科学技术出版社独家获得本书简体中文版出版发行权
著作权合同登记号 18-2022-192

**第一推动丛书·物理系列**
GONGSHIXING: YINGUO DE LIANGZI BENXING
共时性：因果的量子本性

| | |
|---|---|
| 著者 | 印刷 |
| [ 美 ] 保罗·哈尔彭 | 长沙超峰印刷有限公司 |
| 译者 | 厂址 |
| 舍其 | 宁乡县金州新区泉洲北路 100 号 |
| 出版人 | 邮编 |
| 潘晓山 | 410600 |
| 策划编辑 | 版次 |
| 吴炜　李蓓　孙桂均 | 2022 年 12 月第 1 版 |
| 责任编辑 | 印次 |
| 吴炜　李蓓 | 2024 年 4 月第 2 次印刷 |
| 出版发行 | 开本 |
| 湖南科学技术出版社 | 880mm×1230mm　1/32 |
| 社址 | 印张 |
| 长沙市芙蓉中路一段 416 号 | 13 |
| 泊富国际金融中心 | 字数 |
| http://www.hnstp.com | 277 千字 |
| 湖南科学技术出版社 | 书号 |
| 天猫旗舰店网址 | ISBN 978-7-5710-1850-4 |
| http://hnkjcbs.tmall.com | 定价 |
| | 78.00 元 |